普通高等教育"十一五"规划教材
普通高等院校数学精品教材

# 实用计算方法

（第2版）

徐长发　王　邦

U0278918

华中科技大学出版社
中国·武汉

本书是本科理工类专业计算方法课程的教材，内容包括多项式插值方法、多项式最佳平方逼近方法和最小二乘方法、数值积分方法和数值微分方法、非线性方程求根的迭代法、解线性方程组的迭代法、解线性方程组的直接法、解常微分方程的差分方法、矩阵特征值与特征向量的数值方法等. 每章提供了不同类型的习题，并在书末给出了习题解答提示.

本书突出了常见数值问题的应用背景，突出了各类数值方法的构造思想、算法实现和实用范围，其内容是实用的，有关概念和算法都是直观易懂的. 本书可读性强且利于自学，能指导读者应用现有软件去解决常见的实际问题.

本书也可作为有关工程技术人员的参考书.

**图书在版编目(CIP)数据**

实用计算方法(第 2 版)/徐长发　王　邦.—武汉：华中科技大学出版社，2009 年 4 月 (2025.1 重印)

ISBN 978-7-5609-3301-6

Ⅰ.实　Ⅱ.①徐…　②王…　Ⅲ.计算方法　Ⅳ.O241

中国版本图书馆 CIP 数据核字(2005)第 151411 号

**实用计算方法(第 2 版)**　　徐长发　王　邦

责任编辑：徐正达　　封面设计：潘　群
责任校对：陈　骏　　监　　印：徐　露

出版发行：华中科技大学出版社(中国·武汉)　电话：(027)81321913
武汉市东湖新技术开发区华工科技园　邮编：430223

录　　排：武汉市洪山区佳年华文印部
印　　刷：武汉市洪林印务有限公司

开本：787mm×960mm　1/16　印张：12.5　字数：238 000
版次：2009 年 4 月第 2 版　印次：2025 年 1 月第 14 次印刷
ISBN 978-7-5609-3301-6/O·338　定价：38.00 元

# 前　　言

《实用计算方法》是为理工类专业计算方法(或称数值分析)课程而编写的**本科教材**.

**理工类专业在本科阶段应开设计算方法课程,这是时代发展的需要**.早在20世纪70年代末和80年代初,计算机还处于穿孔输入的低级阶段时,发达国家的综合性大学和专业技术学院就已全面开设了计算方法课程.如今,计算机已发展到相当成熟的程度,各类应用软件,包括计算方法方面的软件和程序都已普及,各行各业的发展都已离不开计算机了.我国高校的本科生几乎人人都会使用计算机,理工类专业的本科学生若不懂得用计算机处理简单的工程技术问题,则是不合时宜的.

**计算方法所学习的内容是理工类专业的必备知识**.大家知道,高等数学和线性代数课程是理工类专业本科生的必修课,因为它们在理论上提供了一些重要的思维方法和计算分析方法.计算方法课程则出于应用的目的,将上述课程中的思维方法和计算分析方法在计算机上予以实现,而且,计算方法还是各类应用数学的算法基础,可见计算方法课程是多么基础,多么重要,多么实用.计算方法课程应该首先在我国高校本科理工类专业中普及,计算数学工作者应该推动这项普及工作.

**计算方法教材应通俗易懂,好教好学**.作者采用了许多**与众不同**的写作方式来体现**本书特色**.**第一,本书增写了各类数值方法的应用背景**,这有利于增强读者学习和应用的动力和热情.**第二,本书立足于数值方法和建模,形象直观地分析总结了算法思想**,读者只需掌握算法思想,而不需要死记那些形式复杂的计算公式.**第三,本书以实用为目的,从介绍典型算法入手来展开全书内容.要求学生能掌握算法思想、算法特点、算法改进、算法总结和算法应用这个主线条**.对于简单算法和简单问题,要求学生在理解算法思想的基础上能手工演算;对于较复杂的算法和较复杂的问题,则要求学生能应用 Mathematica 和 Matlab 去计算和解决.**第四,为了符合教学习惯,本书的写作采用提出问题、分析问题和解决问题**

**的形式.为了便于阅读,本书力求通俗易懂和深入浅出,对较抽象的数学知识和数学形式给予形象直观的解释.**

全书内容需讲授40多学时,若学时数偏少,可根据需要适当删减书中有“＊”标记章节的内容.

华中科技大学机械科学与工程学院戴同教授审阅了全部书稿并提出了不少宝贵的、有利于教和学的修改意见.借本书出版之际,作者对所有支持本书写作的同志表示衷心的感谢.

作　者

2009年4月

# 目　录

# 绪　　论

大家知道，所有工程技术问题都需要定性、定量地去研究和解决，都离不开数学和计算机的帮助. 解决工程技术问题的流程大致如图 0.0.1 所示.

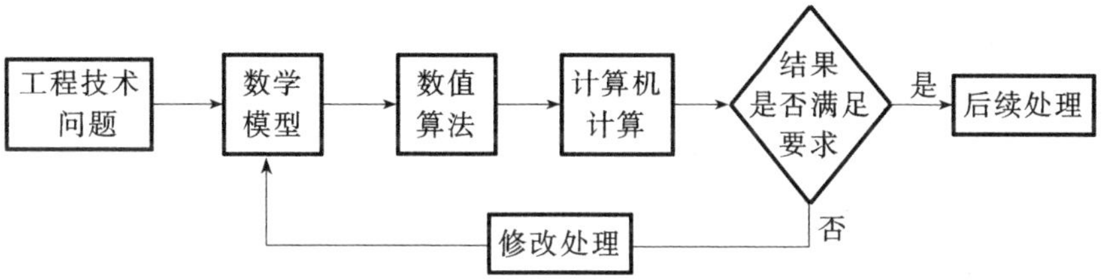


**图 0.0.1　解决工程技术问题流程图**

由此可见，数学是理性描述科技问题的工具；**数值算法是数学模型和计算机之间的纽带和桥梁**，可看做用于实际计算的离散化的数学模型. 利用数学工具和计算机，设计者可以反复修改和计算，从而实现理性和感性的统一，实现理论和实用的统一. 这种充分使用数学和计算机的设计方式极大地推动了科学技术的发展和应用. 尽管建立数学模型可能会涉及较多的数学知识，然而，要实现数值计算，就必须作离散化处理，就必须将它归结为一些最基本的数学问题和算法问题. **本课程要学习的就是在科技计算中必须掌握的最基本、最常用的算法.**

## 0.1　学习好的算法

对于某个具体的数学模型，人们可提出多种算法来达到其数值计算的目的，然而，这些算法有好的也有差的. 只有好的算法才是值得学习的.

**1. 好的算法必须是合理、实用的**

以求解线性方程组 $\boldsymbol{Ax}=\boldsymbol{b}$ 为例，其中 $\boldsymbol{A}$ 是一个 $n\times n$ 非奇异矩阵. 若选用线性代数中介绍的 Cramer 法则作为求解方法，则 $x_k=D_k/D$, $k=1,2,\cdots,n$，其中 $D$ 是系数矩阵行列式的值，$D_k$ 是用 $\boldsymbol{b}$ 替换 $\boldsymbol{A}$ 中第 $k$ 列所得矩阵之行列式的值. 在这种求解方法下，共需计算 $(n+1)$ 个行列式的值且需做 $n$ 次除法运算，每个行列式共有 $n!$ 个乘积，每个乘积需做 $n-1$ 次乘法运算，这样共需做 $(n+1)!(n-1)+n$ 次乘除运算. 当 $n=20$ 时，需做 $9.7\times10^{20}$ 次乘除运算，即使采用每秒运算 1 亿次的计算机也需计算 30 多万年. 显然，Cramer 法则在设计、求解线性方程组算法去解决实际问题时是不能采用的.

**2. 好的算法必须在计算量和计算精度方面是可满足实际需求的**

仍以求解线性方程组 $\boldsymbol{Ax}=\boldsymbol{b}$ 为例,选用线性代数中介绍的 Gauss 消去法(在第 5 章中将具体介绍这种数值方法).若消去过程能顺利进行,则求解过程所需的乘除运算的次数可以估计出来,为 $n^3$ 的同阶量,记为 $O(n^3)$,其中 $n$ 是未知数的个数.当 $n=20$ 时,Gauss 消去过程仅需几万次乘除运算就可完成求解工作;当 $n=100$ 时,求解工作也只需几百万次乘除运算.可见 Gauss 消去法在计算量方面是可以满足实际需求的.然而,由线性代数知识可知,若算法设计不合理,消去过程可能会产生较大的误差,甚至消去过程不能进行下去,只有改进了的 Gauss 消去法——选主元 Gauss 消去法——才是合理、实用、满足适当精度要求的.

**3. 好的算法必须是高效率的**

一个算法的效率可从总体计算量和计算精度这两个方面分析比较.例如,对于确定的 $x$ 值,要计算多项式

$$P_n(x)=a_nx^n+a_{n-1}x^{n-1}+\cdots+a_1x+a_0$$

的值,如果先计算各项的值再相加,忽略加法的运算量,需要的乘法计算量为

$$n+(n-1)+\cdots+2+1=n(1+n)/2$$

次;如果将计算过程改写为

$$P_n(x)=\{\cdots[(a_nx+a_{n-1})x+a_{n-2}]x+\cdots+a_1\}x+a_0,$$

则仅需要 $n$ 次乘法计算量.当 $n$ 较大时,这两种计算方法的计算效率相差很大.

又例如,求解 $n$ 元一次线性方程组时,用某三种不同算法求得近似解的精度是差不多的,但它们需分别花费 $O(n^3)$,$O(n^2)$,$O(n)$ 次的乘除运算,当然仅花费 $O(n)$ 计算量的算法在三者中是最好的算法.同样地,在计算花费差不多的前提下,计算结果精度高的算法是最好的算法.

**4. 好的算法是有一定实用范围的**

对于同一个数学问题,本书介绍了几个实用的算法.但一个好的算法往往有它的实用范围,超出这个范围它就不再是好算法了.因此,读者只有懂得不同算法的不同特长,才能选用最有效的算法解决实际问题.

## 0.2 误差和精度

大家知道,解决实际工程技术问题要经过若干环节,每个环节都会产生误差.最后用计算机计算的结果当然也是有误差的,然而只要最后的计算结果能控制在所要求的误差范围内,这种解决问题的过程就是实用、有效的.因此,需要对所有可能的误差归类分析,分析其产生的原因和度量办法,找出减小和控制误差的办法.

**1. 误差的来源和归类**

只要分析一下解决工程技术问题的流程,就不难发现误差的来源和归类大致

如图 0.2.1 所示.

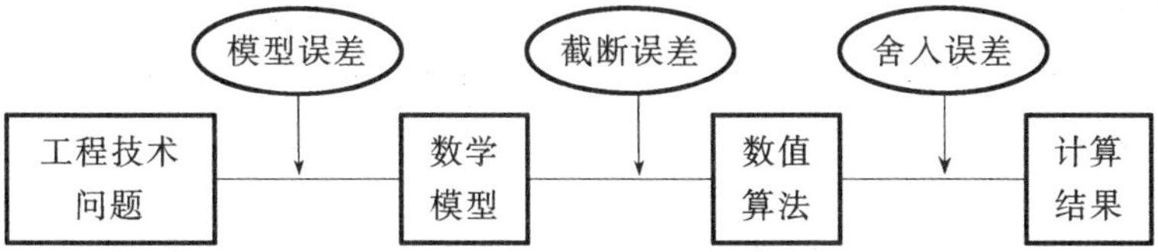


**图 0.2.1　误差的来源和归类**

**模型误差**是在工程技术问题向数学模型转化过程中产生的. 在建立数学模型时,通常要加上一些限制,抓住主要的因素,忽略次要的因素,因此数学模型带有理想化的描述,它与实际问题之间难免存在误差. 本书不讨论模型误差.

**截断误差**是在连续型的数学问题向离散型的数值算法转化过程中产生的. 例如,Taylor 展式

$$f(x) = f(x_0) + f'(x_0)(x - x_0) + \cdots + \frac{f^{(n)}(x_0)}{n!}(x - x_0)^n + \text{余项}$$

有无限项,只有作有限项截断,才能形成具体计算 $f(x)$ 的近似值的公式

$$f_n(x) = f(x_0) + f'(x_0)(x - x_0) + \cdots + \frac{f^{(n)}(x_0)}{n!}(x - x_0)^n,$$

其中,丢掉的"余项"直接反映了近似值 $f_n(x)$ 与准确值 $f(x)$ 之间的误差,这就是截断误差. 一般来讲,连续型的数学问题常常可表示为一个极限问题,为了实现计算,需将无穷过程作有限截断处理,具体计算出近似值,由此产生的误差就是截断误差. 截断误差是计算加工时产生的,它既是现实的又是理想的.

**舍入误差**是计算机作数值计算时产生的. 例如,计算 $3\pi$ ($\pi = 3.141\,592\,65\cdots$) 时,$\pi$ 有无限个小数位,计算机只能取一定字长来计算. 据四舍五入的规则,若取四位字长计算,计算结果为 $3 \times 3.142$;若取八位字长计算,计算结果为 $3 \times 3.141\,592\,7$. 一般来讲,计算过程中某些数据的位数可能很多,也可能是无穷位的小数,计算机只能用有限字长计算,必须舍掉尾数,这就产生了舍入误差. 舍入误差是实实在在的,它虽然微不足道,但在复杂的计算过程中舍入误差可能会传播和积累,可能会被放大,可能会严重地影响计算结果. 因此在实际计算中应尽可能地简化计算步骤,减少计算次数,减少重复运算,力求避免那些产生较大舍入误差的运算(例如,除数不能太小等),注意舍入误差的传播和积累.

**2. 近似解的精度**

将数学问题改写为计算机可执行的算法时存在截断误差,计算机在每一步计算中会产生舍入误差,后续计算又会在前步计算的基础上产生误差的积累:计算过程中处处是近似的且处处有误差. 那么计算结果怎样才能保证实际要求呢?这就需要关于近似解靠近准确解程度的度量标准.

这里就单个近似值 $S$ 和准确值 $S^*$ 之间的关系来说明问题.按照通常的习惯，采用三个标准来说明 $S$ 对于 $S^*$ 的"准确"程度，即精度.第一个标准是**绝对误差**，第二个标准是**相对误差**，第三个标准是误差数值的计算机表示方式.

**绝对误差**表示形式为

$$|S-S^*|\leqslant\varepsilon,$$

其中，$\varepsilon$ 是一个较小的数值，例如 $10^{-4}$ 或 $10^{-8}$ 等.显然，$\varepsilon$ 越小，$S$ 靠近 $S^*$ 的程度越满意，此时可称近似值 $S$ 具有绝对误差精度 $\varepsilon$.这种精度标准类似于机械零件尺寸加工的情形，准确尺寸 $S^*$ 是理论上的，加工出来的尺寸 $S$ 是近似的，但加工的尺寸满足 $S^*-\varepsilon\leqslant S\leqslant S^*+\varepsilon$ 时，就是满足精度要求的.

**相对误差**的表示形式为

$$\frac{|S-S^*|}{|S|}\leqslant\varepsilon.$$

它和绝对误差在表现误差大小方面有什么区别呢？下面用一个例子来说明：

测量 100 m 长度时有 1 m 的误差，绝对误差为 1 m，相对误差为 1%；测量 1 m 长度时有 2 cm 的误差，绝对误差为 2 cm，相对误差为 2%.二者比较，前者测量精度高.这是因为**绝对误差中可带有不同的量纲单位；相对误差是一种无量纲的精度表示形式，表示单位长度的误差量.显然，相对误差越小，近似值的精确度越高.**

误差是具体数值，数值在计算机中是近似表示的，这种近似程度直接表现了误差量的大小和误差精度.

大家知道，计算机中所有的数据都要按四舍五入的规则表示为规格化形式，例如对某个数值 $S^*$，计算机将其表示为

$$S=\pm 0.a_1a_2\cdots a_n\times 10^k,$$

其中，$k$ 是整数，$0.a_1a_2\cdots a_n$ 是规格化小数，$a_1\neq 0$，$a_2\sim a_n$ 可以是零值也可以是非零值.显然，$S$ 是在规格化小数的小数点后第 $n+1$ 位上发生舍入的结果.现在的问题是，单从 $S$ 的规格化形式，如何直观地观察 $S$ 对 $S^*$ 的近似程度呢？

首先讨论 $S^*$ 已知的情形.例如

$$S^*=0.231\,415\,9\times 10^k,$$

$$S_1=0.231\,536\,8\times 10^k,$$

$$S_2=0.231\,416\,4\times 10^k,$$

这三个数中关于 $10^k$ 的幂次 $k$ 是相同的.人们可直观地看出，$S_1$ 对 $S^*$ **已准确到**规格化小数的小数点后第三位，$S_2$ 对 $S^*$ 已准确到规格化小数的小数点后第五位.

再讨论 $S^*$ 未知的情形.在实际计算中，常用某种数值方法计算出一串数值 $\{S_i\}$ 去逼近 $S^*$，也可估计并计算出误差值 $|S_i-S^*|$，现将计算结果列出如下：

$$S_1=0.315\,261\,2,\quad |S_1-S^*|\leqslant 0.110\,193\,5\times 10^{-2},$$

$$S_2=0.314\,853\,6,\quad |S_2-S^*|\leqslant 0.694\,335\,2\times 10^{-3},$$

$$S_3=0.314\,101\,8,\quad |S_3-S^*|\leqslant 0.574\,653\,2\times 10^{-4}.$$

单从$\{S_i\}$的数值观察它们逼近$S^*$的表现，$S_2$对$S_1$来说已在小数点后第二位无法改进，故$S_2$对$S^*$**至少准确到**小数点后第二位；同理，$S_3$对$S^*$至少准确到小数点后第三位.单从$|S_i-S^*|$的数值观察$S_i$逼近$S^*$的表现，直观地，$S_1$对$S^*$**已准确到**小数点后第二位，$S_2$已准确到小数点后第三位，$S_3$已准确到小数点后第四位.

总之，不管准确值$S^*$已知还是未知，近似值$S$与准确值$S^*$在规格化小数部分相同的位数越多，$S$对$S^*$的近似程度就越好，计算精度就越高.

## 0.3　注意学习方法

**1. 要带着实用的欲望学习**

本课程所学习的一些计算方法，简言之，是关于高等数学和线性代数课程中的基本数学问题数值化处理的方法，它是科技计算的基础，也是IT行业的基础.该课程中涉及的每一类问题，都有着广泛的应用背景，既有算法又有具体实现过程，因此**读者应摆脱关于理论课程学习方法的限制，带着分析问题、解决问题和实际应用的目的来学习本课程.**

**2. 要注重算法思想**

本课程在将某一类数学问题转化为数值算法的过程中，综合使用了多种基础知识，具体算法似乎显得繁杂.但要注意，设计算法的基本思想始终是直观明快的.因此，**只有注重算法思想的学习，才能无碍地记住算法和相应的计算公式，才能培养关于分析和解决实际问题的能力，死记硬背是无效的.**

**3. 要注重实践性环节**

现今阶段，无需对每个算法编程上机了，每种算法都有相应的软件，学习阶段的实践仅需要调用这些程序去解决一个简单问题，观察其解决的效果.这样的实践过程虽然简单，但是必要的，因为这样可一般性地了解具体的计算过程，可**加深对各种算法优缺点和最佳适应范围的理解.**

# 第1章　多项式插值方法

多项式插值方法，直观地说，认为已知的一批数据点$(x_k,f_k)_{k=0}^n$是准确的，这些数据点所表现的准确函数关系$f(x)$是未知的；在这种情况下要作一条多项式近似曲线$S_n(x)$且点点通过这些数据点．插值问题不仅要讨论这种近似曲线$S_n(x)$的构造方法，要讨论这种近似所产生的误差，还要讨论这种插值曲线$S_n(x)$是否稳定地收敛于未知函数$f(x)$．

多项式插值方法是一种用多项式函数近似和逼近未知函数$f(x)$的数值方法，它在科技计算中的应用非常广泛．

## 1.1　Lagrange 插值多项式

**1．背景要求与 Lagrange 插值问题的提法**

在生产实践和科学实验中，常常不能具体写出反映真实现象的函数$f(x)$的表达式，但可通过实验测得若干离散的函数值$\{f(x_k)\}_{k=0}^n$，如表1.1.1所示．

**表1.1.1　离散的函数值**

| $x_k$ | $x_0$ | $x_1$ | $\cdots$ | $x_n$ |
|---|---|---|---|---|
| $f(x_k)$ | $f_0$ | $f_1$ | $\cdots$ | $f_n$ |

人们希望利用这些有限的信息构造一个近似函数，该近似函数对表中的实测值是准确的，并能近似描述$f(x)$的变化规律．

由于$n+1$**个无关的条件能唯一地确定一个**$n$**次代数多项式函数**$L_n(x)$，所以用多项式$L_n(x)$近似表述$f(x)$是合理的．于是，有以下关于 Lagrange **插值多项式问题的提法**：

已知区间$[a,b]$的等距或不等距节点$\{x_k\}_{k=0}^n$和这些节点处的函数值$\{f_k\}_{k=0}^n$，求$n$次插值多项式$L_n(x)$，使得

$$L_n(x_k)=f_k,\quad k=0,1,\cdots,n.$$

可用一种笨拙的办法获得$L_n(x)$，即令

$$L_n(x)=a_0+a_1x+\cdots+a_nx^n,$$

将$n+1$个无关的插值条件代入，从而获得关于$n+1$个未知数的线性方程组

$$f_k=a_0+a_1x_k+a_2x_k^2+\cdots+a_nx_k^n,\quad k=0,1,2,\cdots,n.$$

这个方程组唯一可解，解得$a_0,a_1,\cdots,a_n$就可得到$L_n(x)$．然而这种办法不仅麻烦，计算量大，而且求解方程组的计算过程会出现较大的误差，是不可取的．下面从简单的线性插值和二次插值例子中总结出一套构造一般 Lagrange 插值的简便方法．

**2．两点确定线性插值函数**

假设已知两个插值节点$x_k$和$x_{k+1}$，已知相应的函数值$f_k$和$f_{k+1}$，要构造一个

线性插值函数 $L_1(x)=ax+b$,使得

$$L_1(x_k)=f_k,\quad L_1(x_{k+1})=f_{k+1}.$$

该线性插值函数 $L_1(x)$ 如图1.1.1所示,它是很容易构造的,可利用构造直线的点斜式方程写出,即

$$L_1(x)=f_k+\frac{f_{k+1}-f_k}{x_{k+1}-x_k}(x-x_k).\qquad(1.1.1)$$

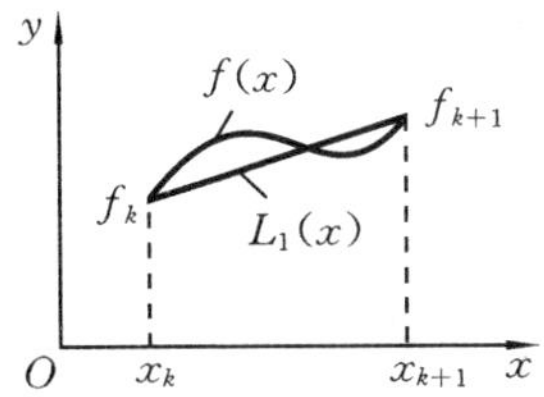


**图1.1.1　线性插值函数图形**

特别地,式(1.1.1)可变形为两点式方程

$$L_1(x)=f_kl_k(x)+f_{k+1}l_{k+1}(x),\qquad(1.1.2)$$

其中

$$l_k(x)=\frac{x_{k+1}-x}{x_{k+1}-x_k},\quad l_{k+1}(x)=\frac{x-x_k}{x_{k+1}-x_k}.$$

称 $l_k(x)$ 是关于节点 $x_k$ 的节点基函数,称$l_{k+1}(x)$ 是关于节点 $x_{k+1}$ 的节点基函数.

$L_1(x)$ **用式(1.1.2)的表示形式是有特点的,它突出了每个节点处对应着一个基函数,插值函数是这些节点基函数的线性组合形式,其组合系数就是节点处的函数值**.正是由于这种表现形式上的特点,节点基函数可相应地表现为

$$l_k(x_m)=\begin{cases}1, & m=k,\\0, & m\neq k,\end{cases}\quad l_{k+1}(x_m)=\begin{cases}1, & m=k+1,\\0, & m\neq k+1,\end{cases}$$

它们都是$[x_k,x_{k+1}]$上的线性多项式函数,其图形如图1.1.2所示.

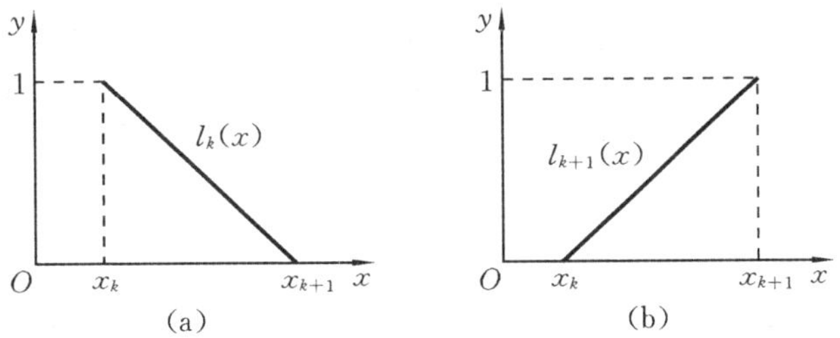


**图1.1.2　线性插值基函数图形**

线性插值函数 $L_1(x)$ 近似 $f(x)$ 的效果可由其误差函数

$$R_1(x)=f(x)-L_1(x)$$

来描述,那么线性插值函数的误差函数有什么特点,又如何确定呢?第一,由于插值的原因,**线性插值函数在节点处的误差为零**,其误差函数应具有的形式为

$$R_1(x)=c(x-x_k)(x-x_{k+1});$$

第二,**当** $f(x)$ **就是线性函数时**,$f(x)$ **和** $L_1(x)$ **就是一致的**,所以,**线性插值函数的误差函数一定是一个二次多项式**;第三,$R_1(x)$ **的具体形式为**

$$R_1(x)=f(x)-L_1(x)=\frac{f''(\xi)}{2!}(x-x_k)(x-x_{k+1}),\quad \xi\in[x_k,x_{k+1}].\qquad(1.1.3)$$

此误差表达式的具体证明可参见定理1.1.1.

**3. 三点确定二次多项式插值函数**

假设已知三个节点 $x_k, x_{k+1}, x_{k+2}$，它们可能是等距的，也可能是不等距的，还已知相应的互异的函数值 $f_k, f_{k+1}, f_{k+2}$，要构造一个二次多项式插值函数 $L_2(x)$，使得

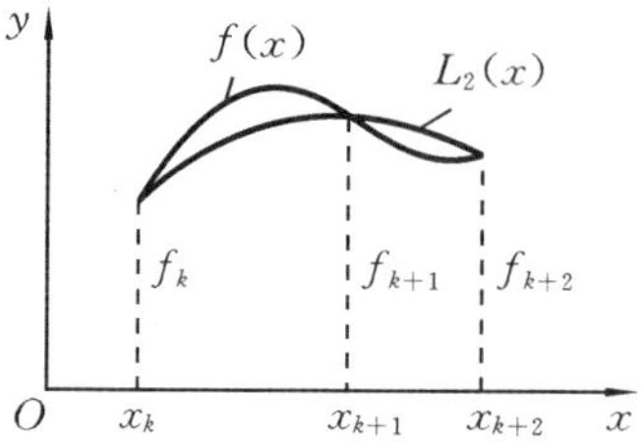


**图 1.1.3　二次插值函数的图形**

$$L_2(x_k) = f_k,$$
$$L_2(x_{k+1}) = f_{k+1},$$
$$L_2(x_{k+2}) = f_{k+2}.$$

三个独立的插值条件可唯一地确定一个二次多项式插值函数，如图1.1.3所示.

需要特别强调的是，我们需要像式(1.1.2)那样的节点基函数的线性组合形式，即

$$L_2(x) = f_k l_k(x) + f_{k+1} l_{k+1}(x) + f_{k+2} l_{k+2}(x). \tag{1.1.4}$$

因为 $L_2(x)$ 是一个二次多项式，所以可推知式(1.1.4)中的三个节点基函数都是二次多项式；因为在节点 $x_k$ 处的函数值 $f_k$ 在式(1.1.4)中仅仅由 $f_k l_k(x)$ 这一项来表现，所以可推知

$$l_k(x_k) = 1,\ l_k(x_{k+1}) = l_k(x_{k+2}) = 0.$$

总之，式(1.1.4)的形式特点决定了节点基函数的性质：三个节点基函数 $l_k(x)$，$l_{k+1}(x)$，$l_{k+2}(x)$ 都是二次多项式，它们在插值节点处的表现如表1.1.2所示.

**表 1.1.2　节点基函数在插值节点处的表现**

| | $x_k$ | $x_{k+1}$ | $x_{k+2}$ |
|---|---|---|---|
| $l_k(x)$ | 1 | 0 | 0 |
| $l_{k+1}(x)$ | 0 | 1 | 0 |
| $l_{k+2}(x)$ | 0 | 0 | 1 |

下面介绍确定节点基函数 $l_k(x)$ 的简便办法. 首先，因为 $l_k(x)$ 是一个二次多项式，且

$$l_k(x_{k+1}) = l_k(x_{k+2}) = 0,$$

所以 $l_k(x)$ 中必定含有因式 $(x - x_{k+1})(x - x_{k+2})$，且 $l_k(x)$ 必定具有如下形式：

$$l_k(x) = c(x - x_{k+1})(x - x_{k+2}).$$

再利用条件 $l_k(x_k) = 1$，确定常系数

$$c = \frac{1}{(x_k - x_{k+1})(x_k - x_{k+2})},$$

于是就得到了 $l_k(x)$ 的表达式为

$$l_k(x) = \frac{(x - x_{k+1})(x - x_{k+2})}{(x_k - x_{k+1})(x_k - x_{k+2})}.$$

用同样的办法可确定节点基函数 $l_{k+1}(x)$. 首先，因为 $l_{k+1}(x)$ 是一个二次多项式，且 $l_{k+1}(x_k) = l_{k+1}(x_{k+2}) = 0$，所以 $l_{k+1}(x)$ 中必定含有因式 $(x - x_k)(x - x_{k+2})$，且 $l_{k+1}(x)$ 必定具有如下形式：

$$l_{k+1}(x) = c(x - x_k)(x - x_{k+2}).$$

再利用 $l_{k+1}(x_{k+1}) = 1$，确定常系数 $c$，并得到

$$l_{k+1}(x)=\frac{(x-x_k)(x-x_{k+2})}{(x_{k+1}-x_k)(x_{k+1}-x_{k+2})}.$$

用同样的办法可确定节点基函数 $l_{k+2}(x)$，其形式为

$$l_{k+2}(x)=\frac{(x-x_k)(x-x_{k+1})}{(x_{k+2}-x_k)(x_{k+2}-x_{k+1})}.$$

这三个节点基函数的图形如图 1.1.4 所示.

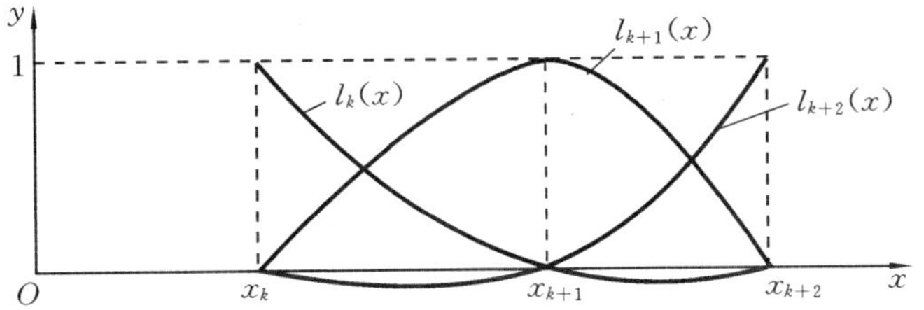


**图 1.1.4 三点二次插值的节点基函数图形**

二次多项式插值函数 $L_2(x)$ 近似 $f(x)$ 的效果可由其误差函数

$$R_2(x)=f(x)-L_2(x)$$

来描述，其误差函数有什么特点且如何确定呢?有三个定性的结果:第一，由于插值的原因，**在节点处的插值误差为零**，所以在形式上有

$$R_2(x)=c(x-x_k)(x-x_{k+1})(x-x_{k+2});$$

第二，当 **$f(x)$ 就是二次多项式时，$L_2(x)$ 和 $f(x)$ 是一致的，$L_2(x)$ 对 $f(x)$ 准确到二次多项式的程度**，所以，**二次插值函数的误差函数一定是一个三次式**;第三，此误差函数 $R_2(x)$ 的具体形式为

$$R_2(x)=\frac{f'''(\xi)}{3!}(x-x_k)(x-x_{k+1})(x-x_{k+2}),\quad \xi\in[x_k,x_{k+2}]. \tag{1.1.5}$$

此误差表达式的具体证明可参见定理 1.1.1.

**4. Lagrange 型 $n$ 次插值多项式**

假设已知区间$[a,b]$上的互异节点的分划，$a=x_0<x_1<x_2<\cdots<x_n=b$，节点之间可能是等距的，也可能是不等距的，并且已知这些节点处相应的插值$\{f_k\}_{k=0}^n$，要构造一个 $n$ 次多项式 $L_n(x)$，使得

$$L_n(x_k)=f_k,\quad k=0,1,\cdots,n.$$

应该肯定，$n+1$ 个无关的插值条件可唯一地确定所需构造的 $n$ 次多项式 $L_n(x)$. 由于 $L_n(x)$ 的构造中仅涉及通过节点处的函数值$\{f_k\}_{k=0}^n$，而不涉及函数的导数值，所以称这样的 $L_n(x)$ 为 Lagrange 型 $n$ 次插值多项式.

由于 $L_n(x)$ 需要突出 $x_k$ 处的插值 $f_k$，根据式(1.1.2)和式(1.1.4)的表现和推广，可假设 $L_n(x)$ 仍然是关于节点基函数的线性组合形式，即

$$L_n(x)=\sum_{k=0}^{n}f_k l_k(x). \tag{1.1.6}$$

根据式(1.1.6)的形式特点,可推知节点基函数 $l_k(x)$ 的性质.事实上,因为 $L_n(x)$ 是 $n$ 次多项式,所以可要求全部节点基函数 $l_k(x)$ 都是 $n$ 次多项式.**由于在节点 $x_k$ 处的插值 $f_k$ 仅仅由 $f_k l_k(x)$ 这一项来表现,所以可推知 $l_k(x)$ 的特点.**总之,由式(1.1.6)的形式特点决定了节点基函数 $l_k(x)$ 具有如下性质:

1) $l_k(x)$ 是 $n$ 次多项式;

2) $l_k(x_j)=\begin{cases}1, & j=k,\\ 0, & j\neq k,\end{cases}\qquad k=0,1,\cdots,n.$

利用节点基函数的形式特点,$l_k(x)$ 就可以被简便地确定.因为 $l_k(x)=0$ 有 $n$ 个根,所以 $l_k(x)$ 可表现为

$$l_k(x)=c(x-x_0)\cdots(x-x_{k-1})(x-x_{k+1})\cdots(x-x_n).$$

由 $l_k(x_k)=1$,可求得

$$c=\frac{1}{(x_k-x_0)\cdots(x_k-x_{k-1})(x_k-x_{k+1})\cdots(x_k-x_n)},$$

于是就有

$$l_k(x)=\prod_{\substack{j=0\\ j\neq k}}^{n}\frac{x-x_j}{x_k-x_j},$$

其中,$\prod$ 是连乘符号.

$l_k(x)$ 的图形有什么特点呢?下面就五个等距节点的情形,画出节点基函数

$$l_1(x)=(x-2)(x-3)(x-4)(x-5)/24,$$
$$l_3(x)=(x-1)(x-2)(x-4)(x-5)/4$$

的图形,为此先简单地计算几个函数值并列在表1.1.3中,再作 $l_1(x)$ 和 $l_3(x)$ 的简图(见图1.1.5(a)).由图可见,当插值节点总数较少时,端点处的节点基函数 $l_1(x)$ 的振荡起伏较小,同样可知,$l_2(x)$,$l_4(x)$,$l_5(x)$ 的振荡起伏也是较小的.总之,当插值节点总数较少时,所有节点基函数的振荡起伏没有出现异常情况.

**表1.1.3 五节点基函数图形的几个函数值**

| $x_k$ | 1 | 1.5 | 2.5 | 3 | 3.5 | 4.5 |
|---|---|---|---|---|---|---|
| $l_1(x_k)$ | 1 | 0.273 | −0.039 | 0 | 0.023 | −0.039 |
| $l_3(x_k)$ | 0 | −0.547 | 0.703 | 1 | 0.703 | −0.547 |

下面就九个节点的情形,画出节点基函数

$$l_1(x)=\prod_{k=2}^{9}\frac{x-k}{40\ 320},\quad l_5(x)=\prod_{\substack{k=1\\ k\neq 5}}^{9}\frac{x-k}{576}$$

的图形,为此先简单地计算几个函数值并列在表1.1.4中.再作 $l_1(x)$ 和 $l_5(x)$ 的简图(见图1.1.5(b)).由图可见,当插值节点总数较多时,端节点及其附近节点处的节点基函数具有较小的振荡起伏.区间中部的节点基函数图形在端点附近出现了

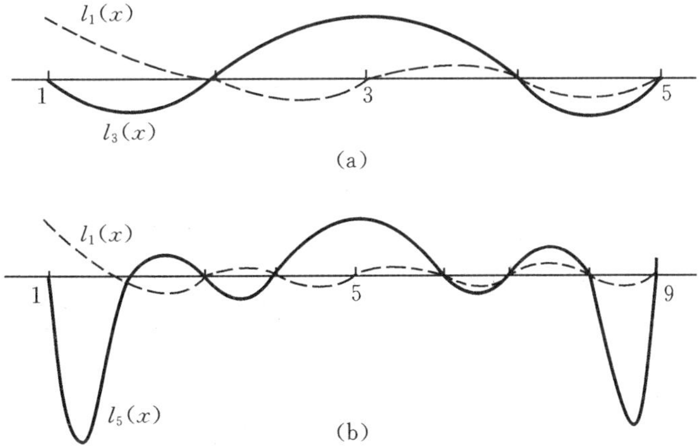


**图 1.1.5　插值节点总数不同时 Lagrange 节点基函数的表现**

**表 1.1.4　九节点基函数图形的几个函数值**

| $x_k$ | 1 | 1.5 | 2.5 | 3.5 | 4.5 | 5.5 | 6.5 |
|---|---|---|---|---|---|---|---|
| $l_1(x_k)$ | 1 | 0.196 | −0.013 | 0.003 | −0.001 | 0.001 | −0.001 |
| $x_k$ | 7.5 | 8.5 | 5 | 5.5 | 6.5 | 7.5 | 8.5 |
| $l_5(x_k)$ | 0.003 | −0.013 | 1 | 0.673 | −0.352 | 0.549 | −1.964 |

异常的起伏.可以肯定,当插值节点总数继续增多时,中部节点基函数在区间端点附近的起伏还会进一步加剧.

$n$ 次 Lagrange 插值多项式 $L_n(x)$ 如式(1.1.6)所示,近似 $f(x)$ 的效果可用余项

$$R_n(x) = f(x) - L_n(x)$$

来描述.有两个结论是肯定的:第一,**当 $f(x)$ 就是 $n$ 次多项式函数时**,由插值多项式函数的唯一性可知,$f(x)$ **和** $L_n(x)$ **是一致的**;第二,**在插值节点** $\{x_k\}_{k=0}^n$ **处,插值误差为零**.因此插值误差(即余项)具有如下形式:

$$R_n(x) = c(x-x_0)(x-x_1)\cdots(x-x_n).$$

插值误差更具体的表现如定理 1.1.1 所述.

**定理 1.1.1**　设 $f(x)$ 在$[a,b]$上是 $n+1$ 次可微的,$L_n(x)$ 是如式(1.1.6)所示的 $n$ 次 Lagrange 插值多项式,则插值误差为

$$R_n(x) = f(x) - L_n(x) = \frac{f^{(n+1)}(\xi)}{(n+1)!}\prod_{k=0}^{n}(x-x_k),\quad \xi \in [x_0, x_k]. \tag{1.1.7}$$

**证明**　若 $x$ 等于某个插值节点 $x_k$,则式(1.1.7)两边都等于零,定理显然成立.下面考虑 $x$ 不是插值节点的情形.记

$$\omega_{n+1}(x)=(x-x_0)(x-x_1)\cdots(x-x_n),$$

设误差函数形式为

$$R_n(x)=K(x)\omega_{n+1}(x),$$

其中,$K(x)$ 是待定的函数. 还引进辅助函数

$$\varphi(t)=f(t)-L_n(t)-K(x)\omega_{n+1}(t),$$

则在 $t=x,x_0,x_1,\cdots,x_n$ 处 $\varphi(t)=0$,$\varphi(t)$ 在 $t\in[a,b]$ 上至少有 $n+2$ 个零点. 根据 Rolle 定理,$\varphi'(t)$ 在 $\varphi(t)$ 的两个零点之间至少有一个零点,$\varphi'(t)$ 在 $t\in[a,b]$ 上至少有 $n+1$ 个这样的零点,$\varphi^{(n+1)}(t)$ 在 $t\in[a,b]$ 上至少有一个零点. 那么,至少存在着一点 $\xi\in[a,b]$,使得 $\varphi^{(n+1)}(\xi)=0$,于是有

$$\varphi^{(n+1)}(\xi)=f^{(n+1)}(\xi)-L_n^{(n+1)}(\xi)-K(x)\omega_{n+1}^{(n+1)}(\xi)=0.$$

由于 $L_n(t)$ 是 $n$ 次多项式,$\omega_{n+1}(t)$ 是 $n+1$ 次多项式,有

$$L_n^{(n+1)}(\xi)=0,\quad \omega_{n+1}^{(n+1)}(\xi)=(n+1)!,$$

所以有

$$f^{(n+1)}(\xi)-K(x)(n+1)!=0,$$

$$K(x)=\frac{f^{(n+1)}(\xi)}{(n+1)!},\quad \xi\in[a,b].$$

代入 $R_n(x)$ 的表达式,从而证得式(1.1.7)正确.

下面再次总结并强调 $n$ **次** Lagrange **型插值多项式的几个特点**:

1)**仅已知**$(n+1)$**个关于函数值的独立的插值条件可唯一地确定一个** $n$ **次插值多项式函数.**

2)尽管这个 $n$ 次插值多项式函数可以作多种变形表示,但它一定可以表示为 Lagrange **型插值多项式的形式**,即可表示为**关于节点基函数的线性组合形式**

$$L_n(x)=\sum_{k=0}^{n}f_kl_k(x).$$

其中,$x_k$ 是插值节点,$f_k$ 是节点 $x_k$ 处的函数值,$l_k(x)$ 是定义在节点 $x_k$ 处的 Lagrange 型节点基函数.

3)这种表示形式的显著特点是,$f_kl_k(x)$ **仅突出表现节点** $x_k$ **处的函数值** $f_k$**,该项对其它插值节点处的函数值不予表现,这就决定了节点基函数** $l_k(x)$ **的性质为**

$$l_k(x_j)=\begin{cases}1, & k=j,\\ 0, & k\neq j,\end{cases}\quad k,j=0,1,\cdots,n,$$

也由此决定 $l_k(x)$ 的表达式.

4)$L_n(x)$ 具有 $L_n(x_k)=f_k$ 的插值特点,其**插值误差**函数 $R_n(x)$ 自然具有 $R_n(x_k)=0$ 的表现,$R_n(x)$ 自然具有如下的 $n+1$ 个因式的连乘积形式:

$$R_n(x)=c(x-x_0)(x-x_1)\cdots(x-x_n).$$

其形式特点为:$R_n(x)$ 有 $n+1$ 个零点,$R_n(x)$ 有 $n+1$ 个因式乘积,$R_n(x)$ 的系数为

$$c=f^{(n+1)}(\xi)/(n+1)!.$$

5) $L_n(x)$ 在 $[a,b]$ 上近似 $f(x)$，是一种用 $n$ 次多项式函数对 $f(x)$ 的近似，特别地，**当 $f(x)$ 就是一个 $n$ 次多项式**时，**在区间 $[a,b]$ 上有** $L_n(x) \equiv f(x)$.

以上关于 Lagrange 型插值函数所总结的几个特点对以后章节的学习是非常重要的.

**5. 应用举例**

**例 1.1.1**　给定函数 $f(x) = \ln x$ 在节点处的函数值如表 1.1.5 所示. 分别用线性插值和二次插值求 $\ln(11.75)$ 的近似值.

**表 1.1.5　节点处的函数值**

| $x$ | 10 | 11 | 12 | 13 |
|---|---|---|---|---|
| $f(x)$ | 2.302 6 | 2.397 9 | 2.484 9 | 2.564 9 |

**解**　(1) 作线性插值. 取两个插值节点 $x_0 = 11$，$x_1 = 12$，利用线性插值公式(1.1.2)，有

$$\begin{aligned}\ln(11.75) &\approx L_1(11.75)\\ &= \frac{11.75-12}{11-12}\times 2.397\,9 + \frac{11.75-11}{12-11}\times 2.484\,9\\ &= 2.463\,2.\end{aligned}$$

(2) 作二次插值. 取三个插值节点 $x_0 = 11$，$x_1 = 12$，$x_2 = 13$，利用二次插值公式(1.1.4). 为此先计算出三个节点基函数在 $x = 11.75$ 处的值如下：

$$l_0(11.75) = 0.156\,25,\quad l_1(11.75) = 0.937\,50,\quad l_2(11.75) = -0.093\,75,$$

再代入式(1.1.4)，有

$$\begin{aligned}\ln(11.75) &\approx L_2(11.75)\\ &= 0.156\,25\times 2.397\,9 + 0.937\,50\times 2.484\,9 - 0.093\,75\times 2.564\,9\\ &= 2.463\,8.\end{aligned}$$

与准确值 $\ln(11.75) = 2.463\,853\cdots$ 相比，可以看出二次插值比线性插值的精度高.

**例 1.1.2**　设有测量得到的数据如表 1.1.6 所示，试用三次 Lagrange 插值函数 $L_3(x)$ 表示这些数据的变化规律，并计算 $L_3(2)$，$L_3(6.5)$ 的值.

**表 1.1.6　测量数据**

| $x$ | 1 | 3 | 4 | 6 |
|---|---|---|---|---|
| $f(x)$ | −7 | 5 | 8 | 14 |

**解**　利用式(1.1.6)及其节点基函数形式，写出三次 Lagrange 插值函数

$$\begin{aligned}L_3(x) = &\frac{(x-3)(x-4)(x-6)}{(1-3)(1-4)(1-6)}\times(-7) + \frac{(x-1)(x-4)(x-6)}{(3-1)(3-4)(3-6)}\times 5\\ &+ \frac{(x-1)(x-3)(x-6)}{(4-1)(4-3)(4-6)}\times 8 + \frac{(x-1)(x-3)(x-4)}{(6-1)(6-3)(6-4)}\times 14\end{aligned}$$

$$= \frac{7}{30}(x^3 - 13x^2 + 54x - 72) + \frac{5}{6}(x^3 - 11x^2 + 34x - 24)$$
$$- \frac{8}{6}(x^3 - 10x^2 + 27x - 18) + \frac{14}{30}(x^3 - 8x^2 + 19x - 12)$$
$$= \frac{1}{5}(x^3 - 13x^2 + 69x - 92),$$

再计算出 $L_3(2) = 0.4,\quad L_3(6.5) = 81.875.$

应该看到,虽然 $f(x)$ 是未知的,但若 $f(x)$ 就是某个三次多项式,或本题中的数据正好位于某个三次多项式曲线上,此时的计算结果 $L_3(2) = 0.4$ 就是准确的;若 $f(x)$ 是任意形状的未知曲线,计算结果 $L_3(2) = 0.4$ 则是一个估算值. 另外还应看到,通过插值函数 $L_3(x)$ 可了解到测量数据在 $x \in [1,6]$ 范围内的变化规律,例如,估算出 $L_3(2)$ 的值时,同样也可以利用这个变化规律了解和估算插值区间 $[1,6]$ 外部附近点(例如 $x = 6.5$)处的值. 一般地,用 $[a,b]$ 上的插值函数 $L_n(x)$ 去估算插值区间外面的函数值时会产生较大的误差.

**例 1.1.3** 设在区段 $[1,6]$ 上有一段曲线 $f(x) = x^2$,在其上取四个节点处的函数值如表 1.1.7 所示. 利用这四个插值条件可以构造 $L_3(x)$. 问:此 $L_3(x)$ 会与 $x^2$ 重合吗?误差函数 $f(x) - L_3(x)$ 的表现如何?

**解** 对独立的四个插值条件而言,由此构造的三次 Lagrange 插值多项式对 $f(x)$ 可准确到三次多项式的程度. 本例中的四个插值条件不是完全独立的,所以由这样的四个插值条件可以构造一个次数不超过三的 Lagrange 插值多项式,由这样的四个插值条件所构造的 $L_3(x)$ 对 $f(x)$ 准确到次数不超过三的多项式的程度. 题给函数为 $f(x) = x^2$,所以 $L_3(x) \equiv x^2$.

也可具体写出 $L_3(x)$ 的构造表达式来验证这一事实. 因为

$$L_3(x) = \frac{(x-3)(x-4)(x-6)}{(1-3)(1-4)(1-6)} \times 1 + \frac{(x-1)(x-4)(x-6)}{(3-1)(3-4)(3-6)} \times 9$$
$$+ \frac{(x-1)(x-3)(x-6)}{(4-1)(4-3)(4-6)} \times 16 + \frac{(x-1)(x-3)(x-4)}{(6-1)(6-3)(6-4)} \times 36$$
$$= (x^3 - 13x^2 + 54x - 72) \times \frac{-1}{30} + (x^3 - 11x^2 + 34x - 24) \times \frac{9}{6}$$
$$+ (x^3 - 10x^2 + 27x - 18) \times \frac{-16}{6} + (x^3 - 8x^2 + 19x - 12) \times \frac{36}{30}$$
$$= x^2.$$

**表 1.1.7 节点处的函数值**

| $x$ | 1 | 3 | 4 | 6 |
|---|---|---|---|---|
| $f(x)$ | 1 | 9 | 16 | 36 |

**表 1.1.8 测量数据**

| $x_k$ | $-1$ | 0 | 1 |
|---|---|---|---|
| $f(x_k)$ | $-1$ | 0 | 1 |
| $f'(x_k)$ | | 0 | 1 |

**例 1.1.4**　利用 Lagrange 多项式插值函数的特点，构造一个四次多项式插值函数 $P_4(x)$，使其满足给定的测量数据(见表 1.1.8)，并写出关于误差函数 $R_4(x)$ 的表达式.

**解**　由于在插值节点处还已知部分导数值，所以该问题不是一个典型的 Lagrange 插值问题. 尽管如此，Lagrange 插值多项式的一些构造思想在此例中还是可以得到应用的.

先讨论 $P_4(x)$ 的构造问题. 由于 $x=0$ 处的函数值和导数值全为零，所以 $P_4(x)$ 中必然会含有 $x^2$ 的因式；又由于所求的是一个四次多项式，所以可假设 $P_4(x)$ 的形式为

$$P_4(x)=x^2(ax^2+bx+c).$$

于是可利用已知的插值条件

$$P_4(-1)=-1,\quad P_4(1)=1,\quad P_4'(1)=1$$

解得

$$a=-1,\quad b=1,\quad c=1,$$

从而有

$$P_4(x)=x^2(-x^2+x+1).$$

下面再讨论插值函数 $P_4(x)$ 的误差表达式问题. 由于在 $x=-1$ 处插值误差为零，所以 $R_4(x)$ 含有 $(x+1)$ 因式；由于在 $x=0$ 处插值的函数值和导数值的误差都为零，所以 $R_4(x)$ 含有 $x^2$ 因式；由于在 $x=1$ 处插值及其导数值的误差都为零，所以 $R_4(x)$ 中含有 $(x-1)^2$ 因式；又由于四次多项式插值的余项是一个五次式，所以误差函数的形式为

$$R_4(x)=f(x)-P_4(x)=cx^2(x-1)^2(x+1),$$

其中，系数 $c=f^{(5)}(\xi)/5!$. 这可以在总结插值误差的形式特点的基础上得到，也可以简单地仿照定理 1.1.1 的分析和证明得到. 事实上，引进辅助函数

$$\varphi(t)=f(t)-P_4(t)-c(t)t^2(t-1)^2(t+1),$$

当 $t=x,0,1,-1$ 时，$\varphi(t)=0$，$\varphi(t)$ 共有六个零点，于是 $\varphi'(t)$ 在 $\varphi(t)$ 的两个零点之间至少有一个零点，$\varphi'(t)$ 在 $[-1,1]$ 上至少有五个这样的零点，$\varphi^{(5)}(t)$ 在 $[-1,1]$ 上至少有一个这样的零点，于是有

$$\varphi^{(5)}(\xi)=0,\quad \xi\in[-1,1],$$

从而推知 $c=f^{(5)}(\xi)/5!$. 所以有

$$R_4(x)=f(x)-P_4(x)=\frac{f^{(5)}(\xi)}{5!}x^2(x-1)^2(x+1),\quad \xi\in[-1,1].$$

**6. 高次插值多项式的 Runge 现象**

在指定的区间 $[a,b]$ 上，给定较多的插值节点 $\{x_k\}_{k=0}^n$ 和相应的插值 $\{f_k\}_{k=0}^n$，可作出一个次数 $n$ 较高的 Lagrange 插值函数 $L_n(x)$，$L_n(x)$ 对 $f(x)$ 的近似程度是否会随着 $n$ 的增大而变好呢？

20 世纪初，Runge 对函数

$$f(x)=\frac{1}{1+x^2},\quad -5\leqslant x\leqslant 5$$

取等距插值节点

$$x_k=-5+kh,\quad h=10/n,\quad k=0,1,2,\cdots,n,$$

作 Lagrange 插值多项式 $L_n(x)$，图 1.1.6 给出了 $f(x)$ 和 $L_{10}(x)$ 的图形. Runge 发现，$L_{10}(x)$ 与 $f(x)$ 的偏离很大，比如 $L_{10}(\pm 4.8)=1.804$，而 $f(\pm 4.8)=0.416$. Runge 还进一步证明了，当 $n\to\infty$ 时，$L_n(x)$ 仅在 $|x|\leqslant 3.63$ 范围内收敛于 $f(x)$，在除此以外的范围内，$|L_n(x)|\to\infty$. 高次插值多项式不收敛的现象称为 Runge 现象.

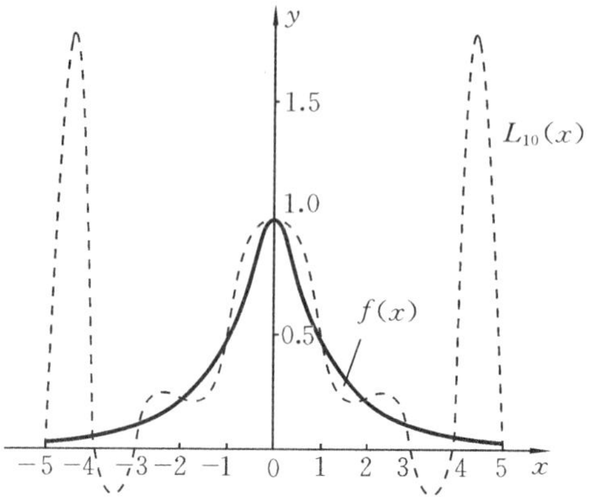


**图 1.1.6　高次多项式插值的 Runge 现象**

分析 Runge 现象产生的原因，可从 $L_n(x)$ 的形式

$$L_n(x)=\sum_{k=0}^{n}f_k l_k(x)$$

和 $l_k(x)$ 的表现中得到一些直观的解释. 当插值点数目 $n$ 较大时，Lagrange 节点基函数的表现如图 1.1.5 所示. 区段中部的节点基函数在两侧会产生起伏异常的振荡，在图 1.1.6 所示的插值问题中，基函数的这些振荡不能被抵消，此时 $L_n(x)$ 就会产生 Runge 现象.

再观察 $L_n(x)$ 的误差式(1.1.7)，不难得出如下结论：当待描述的函数 $f(x)$ 变化平缓时，即 $|f^{(n+1)}(\xi)|$ 较小时，适当地增加节点数目，适当地增加 Lagrange 插值多项式 $L_n(x)$ 的多项式次数，可提高计算精度. 但是，插值函数的次数过高是会出问题的.

## 1.2　分段低次 Lagrange 多项式插值方法

对于任意可微函数 $f(x)$，$x\in[a,b]$，用高次 Lagrange 插值多项式 $L_n(x)$ 逼近 $f(x)$ 会产生 Runge 现象，逼近效果往往不好. **为了使插值函数能够稳定地逼近** $f(x)$，使逼近误差可控制地减小，**往往采用分段低次** Lagrange **多项式插值逼近的策略.**

### 1. 分段线性多项式插值方法

为简单实用起见，设将区间 $[a,b]$ 作 $n$ 等分，插值节点

$$a=x_0<x_1<\cdots<x_n=b$$

是等距的，$x_{k+1}-x_k=h=(b-a)/n$. 又设节点 $\{x_k\}_{k=0}^{n}$ 处的插值 $\{f_k\}_{k=0}^{n}$ 是已知的，在每个小区段 $[x_k,x_{k+1}]$ 上作线性插值多项式

$$L_{1,k}(x) = f_k \frac{x_{k+1} - x}{h} + f_{k+1} \frac{x - x_k}{h}, \quad x \in [x_k, x_{k+1}], \quad k = 0,1,\cdots,n-1; \tag{1.2.1}$$

再将所有的小区段线性插值函数组合起来，即

$$L_{1,h}(x) = \bigcup_{k=0}^{n-1} L_{1,k}(x),$$

则称 $L_{1,h}(x)$ 为 $f(x)$ 在$[a,b]$上的分段线性插值多项式.

这样的分段线性插值函数 $L_{1,h}(x)$ 是连续的，在每个插值节点处 $L_{1,h}(x_k) = f_k$，其效果是折线函数 $L_{1,h}(x) \approx f(x)$，如图 1.2.1 所示.

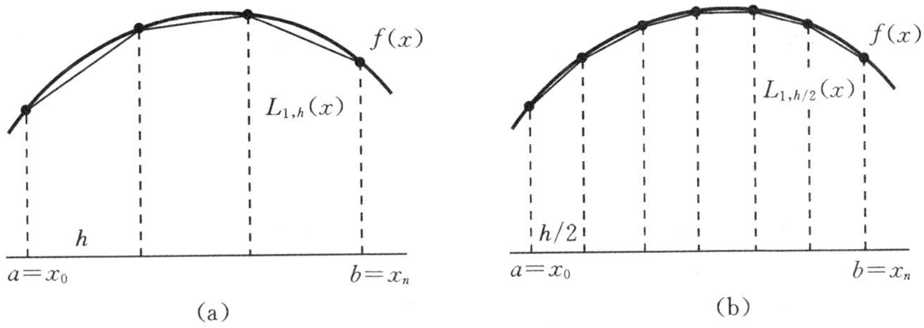


**图 1.2.1　分段线性插值函数图形**

$L_{1,h}(x)$ 是 Lagrange 型的分段线性插值函数，它可整体表示为

$$L_{1,h}(x) = \sum_{k=0}^{n} f_k l_k(x), \quad x \in [a,b], \tag{1.2.2}$$

其中，$l_k(x), x \in [a,b]$ 称为整体节点基函数

$$l_0(x) = \begin{cases} \dfrac{x_1 - x}{h}, & x \in [x_0, x_1], \\ 0, & \text{其它}, \end{cases}$$

$$l_k(x) = \begin{cases} \dfrac{x - x_{k-1}}{h}, & x \in [x_{k-1}, x_k], \\ \dfrac{x_{k+1} - x}{h}, & x \in [x_k, x_{k+1}], \\ 0, & \text{其它}, \end{cases}$$

$$l_n(x) = \begin{cases} \dfrac{x - x_{n-1}}{h}, & x \in [x_{n-1}, x_n], \\ 0, & \text{其它}. \end{cases}$$

这些整体节点基函数的图形如图 1.2.2 所示.

式(1.2.2)是关于$[a,b]$上的分段线性插值的分析表达式，它在微分方程数值求解和其它问题的插值误差分析时才会发挥作用. 在普通的插值问题中，往往需要知道某个小区段$[x_k, x_{k+1}]$上的线性插值函数，此时式(1.2.1)是有用的；也往往需

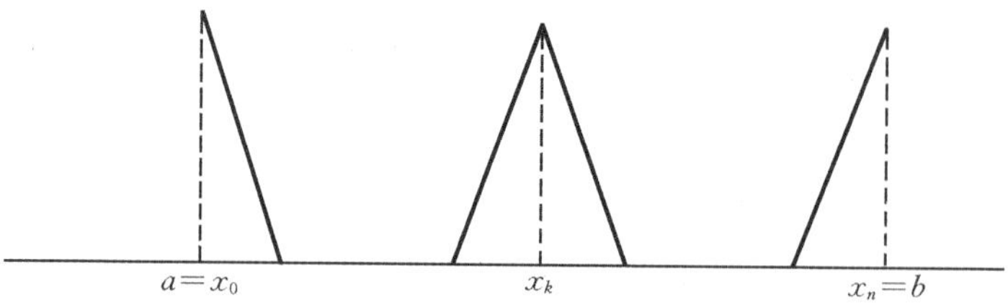


**图 1.2.2 分段线性插值函数的整体节点基函数图形**

要计算出区段$[x_k,x_{k+1}]$中关于$x_\xi$处的线性插值，此时仅需将$x=x_\xi$代入式(1.2.1)中计算就可以了.因此，分段线性插值在具体操作时是简单直观的.

分段线性插值函数$L_{1,h}(x)$近似$f(x)$的误差有多大呢?为解决这个问题，先在一个小区段上观察其误差，有

$$R_{1,k}(x)=\frac{f''(\xi)}{2}(x-x_k)(x-x_{k+1}),\quad \xi\in[x_k,x_{k+1}],$$

当$f''(x)$有界且$h=x_{k+1}-x_k$较小时，此误差可表示为

$$|R_{1,k}(x)|=O(h^2),\quad k=0,1,\cdots,n-1.\tag{1.2.3}$$

因此，分段线性插值函数$L_{1,h}(x)$在$[a,b]$上近似$f(x)$，其误差可表示为

$$|R_{1,h}(x)|=|f(x)-L_{1,h}(x)|=\max|R_{1,k}(x)|=O(h^2),\tag{1.2.4}$$

其中，$O(h^2)$表示关于$h^2$的同阶量，其含义为$O(h^2)=ch^2$，$c$为某个常数.

下面具体说明分段线性插值多项式的误差大小.设将$[a,b]$等分后，$h=10^{-3}$，此时估计的插值误差量级为$O(10^{-6})$，考虑到常数$c$的影响，则插值在小数点后五位都将是准确的.换句话说，若要求插值误差准确到小数点后第五位，应该采用$h=10^{-3}$的节点间距.因此，**误差估计式(1.2.4)可指导人们在$h$已知的情况下把握线性插值实际计算的精度.**

不难看出，在间距$h$下如果$L_{1,h}(x)$没有达到所要求的计算精度，则可以将每个小区段分半，此时的节点间距为$h/2$，相应的分段线性插值函数为$L_{1,h/2}(x)$，于是有

$$|f(x)-L_{1,h/2}(x)|\approx\frac{1}{4}|f(x)-L_{1,h}(x)|.$$

**总之，只要$f(x)$是连续的，$L_{1,h}(x)$在$[a,b]$上就是一致收敛到$f(x)$的，分段线性插值方法是稳定的.**

**2. 分段二次多项式插值方法**

将区间$[a,b]$作$2n$等分，节点间距为$h=(b-a)/(2n)$，节点处的插值$\{f_k\}_{k=0}^{2n}$都是已知的.此时共有$n$个小区段，每个小区段有三个节点，$a=x_0,x_1,x_2$是第一个小区段，$x_2,x_3,x_4$是第二个小区段……$x_{2n-2},x_{2n-1},x_{2n}=b$是第$n$个小区段.在每个小区段$[x_{2k},x_{2k+2}]$上构造二次插值多项式$L_{2,k}(x)$(见式(1.1.4))，有

$$
\begin{cases}
L_{2,k}(x) = f_{2k}l_{2k}^{e}(x) + f_{2k+1}l_{2k+1}^{e}(x) + f_{2k+2}l_{2k+2}^{e}(x), \quad x \in [x_{2k}, x_{2k+2}], \\
l_{2k}^{e}(x) = (x - x_{2k+1})(x - x_{2k+2})/(2h^2), \\
l_{2k+1}^{e}(x) = (x - x_{2k})(x - x_{2k+2})/(-h^2), \\
l_{2k+2}^{e}(x) = (x - x_{2k})(x - x_{2k+1})/(2h^2),
\end{cases}
\tag{1.2.5}
$$

其中，$l_{2k}^{e}(x)$，$l_{2k+1}^{e}(x)$，$l_{2k+2}^{e}(x)$ 表示第 $k$ 个小区段上的节点基函数. 再将所有小区段上的二次插值函数组合起来，即

$$L_{2,h}(x) = \bigcup_{k=0}^{n-1} L_{2,k}(x),$$

$L_{2,h}(x)$ 称为 $f(x)$ 在$[a,b]$上的分段二次插值多项式.

这样的 $L_{2,h}(x)$ 是**分段二次但整体连续的函数**，如图 1.2.3 所示.

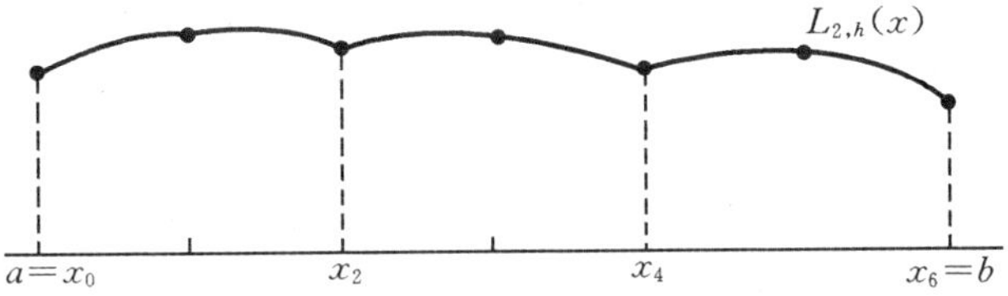


**图 1.2.3　分段二次插值函数是整体连续的函数图形**

$L_{2,h}(x)$ 是 Lagrange 型的分段二次插值函数，它又可整体地统一地表示为

$$L_{2,h}(x) = \sum_{2k=0}^{2n} f_{2k}l_m(x), \quad x \in [a,b], \tag{1.2.6}$$

其中，$l_{2k}(x)$，$x \in [a,b]$ 称为整体节点基函数. 这些整体节点基函数共分为三类：第一类是关于区间$[a,b]$端点处的，如 $l_0(x)$ 和 $l_{2n}(x)$；第二类是关于$(a,b)$内部奇数编号的节点处的；第三类是关于$(a,b)$内部偶数编号的节点处的. 第二、三类整体节点基函数形状如图 1.2.4 所示.

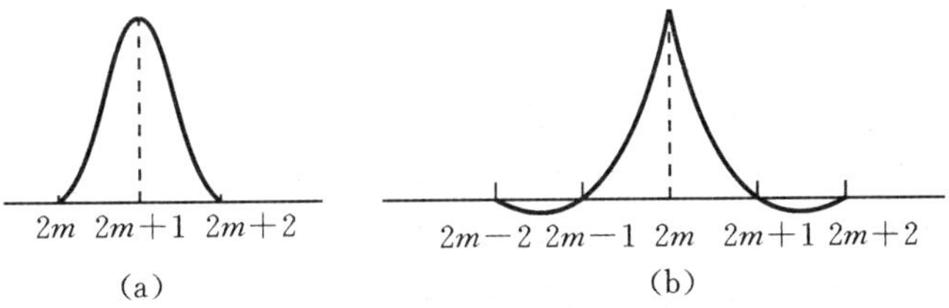


**图 1.2.4　分段二次插值的两类整体节点基函数图形**

式(1.2.6)是关于$[a,b]$上的分段二次插值函数的分析表达式，它在微分方程数值求解和其它问题的插值误差分析时才会发挥作用. 然而在普通的插值问题中，人们往往需要知道某个小区段$[x_{2k}, x_{2k+2}]$上的二次插值函数表达式，此时式(1.2.5)是有用的；人们也往往需要计算出区段$[x_{2k}, x_{2k+2}]$中关于 $x_\xi$ 处的二次插

值,此时仅需将 $x=x_\xi$ 代入式(1.2.5)计算就可以了.由此可见,分段二次插值在具体操作时是简单直观的.

分段二次插值函数 $L_{2,h}(x)$ 近似 $f(x)$ 的误差有多大?为此,先在第 $k$ 个小区段上观察其误差,有

$$R_{2,k}(x)=\frac{f'''(\xi)}{3!}(x-x_{2k})(x-x_{2k+1})(x-x_{2k+2}),\quad \xi\in[x_{2k},x_{2k+2}],$$

当 $f'''(x)$ 有界且 $h=x_{2k+1}-x_{2k}$ 较小时,此误差可表示为

$$|R_{2,k}(x)|=O(h^3),\quad k=0,1,\cdots,n-1.$$

因此,分段二次插值函数 $L_{2,h}(x)$ 在$[a,b]$上近似 $f(x)$ 的误差可表示为

$$|R_{2,h}(x)|=|f(x)-L_{2,h}(x)|=\max|R_{2,k}(x)|=O(h^3).\quad(1.2.7)$$

若$[a,b]$是按间距 $h$ 分划节点的,$h=10^{-2}$,估计出误差量级为 $O(10^{-6})$,考虑到真实效果,分段二次插值 $L_{2,h}(x)$ 在小数点后五位对 $f(x)$ 都将是准确的.换句话说,若要求插值效果准确到小数点后第五位,则应该采用 $h=10^{-2}$ 的节点间距作分段二次插值.

当 $h\to 0$ 时,**只要 $f(x)$ 是连续的,$L_{2,h}(x)$ 在$[a,b]$上就是一致收敛到 $f(x)$ 的,分段二次插值方法是稳定的.**

**分段线性插值和分段二次插值方法是实用的,实际应用中一般不采用分段高次插值方法.**

## 1.3 Hermite 插值和分段三次 Hermite 插值方法

Lagrange 插值方法,简单说来,是仅在已知节点处的函数值 $\{f_k\}_{k=0}^n$ 的条件下构造插值函数 $L_n(x)$ 的方法,在插值曲线的光滑性和稳定性的统一方面还存在着矛盾.一方面,在整体区间$[a,b]$上构造较高次插值函数 $L_n(x)$ 时,插值函数曲线的光滑性提高了,但插值效果可能会降低;另一方面,作分段低次插值的插值精度和插值效果可稳定地得到保证,但分段低次插值函数的曲线仅仅是分段光滑的,整体上是不光滑的.

在实际应用中,常常还有另一类构造插值函数的要求,在节点处已知函数值和导数值,要求构造一条光滑的插值曲线,它在节点处的函数值、导数值要与已知值相同.这类插值方法统称为 Hermite **插值方法**.

**1. Hermite 插值多项式问题的提法和分析**

已知$[a,b]$上的插值节点分布为 $a=x_0<x_1<\cdots<x_n=b$,这些节点处的函数值为 $\{f_k\}_{k=0}^n$,导数值为 $\{f'_k\}_{k=0}^n$,要求构造一个 Hermite 插值多项式 $H_{2n+1}(x)$,使其满足

$$\begin{cases}H_{2n+1}(x_k)=f_k,\\ H'_{2n+1}(x_k)=f'_k,\end{cases}\quad k=0,1,\cdots,n.$$

因为该问题给出了$2n+2$个独立的插值条件，由此能在$[a,b]$上唯一地确定一个$2n+1$次多项式函数，因此该问题是可以解决的.

还可以提出类似的Hermite插值问题. 已知插值节点$\{x_k\}_{k=0}^n$，其中$x_0=a, x_n=b$，这些节点处的函数值$\{f_k\}_{k=0}^n$、一阶导数值$\{f'_k\}_{k=0}^n$和二阶导数值$\{f''_k\}_{k=0}^n$，要求构造一个Hermite插值多项式$H_{3n+2}(x)$，使其满足

$$\begin{cases} H_{3n+2}(x_k)=f_k, \\ H'_{3n+2}(x_k)=f'_k, \quad k=0,1,\cdots,n. \\ H''_{3n+2}(x_k)=f''_k, \end{cases}$$

因为问题中共给出了$3n+3$个独立的插值条件，由此能在$[a,b]$上唯一地确定一个$3n+2$次多项式函数，因此该问题是可以解决的.

显然，满足上述要求的Hermite多项式插值函数在$[a,b]$上仍是一个多项式函数，当节点数目增多且多项式次数增高时，仍然会出现Runge现象，逼近效果是不稳定的. 因此，常常采用分段低次Hermite插值方法.

**2. 两点三次Hermite插值**

已知某个函数$f(x)$在两个节点处的函数值和导数值如表1.3.1所示，求一个**三次Hermite插值多项式**$H_3(x)$，使其满足

$$H_3(x_k)=f_k, \quad H_3(x_{k+1})=f_{k+1},$$
$$H'_3(x_k)=f'_k, \quad H'_3(x_{k+1})=f'_{k+1}.$$

**表1.3.1　节点处的函数值和导数值**

| $x$ | $x_k$ | $x_{k+1}$ |
|---|---|---|
| $f(x)$ | $f_k$ | $f_{k+1}$ |
| $f'(x)$ | $f'_k$ | $f'_{k+1}$ |

待构造的$H_3(x)$有没有简洁的构造形式呢？回忆Lagrange插值多项式可表示为节点基函数的线性组合形式，其节点基函数的使用可达到突出节点插值的目的. 受此启发，可假设$H_3(x)$也具有节点基函数的线性组合形式，即设

$$H_3(x)=f_k\alpha_k(x)+f_{k+1}\alpha_{k+1}(x)+f'_k\beta_k(x)+f'_{k+1}\beta_{k+1}(x). \tag{1.3.1}$$

对式(1.3.1)作如下讨论.

1) 关于$\alpha_k(x)$. **节点基函数$\alpha_k(x)$仅用来突出节点$k$处的函数值**，且用来消除节点$k$处的导数值的影响，用来消除节点$k+1$处的函数值、导数值在节点$k$处的影响，因此对$\alpha_k(x)$的基本要求为：

(1) $\alpha_k(x)$在$[x_k, x_{k+1}]$上是一个三次多项式；

(2)
$$\begin{cases} \alpha_k(x_k)=1, \quad \alpha_k(x_{k+1})=0, \\ \alpha'_k(x_k)=0, \quad \alpha'_k(x_{k+1})=0. \end{cases} \tag{1.3.2}$$

2) 关于$\alpha_{k+1}(x)$. 节点基函数$\alpha_{k+1}(x)$仅用来突出节点$k+1$处的函数值，且用来消除构造式(1.3.1)中其它三项在$x_k$处的影响，因此对$\alpha_{k+1}(x)$的基本要求为：

(1) $\alpha_{k+1}(x)$在$[x_k, x_{k+1}]$上是一个三次多项式；

(2)
$$\begin{cases} \alpha_{k+1}(x_k)=0, \quad \alpha_{k+1}(x_{k+1})=1, \\ \alpha'_{k+1}(x_k)=0, \quad \alpha'_{k+1}(x_{k+1})=0. \end{cases} \tag{1.3.3}$$

3) 关于 $\beta_k(x)$. **节点基函数 $\beta_k(x)$ 仅用来突出节点 $x_k$ 处的导数值 $f'_k$**,且用来消除构造式(1.3.1) 中其它三项在 $x_k$ 处的影响,因此对 $\beta_k(x)$ 的基本要求为:

(1) $\beta_k(x)$ 在 $[x_k, x_{k+1}]$ 上是一个三次多项式;

(2)
$$\begin{cases}\beta_k(x_k)=0, & \beta_k(x_{k+1})=0,\\ \beta'_k(x_k)=1, & \beta'_k(x_{k+1})=0.\end{cases} \tag{1.3.4}$$

4) 关于 $\beta_{k+1}(x)$. 节点基函数 $\beta_{k+1}(x)$ 仅用来突出节点 $x_{k+1}$ 处的导数值 $f'_{k+1}$,且用来消除构造式(1.3.1) 中其它三项在 $x_{k+1}$ 处的影响,因此对 $\beta_{k+1}(x)$ 的基本要求为:

(1) $\beta_{k+1}(x)$ 在 $[x_k, x_{k+1}]$ 上是一个三次多项式;

(2)
$$\begin{cases}\beta_{k+1}(x_k)=0, & \beta_{k+1}(x_{k+1})=0,\\ \beta'_{k+1}(x_k)=0, & \beta'_{k+1}(x_{k+1})=1.\end{cases} \tag{1.3.5}$$

利用式(1.3.2) 可写出 $\alpha_k(x)$ 的表达式. 事实上,由于 $\alpha_k(x)$ 是一个三次多项式,且在 $x_{k+1}$ 处 $\alpha_k(x_{k+1})=\alpha'_k(x_{k+1})=0$,所以 $\alpha_k(x)$ 必含有因式 $\left(\dfrac{x-x_{k+1}}{x_{k+1}-x_k}\right)^2$. $\alpha_k(x)$ 的具体形式可设计为

$$\alpha_k(x)=(ax+b)\left(\frac{x-x_{k+1}}{x_{k+1}-x_k}\right)^2,$$

再利用 $\alpha_k(x_k)=1$ 和 $\alpha'_k(x_k)=0$,求出 $a$ 和 $b$,就有

$$\alpha_k(x)=\left(1+2\frac{x-x_k}{x_{k+1}-x_k}\right)\left(\frac{x-x_{k+1}}{x_{k+1}-x_k}\right)^2. \tag{1.3.6}$$

同理,利用式(1.3.3) 可得

$$\alpha_{k+1}(x)=\left(1+2\frac{x_{k+1}-x}{x_{k+1}-x_k}\right)\left(\frac{x-x_k}{x_{k+1}-x_k}\right)^2. \tag{1.3.7}$$

利用式(1.3.4),可写出 $\beta_k(x)$ 的表达式. 事实上,由于 $\beta_k(x)$ 是一个三次多项式,且在 $x_k$ 处取零值,在 $x_{k+1}$ 处其函数值和导数值都取零值,所以 $\beta_k(x)$ 必含有因式 $(x-x_k)\left(\dfrac{x-x_{k+1}}{x_{k+1}-x_k}\right)^2$, $\beta_k(x)$ 的具体形式可设计为

$$\beta_k(x)=c(x-x_k)\left(\frac{x-x_{k+1}}{x_{k+1}-x_k}\right)^2,$$

再利用 $\beta'_k(x_k)=1$,求出 $c=1$,从而有

$$\beta_k(x)=(x-x_k)\left(\frac{x-x_{k+1}}{x_{k+1}-x_k}\right)^2. \tag{1.3.8}$$

同理,利用式(1.3.5),可得

$$\beta_{k+1}(x)=(x-x_{k+1})\left(\frac{x-x_k}{x_{k+1}-x_k}\right)^2. \tag{1.3.9}$$

综上所述,两点三次 Hermite 插值多项式能够按照式(1.3.1) 具体、简便地构造出来,其图形如图 1.3.1 所示.

两点三次 Hermite 插值多项式近似于 $f(x)$ 的效果，可用余项

$$R_3(x) = f(x) - H_3(x)$$

来描述，由于在 $x_k$ 和 $x_{k+1}$ 处函数值和导数值的误差都为零，所以 $R_3(x)$ 有如下表现形式：

$$R_3(x) = c(x-x_k)^2(x-x_{k+1})^2.$$

插值误差的更具体的表现如定理 1.3.1 所述.

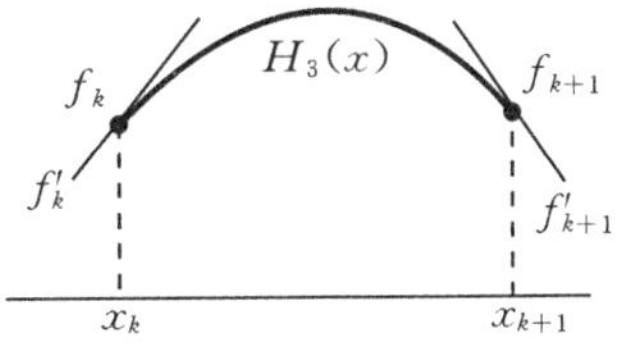


**图 1.3.1　两点三次 Hermite 插值多项式的图形**

**定理 1.3.1**　设 $f(x)$ 在 $[x_k, x_{k+1}]$ 上是四次可微的，$H_3(x)$ 是如式(1.3.1)所示的三次 Hermite 插值多项式，则插值误差为

$$R_3(x) = f(x) - H_3(x) = \frac{f^{(4)}(\xi)}{4!}(x-x_k)^2(x-x_{k+1})^2, \quad \xi \in [x_k, x_{k+1}]. \tag{1.3.10}$$

**证明**　仿照定理 1.1.1 的证明思路和推导，设

$$R_3(x) = K(x)(x-x_k)^2(x-x_{k+1})^2,$$

其中，$K(x)$ 为待定函数，$x$ 是 $(x_k, x_{k+1})$ 中任意的固定点. 引用辅助函数

$$\varphi(t) = f(t) - H_3(t) - K(x)(t-x_k)^2(t-x_{k+1})^2,$$

则 $\varphi(t)$ 在 $x$ 处是零点，在 $x_k$ 处是二重零点，在 $x_{k+1}$ 处是二重零点，$\varphi(t)$ 至少共有五个零点. 利用 Rolle 定理，$\varphi'(t)$ 在 $\varphi(t)$ 的两个零点之间至少有一个零点，$\varphi'(t)$ 至少共有四个这样的零点；依此类推，$\varphi^{(4)}(t)$ 至少有一个这样的零点 $\xi$. 于是

$$\varphi^{(4)}(\xi) = f^{(4)}(\xi) - 4!K(x) = 0,$$

$$K(x) = f^{(4)}(\xi)/4!,$$

从而证得式(1.3.10)正确.

下面总结并强调两点三次 Hermite 插值多项式的几个特点：

1) 在 $x_k$ 和 $x_{k+1}$ 处已知函数值和导数值，**这四个独立的插值条件可在** $[x_k, x_{k+1}]$ 上唯一地确定一个三次插值多项式函数 $H_3(x)$.

2) $H_3(x)$ **的关于节点基函数的线性组合形式**

$$H_3(x) = f_k\alpha_k(x) + f_{k+1}\alpha_{k+1}(x) + f'_k\beta_k(x) + f'_{k+1}\beta_{k+1}(x)$$

**决定了各个节点基函数的作用和特点.** $\alpha_k(x)$ **仅仅突出表现了** $f_k$，**对** $f_{k+1}, f'_k$ **和** $f'_{k+1}$ **则未予表现；**$\beta_k(x)$ **仅仅突出表现了** $f'_k$，**对** $f_k, f_{k+1}$ **和** $f'_{k+1}$ **则未予表现.** $\alpha_{k+1}(x)$ **和** $\beta_{k+1}(x)$ **也有类似的特点.**

3) $H_3(x)$ 具有的插值表现为

$$H_3(x_k) = f_k, \quad H_3(x_{k+1}) = f_{k+1},$$

$$H'_3(x_k) = f'_k, \quad H'_3(x_{k+1}) = f'_{k+1},$$

于是插值误差函数 $R_3(x)$ 在 $x_k, x_{k+1}$ 处的函数值和导数值都为零，从而决定了 $R_3(x)$ 的表现形式为

$$R_3(x) = c(x-x_k)^2(x-x_{k+1})^2.$$

若将此余项式和三次 Lagrange 插值的余项式相比较，不难发现共同的形式特点：$R_3$ 都是四个因式乘积的四次式，$R_3$ 的系数都是 $c = f^{(4)}(\xi)/4!$.

4) $H_3(x)$ **在** $[x_k, x_{k+1}]$ **上对** $f(x)$ **能近似到三次多项式的程度，特别是当** $f(x)$ **在** $[x_k, x_{k+1}]$ **上就是一个三次多项式时，有** $H_3(x) \equiv f(x)$.

**3. 分段三次 Hermite 插值**

为简单实用起见，设将 $[a,b]$ 作 $n$ 等分，插值节点 $a = x_0 < x_1 < \cdots < x_n = b$ 是等距的，间距为 $h = (b-a)/n$. 设节点 $\{x_k\}_{k=0}^n$ 处的函数值 $\{f_k\}_{k=0}^n$ 和导数值 $\{f'_k\}_{k=0}^n$ 都是已知的，在每个小区段 $[x_k, x_{k+1}]$ 上构造三次 Hermite 插值多项式

$$H_{3,k}(x) = f_k\alpha_k^e(x) + f_{k+1}\alpha_{k+1}^e(x) + f'_k\beta_k^e(x) + f'_{k+1}\beta_{k+1}^e(x),$$

其中，$\alpha_k^e(x)$，$\alpha_{k+1}^e(x)$，$\beta_k^e(x)$，$\beta_{k+1}^e(x)$ 是定义在小区段 $[x_k, x_{k+1}]$ 上的区段节点基函数. 再将所有小区段上插值函数拼凑组合起来，即

$$H_{3,h}(x) = \bigcup_{k=0}^{n-1} H_{3,k}(x), \tag{1.3.11a}$$

则称 $H_{3,h}(x)$ 为 $f(x)$ 在 $[a,b]$ 上的分段三次 Hermite 插值多项式. 读者应适当注意，$H_{3,k}(x)$ 表示 $[x_k, x_{k+1}]$ 上的两点三次 Hermite 插值函数，$H_{3,h}(x)$ 表示 $[a,b]$ 上的分段三次 Hermite 插值函数.

不难明白，$H_{3,h}(x)$ **是分段三次多项式拼凑的，它在** $[a,b]$ **上是整体一次连续可微的函数.**

$H_{3,h}(x)$ 也可整体地写成节点基函数的线性组合形式

$$H_{3,h}(x) = \sum_{k=0}^{n} f_k\alpha_k(x) + \sum_{k=0}^{n} f'_k\beta_k(x), \quad x \in [a,b], \tag{1.3.11b}$$

其中，$\alpha_k(x)$，$x \in [a,b]$，$\beta_k(x)$，$x \in [a,b]$ 称为整体节点基函数，它们都是由 $k$ 节点相邻的两个小区段 $[x_{k-1}, x_k]$，$[x_k, x_{k+1}]$ 上的区段节点基函数拼凑成的，例如

$$\alpha_k(x) = \begin{cases} \alpha_k^e(x), & x \in [x_{k-1}, x_k], \\ \alpha_k^e(x), & x \in [x_k, x_{k+1}], \\ 0, & \text{其它}, \end{cases} \quad \beta_k(x) = \begin{cases} \beta_k^e(x), & x \in [x_{k-1}, x_k], \\ \beta_k^e(x), & x \in [x_k, x_{k+1}], \\ 0, & \text{其它}. \end{cases}$$

分段三次 Hermite 插值多项式 $H_{3,h}(x)$ 在 $[a,b]$ 上近似 $f(x)$ 的误差有多大呢？先在一个小区段 $[x_k, x_{k+1}]$ 上观察式(1.3.11a). $H_{3,k}(x)$ 是一个三次多项式，所以当 $f^{(4)}(x)$ 有界且 $h$ 较小时，在这个小区段上有

$$|R_{3,k}(x)| = O(h^4), \quad x \in [x_k, x_{k+1}];$$

再在整个 $[a,b]$ 上观察，将所有小区段作综合比较就有

$$|R_{3,h}(x)| = |f(x) - H_{3,h}(x)| = O(h^4). \tag{1.3.12}$$

若 $[a,b]$ 上插值节点间距 $h = 10^{-2}$，由此估计出误差量级为 $O(10^{-8})$，再考虑到真实效果，可知对于任意位置 $x \in [a,b]$，分段三次 Hermite 插值将在小数点后七

位对于$f(x)$是准确的. 换句话说,若要求分段三次 Hermite 插值效果准确到小数点后第七位,则应取 $h=10^{-2}$.

由式(1.3.12)显然可以看出,当 $h\to 0$ 时,$H_{3,h}(x)$ 在$[a,b]$上一致地收敛于$f(x)$.

**4. 应用举例**

**例 1.3.1**　给定函数 $f(x)=\dfrac{1}{1+x^2}$ 的有关数值如表 1.3.2 所示. 试用分段三次 Hermite 插值多项式计算 $f(0.5),f(1.5),f(2.5),f(3.5),f(4.8)$ 的近似值,并与准确值相比较.

**表 1.3.2　节点处的函数值和导数值**

| $x_k$ | 0.000 0 | 1.000 0 | 2.000 0 | 3.000 0 | 4.000 0 | 5.000 0 |
|---|---|---|---|---|---|---|
| $f(x_k)$ | 1.000 0 | 0.500 0 | 0.200 0 | 0.100 0 | 0.058 8 | 0.038 5 |
| $f'(x_k)$ | 0.000 0 | −0.500 0 | −0.160 0 | −0.060 0 | −0.027 7 | −0.014 8 |

**解**　该问题中 $f(0.5)$ 应由$[0,1]$上的两点三次 Hermite 插值多项式来计算,题中其它要计算的近似值都在不同的小区段中作相应计算,计算结果和误差如表 1.3.3 所示.

**表 1.3.3　计算结果和误差**

| $x$ | $H_{3,h}(x)$ | $f(x)$ | $f(x)-H_{3,h}(x)$ |
|---|---|---|---|
| 0.5 | 0.802 5 | 0.800 0 | −0.002 5 |
| 1.5 | 0.307 5 | 0.307 7 | 0.000 2 |
| 2.5 | 0.137 5 | 0.137 9 | 0.000 4 |
| 3.5 | 0.075 3 | 0.075 4 | 0.000 1 |
| 4.8 | 0.041 5 | 0.041 6 | 0.000 1 |

在各相应的小区段中,表中的误差是符合

$$f(x)-H_{3,k}(x)=\frac{f^{(4)}(\xi)}{4!}(x-x_k)^2(x-x_{k+1})^2,\quad \xi\in[x_k,x_{k+1}]$$

这一规律的. 在 $x\in[0,1]$ 上,$f^{(4)}(\xi)$ 偏大,所以 $x=0.5$ 处的插值误差会偏大;在 $x\in[4,5]$ 上,$f^{(4)}(\xi)$ 偏小,所以 $x=4.8$ 处的插值误差会偏小. 本例中插值点是等距的,$h=1$,若将 $h$ 变小,变成 $h=0.1$,则插值精度至少会准确到小数点后第四位. 由本例可看出,由于 $f(x)$ 在 $x\in[0,1]$ 范围内变化较快,可在 $x\in[0,1]$ 范围内采用较小的插值间距,在 $x\in[1,5]$ 范围内采用较大的插值间距. 这样的不等距分段三次 Hermite 插值的效果将会是较理想的.

**例 1.3.2**　已知一个二次多项式函数

$$f(x)=x^2,\quad x\in[1,6],$$

算出其函数值和导数值如表 1.3.4 所示. 若用表 1.3.4 作两点三次 Hermite 插值 $H_3(x)$,试问 $H_3(x)$ 和 $f(x)$ 的关系.

**解**　因为在[1,6]上按表 1.3.4 所作的 $H_3(x)$ 对于次数不超过三的多项式是准确的,所以必有 $H_3(x) = f(x) = x^2$. 读者也可具体写出 $H_3(x)$ 表达式,验证该结论.

**表 1.3.4　函数值和导数值**

| $x_k$ | 1 | 6 |
|---|---|---|
| $f(x_k)$ | 1 | 36 |
| $f'(x_k)$ | 2 | 12 |

**表 1.3.5　函数值和导数值**

| $x_k$ | 1 | 6 |
|---|---|---|
| $g(x_k)$ | −7 | 14 |
| $g'(x_k)$ | 46/5 | 21/5 |

**例 1.3.3**　已知一个三次多项式函数

$$g(x) = \frac{1}{5}(x^3 - 13x^2 + 69x - 92),\quad x \in [1,6],$$

算出其函数值和导数值如表 1.3.5 所示. 若用表 1.3.5 作两点三次 Hermite 插值 $H_3(x)$,试问 $H_3(x)$ 和 $g(x)$ 的关系.

**解**　因为在[1,6]上满足表 1.3.4 所示值的三次多项式是唯一的,所以 $g(x) \equiv H_3(x)$.

**例 1.3.4**　已知 $P_3(x)$ 是一个三次多项式,例如 $P_3(x) = x^3$,据此可作出表 1.3.6、表 1.3.7、表 1.3.8、表 1.3.9 共四个数据表. 分别利用表中的四个插值条件,构造相应的三次插值多项式为 $L_3(x)$,$H_3(x)$,$Q_3(x)$,$S_3(x)$. 试问 $L_3(x)$,$H_3(x)$,$Q_3(x)$,$S_3(x)$ 和 $P_3(x)$ 的误差.

**解**　利用表 1.3.6 构造 $L_3(x)$ 是典型的 Lagrange 插值多项式构造问题,可利用节点基函数组合法得到 $L_3(x)$,且 $L_3(x) = P_3(x)$,$x \in [1,4]$. 利用表 1.3.7 构造 $H_3(x)$ 是典型的 Hermite 插值多项式构造问题,可利用节点基函数组合法得到 $H_3(x)$,且 $H_3(x) = P_3(x)$, $x \in [1,4]$.

**表 1.3.6　离散节点函数值**

| $x_k$ | 1 | 2 | 3 | 4 |
|---|---|---|---|---|
| $P_3(x_k)$ | $P_3(1)$ | $P_3(2)$ | $P_3(3)$ | $P_3(4)$ |

**表 1.3.7　离散节点函数值和导数值**

| $x_k$ | 1 | 4 |
|---|---|---|
| $P_3(x_k)$ | $P_3(1)$ | $P_3(4)$ |
| $P'_3(x_k)$ | $P'_3(1)$ | $P'_3(4)$ |

**表 1.3.8　离散节点函数值和导数值**

| $x_k$ | 1 | 2 | 4 |
|---|---|---|---|
| $P_3(x_k)$ | $P_3(1)$ | $P_3(2)$ | $P_3(4)$ |
| $P'_3(x_k)$ | | $P'_3(2)$ | |

**表 1.3.9　离散节点函数值和导数值**

| $x_k$ | 1 | 2 | 4 |
|---|---|---|---|
| $P_3(x_k)$ | $P_3(1)$ | $P_3(2)$ | $P_3(4)$ |
| $P'_3(x_k)$ | | | $P'_3(4)$ |

本题中 $L_3(x) = H_3(x) = P_3(x)$ 的事实说明,只要在[1,4]上任意给定关于 $P_3(x)$ 的四个独立的插值条件,注意含有区间端点 $x = 1$ 和 $x = 4$ 处的插值条件,

由此构造的三次插值多项式尽管在构造过程中的形式表现不同，但它们在[1,4]上和 $P_3(x)$ 都是一致的.

当然，表 1.3.8 和表 1.3.9 都是关于 $P_3(x)$ 在[1,4]上的四个独立的插值条件，也可利用节点基函数组合法分别构造出 $Q_3(x)$ 和 $S_3(x)$. 它们尽管在构造过程中的形式表现不同，但在[1,4]上一定和 $P_3(x)$ 恒等.

所以本题的结论为

$$L_3(x) = H_3(x) = Q_3(x) = S_3(x) = P_3(x), \quad x \in [1,4].$$

**例 1.3.5**　设 $f(x)$ 是四次连续可微函数，且已知插值表(见表 1.3.10)，求一个三次插值多项式 $P_3(x)$ 满足插值表要求，并写出插值误差表达式.

**表 1.3.10　插值表**

| $x_k$ | $x_0$ | $x_1$ | $x_2$ |
|---|---|---|---|
| $f(x_k)$ | $f_0$ | $f_1$ | $f_2$ |
| $f'(x_k)$ | | $f_1'$ | |

**解**　本例中给定四个插值条件，可在$[x_0,x_2]$上唯一地确定一个三次插值多项式. 本例中的插值问题不是典型的 Lagrange 插值问题，也不是典型的 Hermite 插值问题，可利用节点基函数线性组合的构造方法来解决.

设要构造的 $P_3(x)$ 可表示为节点基函数的线性组合形式，即

$$P_3(x) = f_0\alpha_0(x) + f_1\alpha_1(x) + f_2\alpha_2(x) + f_1'\beta_1(x);$$

由节点基函数突出相关组合系数的特点可知

$$\alpha_0(x) = \begin{cases} \text{一个三次多项式}, & x \in [x_0,x_2], \\ 1, & x = x_0, \\ 0, & x = x_1,x_2, \end{cases} \quad \text{且} \quad \alpha_0'(x_1) = 0;$$

$$\alpha_1(x) = \begin{cases} \text{一个三次多项式}, & x \in [x_0,x_2], \\ 1, & x = x_1, \\ 0, & x = x_0,x_2, \end{cases} \quad \text{且} \quad \alpha_1'(x_1) = 0;$$

$$\alpha_2(x) = \begin{cases} \text{一个三次多项式}, & x \in [x_0,x_2], \\ 1, & x = x_2, \\ 0, & x = x_0,x_1, \end{cases} \quad \text{且} \quad \alpha_2'(x_1) = 0;$$

$$\beta_1(x) = \begin{cases} \text{一个三次多项式}, & x \in [x_0,x_2], \\ 0, & x = x_0,x_1,x_2, \end{cases} \quad \text{且} \quad \beta_1'(x_1) = 1.$$

根据 $\alpha_0(x)$ 的特点，令

$$\alpha_0(x) = c(x-x_1)^2(x-x_2),$$

再利用 $\alpha_0(x_0) = 1$，可求得

$$\alpha_0(x) = \frac{(x-x_1)^2(x-x_2)}{(x_0-x_1)^2(x_0-x_2)}.$$

根据 $\alpha_1(x)$ 的特点，令

$$\alpha_1(x) = (x-x_0)(x-x_2)(ax+b),$$

再利用 $\alpha_1(x_1)=1$ 和 $\alpha_1'(x_1)=0$,有

$$\begin{cases}(ax_1+b)(x_1-x_0)(x_1-x_2)=1,\\(ax_1+b)(2x_1-x_0-x_2)+a(x_1-x_0)(x_1-x_2)=0,\end{cases}$$

解得

$$a=\frac{-(2x_1-x_0-x_2)}{(x_1-x_0)^2(x_1-x_2)^2},$$

$$b=\frac{(x_1-x_0)(x_1-x_2)+(2x_1-x_0-x_2)x_1}{(x_1-x_0)^2(x_1-x_2)^2},$$

从而求得 $\alpha_1(x)$ 的具体表达式.

根据 $\alpha_2(x)$ 的特点,令

$$\alpha_2(x)=c(x-x_0)(x-x_1)^2,$$

再利用 $\alpha_2(x_2)=1$,可求得

$$\alpha_2(x)=\frac{(x-x_0)(x-x_1)^2}{(x_2-x_0)(x_2-x_1)^2}.$$

根据 $\beta_1(x)$ 的特点,令

$$\beta_1(x)=c(x-x_0)(x-x_1)(x-x_2),$$

再利用 $\beta_1'(x_1)=1$,可求得

$$\beta_1(x)=\frac{(x-x_0)(x-x_1)(x-x_2)}{(x_1-x_0)(x_1-x_2)}.$$

这样,利用 $\alpha_0(x)$,$\alpha_1(x)$,$\alpha_2(x)$,$\beta_1(x)$ 的表达式就可确定 $P_3(x)$ 的表达式. 其误差表达式为

$$R_3(x)=f(x)-P_3(x)=\frac{f^{(4)}(\xi)}{4!}(x-x_0)(x-x_1)^2(x-x_2),\quad \xi\in[x_0,x_2].$$

这不仅可以按照定理 1.1.1 和定理 1.3.1 的分析方法得到,而且可以按余项的形式特点得到.

## *1.4 三次样条插值方法

### 1. 背景要求

**工程构件的外形曲线往往是有一定光滑程度要求的**. 例如,船体外形曲线不需要过高的光滑性,它仅要求是二次连续可微的,其二阶导数是均匀变化的且不改变符号,外形曲线不能有拐点,曲率也不能有突变. 只有这样,在船体作适量加速时,水流在光滑船体外形上才不会产生额外的阻力. 又如,飞机和导弹的加速度大,其形体曲线则要求三阶导数连续且曲率是光顺的. 然而**在实际的工程设计中,往往只能保证构件某些形体的尺寸要求,只能给出较多的型值(即插值),不能给出外形曲线的导数信息**.

怎样的插值曲线才能满足上述要求呢?如果构造 Lagrange 型插值函数,则要

满足的插值条件较多，插值多项式的次数过高，其插值效果是不会令人满意的. 如果作分段 Hermite 插值，则不仅缺少导数插值信息，而且也无法保证其二阶导数不变号. 然而，利用细长木样条画出的曲线能够满足设计要求.

手工船体放样画出实际船体外形曲线时，常采用一根细长的木条作为放样条(spline)，用压铁迫使样条通过指定的型值点，然后调整样条使它具有光滑的外形，再描画出样条曲线作为实际施工的船体外形曲线(见图 1.4.1). 这样的外形曲线既满足型值设计要求，又满足二阶导数连续且均匀变化的要求. 仔细分析其原因，因为弹性的细长木样条 $S(x)$ 在自然弯曲时，$S'(x)$ 表示**转角**，$S''(x)$ 表示**弯矩**，$S''(x)$ **是连续且均匀变化的. 这一力学特性正好符合船体外形曲线光顺的要求.**

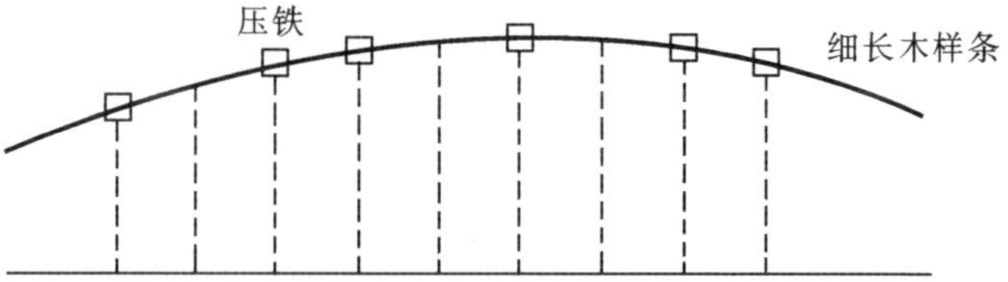


**图 1.4.1　在仅已知外形尺寸的情况下，使用木样条可画出二次连续可微的外形曲线**

**2. 三次样条的数学描述**

结合样条放样实践中的力学特性，结合前面提出的特殊插值要求，下面给出三**次样条插值函数的数学描述.**

已知 $\{x_k\}_{k=0}^{n}$ 是插值节点，$a=x_0<x_1<\cdots<x_n=b$，相应的插值为 $\{f_k\}_{k=0}^{n}$，要求插值函数 $S_3(x)$，使其满足下述条件：

$$S_3(x_k-0)=S_3(x_k+0)=f_k,\quad k=0,1,\cdots,n, \tag{1.4.1}$$

$$S_3'(x_k-0)=S_3'(x_k+0),\quad k=1,2,\cdots,n-1, \tag{1.4.2}$$

$$S_3''(x_k-0)=S_3''(x_k+0),\quad k=1,2,\cdots,n-1. \tag{1.4.3}$$

利用条件式(1.4.3)构造关于弯矩表述曲线的数学模型. 该插值问题的提法有如下几点启示：第一，$S_3(x)$ 至少是一个三次多项式函数，由于插值曲线并不要求更高的可微性，不妨设定 $S_3(x)$ 就是某个三次多项式函数；第二，由于曲线的二阶导数在节点处是连续的，所以可设定弯矩 $S_3''(x)$ 是一个分段线性函数，在小区段 $[x_k,x_{k+1}]$ 上表现为

$$S_3''(x)=M_k\frac{x_{k+1}-x}{h_k}+M_{k+1}\frac{x-x_k}{h_k},\quad x\in[x_k,x_{k+1}], \tag{1.4.4}$$

其中　$h_k=x_{k+1}-x_k,\quad M_k=S_3''(x_k),\quad M_{k+1}=S_3''(x_{k+1}).$

这样设定的 $S_3(x)$ 在整体上能满足曲线光顺的要求.

利用条件式(1.4.1)确定积分常数. 对式(1.4.4)积分一次，得

$$S_3'(x) = -M_k \frac{(x_{k+1}-x)^2}{2h_k} + M_{k+1}\frac{(x-x_k)^2}{2h_k} + C_1, \quad x \in [x_k, x_{k+1}], \tag{1.4.5}$$

再积分一次,得

$$S_3(x) = M_k \frac{(x_{k+1}-x)^3}{6h_k} + M_{k+1}\frac{(x-x_k)^3}{6h_k} + C_1 x + C_2, \quad x \in [x_k, x_{k+1}]. \tag{1.4.6}$$

利用函数值的插值条件 $S_3(x_k-0) = S_3(x_k+0)$,注意 $S_3(x_k-0)$ 是在$[x_{k-1}, x_k]$上被确定的,$S_3(x_k+0)$ 是在$[x_k, x_{k+1}]$上被确定的,这样便可求得

$$\begin{cases} C_1 = \dfrac{f_{k+1}-f_k}{h_k} - \dfrac{h_k}{6}(M_{k+1}-M_k), \\ C_2 = \dfrac{f_k x_{k+1} - f_{k+1}x_k}{h_k} + \dfrac{h_k}{6}(M_{k+1}x_k - M_k x_{k+1}); \end{cases}$$

将 $C_1$ 和 $C_2$ 代入式(1.4.5)和式(1.4.6),有

$$\begin{aligned} S_3(x) = {} & M_k \frac{(x_{k+1}-x)^3}{6h_k} + M_{k+1}\frac{(x-x_k)^3}{6h_k} + \left(f_k - \frac{M_k}{6}h_k^2\right)\frac{x_{k+1}-x}{h_k} \\ & + \left(f_{k+1} - \frac{M_{k+1}}{6}h_k^2\right)\frac{x-x_k}{h_k}, \quad x \in [x_k, x_{k+1}], \end{aligned} \tag{1.4.7}$$

$$\begin{aligned} S_3'(x) = {} & -M_k \frac{(x_{k+1}-x)^2}{2h_k} + M_{k+1}\frac{(x-x_k)^2}{2h_k} + \frac{f_{k+1}-f_k}{h_k} \\ & - \frac{h_k}{6}(M_{k+1}-M_k), \quad x \in [x_k, x_{k+1}]. \end{aligned} \tag{1.4.8}$$

利用条件式(1.4.2)确定关于弯矩表述曲线的通用方程式. 利用关于导数的插值条件 $S_3'(x_k-0) = S_3'(x_k+0)$,注意 $S_3'(x_k-0)$ 是在$[x_{k-1}, x_k]$上被确定的,$S_3'(x_k+0)$ 是在$[x_k, x_{k+1}]$上被确定的,这样就可得到关于弯矩的方程组,即

$$\begin{aligned} & \frac{h_{k-1}}{2}M_k + \frac{f_k - f_{k-1}}{h_{k-1}} - \frac{h_{k-1}}{6}(M_k - M_{k-1}) \\ & = -\frac{h_k}{2} + \frac{f_{k+1}-f_k}{h_k} - \frac{h_k}{6}(M_{k+1}-M_k). \end{aligned} \tag{1.4.9}$$

整理,得

$$\begin{cases} \mu_k M_{k-1} + 2M_k + \lambda_k M_{k+1} = d_k, \quad k = 1,2,\cdots,n-1, \\ \lambda_k = \dfrac{h_k}{h_{k-1}+h_k}, \\ \mu_k = 1 - \lambda_k = \dfrac{h_{k-1}}{h_{k-1}+h_k}, \\ d_k = \dfrac{6}{h_{k-1}+h_k}\left(\dfrac{f_{k+1}-f_k}{h_k} - \dfrac{f_k - f_{k-1}}{h_{k-1}}\right). \end{cases} \tag{1.4.10}$$

式(1.4.10)仅给出了$[a,b]$上节点 $x_k$ 处的关于弯矩的关系式,共 $n-1$ 个方程. 但 $M_0, M_1, \cdots, M_n$ 共有 $n+1$ 个未知数,因此还需补上两个端点处的边界条件才

能确定所有节点处的弯矩值$\{M_k\}_{k=0}^n$.只要确定全部节点处的弯矩值,就可利用式(1.4.7)求出$S_3(x)$的表达式.

**3. 给定端点弯矩值情形的三次样条函数**

已知节点函数值$\{f_k\}_{k=0}^n$和端点弯矩值$M_0=f_0''$,$M_n=f_n''$,求$S_3(x)$.

由于边界节点弯矩$M_0$和$M_n$已知,所以由式(1.4.10)求解内节点弯矩值的方程组是确定的,它可表示为

$$\begin{pmatrix} 2 & \lambda_1 & & & \\ \mu_2 & 2 & \lambda_2 & & \\ & \ddots & \ddots & \ddots & \\ & & \mu_{n-2} & 2 & \lambda_{n-2} \\ & & & \mu_{n-1} & 2 \end{pmatrix}\begin{pmatrix} M_1 \\ M_2 \\ \vdots \\ M_{n-2} \\ M_{n-1} \end{pmatrix}=\begin{pmatrix} d_1-\mu_1 M_0 \\ d_2 \\ \vdots \\ d_{n-2} \\ d_{n-1}-\lambda_{n-1}M_n \end{pmatrix}. \tag{1.4.11}$$

由此确定$\{M_k\}_{k=0}^n$,再代入式(1.4.7)即可求得$S_3(x)$,$x\in[a,b]$.

特别当节点$\{x_k\}_{k=0}^n$是等距的情形,$h=(b-a)/n$,此时

$$\begin{cases} \mu_k=1/2, \quad \lambda_k=1/2, \quad k=1,2,\cdots,n-1, \\ d_k=\dfrac{3}{h^2}(f_{k+1}-2f_k+f_{k-1}), \quad k=1,2,\cdots,n-1, \end{cases} \tag{1.4.12}$$

方程组(1.4.11)变得更有规律,为

$$\begin{pmatrix} 4 & 1 & & & \\ 1 & 4 & 1 & & \\ & \ddots & \ddots & \ddots & \\ & & 1 & 4 & 1 \\ & & & 1 & 4 \end{pmatrix}\begin{pmatrix} M_1 \\ M_2 \\ \vdots \\ M_{n-2} \\ M_{n-1} \end{pmatrix}=\begin{pmatrix} 2d_1-M_0 \\ 2d_2 \\ \vdots \\ 2d_{n-2} \\ 2d_{n-1}-M_n \end{pmatrix}.$$

**4. 给定端点周期表现的三次样条函数**

已知插值数据$\{f_k\}_{k=0}^n$在$[x_0,x_n]$上是周期变化的,周期变化的端点表现可用弯矩表示为

$$M_0=M_n, \quad M_1=M_{n+1}.$$

此时由式(1.4.10)求解内节点弯矩值的方程组是确定的,它可表示为

$$\begin{pmatrix} 2 & \lambda_1 & & & \mu_1 \\ \mu_2 & 2 & \lambda_2 & & \\ & \ddots & \ddots & \ddots & \\ & & \mu_{n-1} & 2 & \lambda_{n-1} \\ \lambda_n & & & \mu_n & 2 \end{pmatrix}\begin{pmatrix} M_1 \\ M_2 \\ \vdots \\ M_{n-1} \\ M_n \end{pmatrix}=\begin{pmatrix} d_1 \\ d_2 \\ \vdots \\ d_{n-1} \\ d_n \end{pmatrix}. \tag{1.4.13}$$

由此确定$\{M_k\}_{k=1}^n$,还有$M_0=M_n$,一起代入式(1.4.7)即可求得$S_3(x)$,$x\in[a,b]$.

特别当节点$\{x_k\}_{k=0}^n$是等距的情形,$\mu_k$,$\lambda_k$,$d_k$由式(1.4.12)简单表示,此时求解$\{M_k\}_{k=1}^n$的方程组(1.4.13)简单表示为

$$\begin{pmatrix} 4 & 1 & & & 1 \\ 1 & 4 & 1 & & \\ & \ddots & \ddots & \ddots & \\ & & 1 & 4 & 1 \\ 1 & & & 1 & 4 \end{pmatrix} \begin{pmatrix} M_1 \\ M_2 \\ \vdots \\ M_{n-1} \\ M_n \end{pmatrix} = \begin{pmatrix} 2d_1 \\ 2d_2 \\ \vdots \\ 2d_{n-1} \\ 2d_n \end{pmatrix}.$$

**5. 给定端点转角值情形的三次样条函数**

已知节点函数值$\{f_k\}_{k=0}^n$ 和端点转角值

$$S_3'(x_0) = f_0', \quad S_3'(x_n) = f_n',$$

求 $S_3(x), x \in [x_0, x_n]$.

对于这种端点条件,需首先将其转化为弯矩表现形式,在式(1.4.8) 中令 $k = 0$ 和 $x = x_0$,有

$$2M_0 + M_1 = \frac{6}{h_0}\left(\frac{f_1 - f_0}{h_0} - f_0'\right),$$

在式(1.4.8) 中令 $k = n-1$ 和 $x = x_n$,有

$$M_{n-1} + 2M_n = \frac{6}{h_{n-1}}\left(f_n' - \frac{f_n - f_{n-1}}{h_{n-1}}\right).$$

再与式(1.4.10) 联立,就有求解节点弯矩值$\{M_k\}_{k=0}^n$ 的线性方程组

$$\begin{pmatrix} 2 & 1 & & & \\ \mu_2 & 2 & \lambda_2 & & \\ & \ddots & \ddots & \ddots & \\ & & \mu_{n-1} & 2 & \lambda_{n-1} \\ & & & 1 & 2 \end{pmatrix} \begin{pmatrix} M_0 \\ M_1 \\ \vdots \\ M_{n-1} \\ M_n \end{pmatrix} = \begin{pmatrix} \frac{6}{h_0}\left(\frac{f_1 - f_0}{h_0} - f_0'\right) \\ d_1 \\ \vdots \\ d_{n-1} \\ \frac{6}{h_{n-1}}\left(f_n' - \frac{f_n - f_{n-1}}{h_{n-1}}\right) \end{pmatrix}. \quad (1.4.14)$$

解出$\{M_k\}_{k=0}^n$ 后便可利用式(1.4.7) 求得 $S_3(x), x \in [x_0, x_n]$.

同样地,当插值节点$\{x_k\}_{k=0}^n$ 等距时,上述方程组系数矩阵和右端项的元素更易计算.

**6. 三次样条的基函数表示形式**

前面讨论的三次样条函数是利用其力学特性经推理运算得到的,必须先求得节点弯矩值,再求得 $S_3(x)$ 的表达式. 这种做法不便于应用,也不便于数学运算和分析. 为了在形式上方便应用,需像 Lagrange 插值函数和 Hermite 插值函数那样,突出插值函数形式,突出线性组合的形式;需将三次样条函数表示为基函数的线性组合形式,即

$$S_3(x) = \sum_k \xi_k \Omega_3(x - x_k),$$

其中,$\Omega_3(x-x_k)$ 表示定义在 $x_k$ 处的节点基函数,$\xi_k$ 表示组合系数.

为此,人们首先注意到在一个小区段$[x_k,x_{k+1}]$上的式(1.4.4)可逐段组合起来,将弯矩函数写成节点基函数的线性组合形式,即

$$S_3''(x)=\sum_k M_k\Omega_1(x-x_k),\quad x\in[a,b],$$

其中,$\Omega_1(x-x_k)$ 是定义在 $x_k$ 处的节点基函数(见图 1.2.2),称为线性样条节点基函数.人们注意到

$$\Omega_{i+1}(x)=\int_{x-1/2}^{x+1/2}\Omega_i(x)\mathrm{d}x,\quad i=1,2,$$

由于积分的缘故,$\Omega_2(x)$ 是一个分段二次的节点基函数,$\Omega_3(x)$ 是一个分段三次的节点基函数;人们还注意到,前面讨论的 $S_3(x)$ 既然是一个分段三次的多项式插值函数,那么它应该可以表示为相应的节点基函数表示形式

$$S_3(x)=\sum_k\xi_k\Omega_3(x-x_k),\quad x\in[a,b].$$

经研究,一次、二次、三次的样条节点基函数分别为

$$\Omega_1(x)=\begin{cases}0, & |x|\geqslant 1,\\ 1-|x|, & |x|<1,\end{cases}$$

$$\Omega_2(x)=\begin{cases}0, & |x|>3/2,\\ -x^2+3/4, & |x|<1/2,\\ \dfrac{1}{2}x^2-\dfrac{3}{2}|x|+\dfrac{9}{8}, & \dfrac{1}{2}\leqslant|x|\leqslant\dfrac{3}{2},\end{cases}$$

$$\Omega_3(x)=\begin{cases}0, & |x|\geqslant 2,\\ \dfrac{1}{2}|x|^3-x^2+\dfrac{2}{3}, & |x|\leqslant 1,\\ -\dfrac{1}{6}|x|^3+x^2-2|x|+\dfrac{4}{3}, & 1<|x|<2.\end{cases}$$

从图 1.4.2 可以看出,$\Omega_3(x)$ 的定义域为 $x\in[-2,2]$,利用 $\Omega_3(x)$ 的表达式不难求得它在节点处的函数值和导数值,如表 1.4.1 所示.

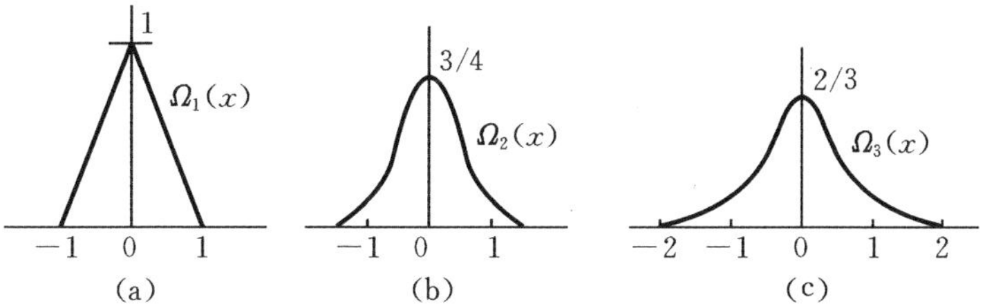


**图 1.4.2　样条节点基函数图形**

**表 1.4.1 $\Omega_3$ 在节点处的函数值和导数值**

| $x$ | $-2$ | $-1$ | $0$ | $1$ | $2$ |
|---|---|---|---|---|---|
| $\Omega_3(x)$ | 0 | 1/6 | 2/3 | 1/6 | 0 |
| $\Omega_3'(x)$ | 0 | 1/2 | 0 | $-1/2$ | 0 |
| $\Omega_3''(x)$ | 0 | 6 | $-12$ | 6 | 0 |

下面讨论均匀分划的三次样条确定办法. 为此设节点 $x_k = a + kh$ 是均匀分布的,$i = 0,1,\cdots,n$,$h = (b-a)/n$;$[a,b]$ 上的每一个节点对应着一个三次样条节点基函数

$$\Omega_3\left(\frac{x-x_k}{h}\right) = \Omega_3\left(\frac{x-x_0}{h}-k\right).$$

由于 $\Omega_3$ 的定义域有一定范围,凡是在 $[a,b]$ 上有影响的节点基函数都会影响到 $S_3(x)$ 的表达式,所以

$$S_3(x) = \sum_{k=-1}^{n+1}\xi_k\Omega_3\left(\frac{x-x_0}{h}-k\right),\quad x\in[a,b], \tag{1.4.15}$$

其中,$\xi_k$ 是待定系数. 每个节点 $x_k$ 对应着一个节点基函数,在 $x_0$ 和 $x_n$ 附近的节点基函数中有一些只对 $[a,b]$ 有部分影响,如图 1.4.3 所示.

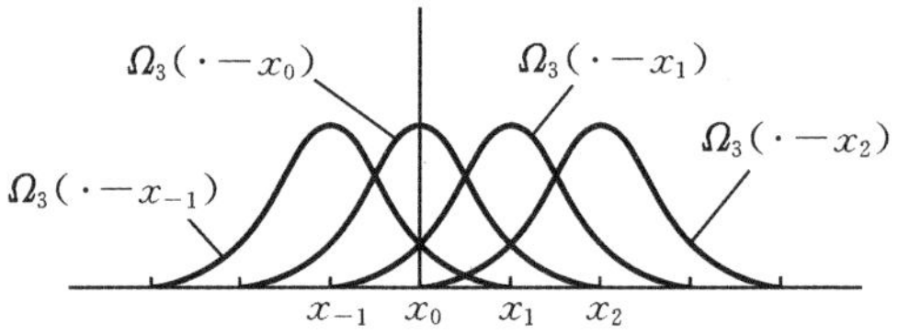


**图 1.4.3 在插值区间端点附近时样条节点基函数的表现**

式(1.4.15)共有 $n+3$ 个未知数,因此在需要确定三次样条函数 $S_3(x)$ 时,除了给定节点处的函数值 $\{f_k\}_{k=0}^n$ 之外,还需给定两个端点条件.

**对于给定端点导数值的情形**,$S_3(x)$ 应满足如下条件:

$$\begin{cases} S_3'(x_0) = \dfrac{1}{h}\displaystyle\sum_{k=-1}^{n+1}\xi_k\Omega_3'(-k) = f_0', \\ S_3(x_i) = \displaystyle\sum_{k=-1}^{n+1}\xi_k\Omega_3(i-k) = f_i,\quad i=0,1,\cdots,n, \\ S_3'(x_n) = \dfrac{1}{h}\displaystyle\sum_{k=-1}^{n+1}\xi_k\Omega_3'(n-k) = f_n'. \end{cases}$$

利用 $\Omega_3$ 的相关节点处的函数值,上式可改写为

$$\begin{cases}\dfrac{-\xi_{-1}+\xi_1}{2h}=f_0',\\ \dfrac{1}{6}\xi_{i-1}+\dfrac{2}{3}\xi_i+\dfrac{1}{6}\xi_{i+1}=f_i,\quad i=0,1,\cdots,n,\\ \dfrac{-\xi_{n-1}+\xi_{n+1}}{2h}=f_n'.\end{cases}$$

这个线性方程组的矩阵形式为

$$\begin{pmatrix}1 & 0 & -1 & & & \\ 1 & 4 & 1 & & & \\ & 1 & 4 & 1 & & \\ & & \ddots & \ddots & \ddots & \\ & & & 1 & 4 & 1\\ & & & -1 & 0 & 1\end{pmatrix}\begin{pmatrix}\xi_{-1}\\ \xi_0\\ \xi_1\\ \vdots\\ \xi_n\\ \xi_{n+1}\end{pmatrix}=\begin{pmatrix}-2hf_0'\\ 6f_0\\ 6f_1\\ \vdots\\ 6f_n\\ 2hf_n'\end{pmatrix}.$$

为了让方程组系数矩阵更规则一些，将其第1行、第2行合并，并将其最后两行合并，有

$$\begin{pmatrix}4 & 2 & & & \\ 1 & 4 & 1 & & \\ & \ddots & \ddots & \ddots & \\ & & 1 & 4 & 1\\ & & & 2 & 4\end{pmatrix}\begin{pmatrix}\xi_0\\ \xi_1\\ \vdots\\ \xi_{n-1}\\ \xi_n\end{pmatrix}=\begin{pmatrix}6f_0+2hf_0'\\ 6f_1\\ \vdots\\ 6f_{n-1}\\ 6f_n-2hf_n'\end{pmatrix}, \tag{1.4.16}$$

且有

$$\begin{cases}\xi_{-1}=\xi_1-2hf_0',\\ \xi_{n+1}=\xi_{n-1}+2hf_n'.\end{cases} \tag{1.4.17}$$

以三对角矩阵为系数矩阵的方程组有方便的解法. 这样，通过式(1.4.16)解出$\{\xi_k\}_{k=0}^{n}$，再通过式(1.4.17)求出$\xi_{-1}$和$\xi_{n+1}$，然后代入式(1.4.15)，便可得到所需要的用基函数表示的三次样条插值函数.

**对于给定端点弯矩值的情形**，$S_3(x)$应满足如下条件：

$$\begin{cases}S_3''(x_0)=\dfrac{1}{h^2}\displaystyle\sum_{k=-1}^{n+1}\xi_k\Omega_3''(-k)=f_0'',\\ S_3(x)=\displaystyle\sum_{k=-1}^{n+1}\xi_k\Omega_3(i-k)=f_i,\quad i=0,1,\cdots,n,\\ S_3''(x_n)=\dfrac{1}{h^2}\displaystyle\sum_{k=-1}^{n+1}\xi_k\Omega_3''(n-k)=f_n''.\end{cases}$$

利用$\Omega_3$的相关节点处的函数值，有

$$\begin{pmatrix} 6 & -12 & 6 & & & & \\ 1 & 4 & 1 & & & & \\ & 1 & 4 & 1 & & & \\ & & \ddots & \ddots & \ddots & & \\ & & & 1 & 4 & 1 & \\ & & & & 1 & 4 & 1 \\ & & & & 6 & -12 & 6 \end{pmatrix} \begin{pmatrix} \xi_{-1} \\ \xi_0 \\ \xi_1 \\ \vdots \\ \xi_{n-1} \\ \xi_n \\ \xi_{n+1} \end{pmatrix} = \begin{pmatrix} f_0'' \\ 6f_0 \\ 6f_1 \\ \vdots \\ 6f_{n-1} \\ 6f_n \\ f_n'' \end{pmatrix},$$

为了利用三对角系数矩阵的线性方程求解,将其前三个方程和后三个方程分别合并,就有

$$\begin{pmatrix} 4 & 1 & & & \\ 1 & 4 & 1 & & \\ & \ddots & \ddots & \ddots & \\ & & 1 & 4 & 1 \\ & & & 1 & 4 \end{pmatrix} \begin{pmatrix} \xi_1 \\ \xi_2 \\ \vdots \\ \xi_{n-2} \\ \xi_{n-1} \end{pmatrix} = \begin{pmatrix} 6f_1 - f_0 + h^2 f_0''/6 \\ 6f_2 \\ \vdots \\ 6f_{n-2} \\ 6f_{n-1} - f_n + h^2 f_n''/6 \end{pmatrix}, \tag{1.4.18}$$

且有

$$\begin{cases} \xi_{-1} = 2\xi_0 - \xi_1 + h^2 f_0'', \\ \xi_0 = f_0 - \dfrac{h^2}{6} f_0'', \\ \xi_n = f_n - \dfrac{h^2}{6} f_n'', \\ \xi_{n+1} = 2\xi_n - \xi_{n-1} + h^2 f_n''. \end{cases} \tag{1.4.19}$$

于是求解式(1.4.18)和式(1.4.19),得$\{\xi_k\}_{k=-1}^{n+1}$,从而得到 $S_3(x)$ 的表达式.

**对于周期端点条件的情形**,有

$$\begin{cases} S_3(x) = \sum\limits_{k=-1}^{n+1} \xi_k \Omega_3(i-k) = f_i, \quad i = 0,1,\cdots,n, \\ f_{n+1} = f_1, \quad f_0 = f_n, \quad f_{-1} = f_{n-1}, \end{cases}$$

由此推得

$$\begin{cases} \xi_{n+1} = \xi_1, \\ \xi_0 = \xi_n, \\ \xi_{-1} = \xi_{n-1}. \end{cases} \tag{1.4.20}$$

利用此条件可将原求解的矩阵化为块矩阵,从而得到一个能独立求解的小型的方程组

$$\begin{pmatrix} 4 & 1 & & & \\ 1 & 4 & 1 & & \\ & \ddots & \ddots & \ddots & \\ & & 1 & 4 & 1 \\ & & & 1 & 4 \end{pmatrix} \begin{pmatrix} \xi_1 \\ \xi_2 \\ \vdots \\ \xi_{n-1} \\ \xi_n \end{pmatrix} = \begin{pmatrix} 6f_1 \\ 6f_2 \\ \vdots \\ 6f_{n-1} \\ 6f_n \end{pmatrix}. \tag{1.4.21}$$

于是由式(1.4.21)解出 $\xi_1,\xi_2,\cdots,\xi_n$,由式(1.4.20)解出 $\xi_{-1},\xi_0,\xi_{n+1}$,最后代入式

(1.4.15) 就可获得 $S_3(x)$ 的表达式.

**7. 应用举例和总结**

**例 1.4.1**　给定函数 $f(x)=\dfrac{1}{1+x^2}$，$-5\leqslant x\leqslant 5$，区间被等距分划，即 $h=10/n$，$n$ 分别取为 10，20，40，相应于不同分划的三次样条插值函数记为 $S_3^{⑩}(x)$，$S_3^{⑳}(x)$，$S_3^{㊵}(x)$，在某种端点条件下可获得这些样条函数的表达式. 计算不同 $x$ 处的插值，并与十次 Lagrange 插值函数 $L_{10}(x)$ 比较，有关数据列于表 1.4.2 中. 由表中数据可知，随着插值节点数目的增加，三次样条插值的精度会变好，Lagrange 插值效果不好.

**表 1.4.2　关于例 1.4.1 的计算结果**

| $x$ | $\dfrac{1}{1+x^2}$ | $S_3^{⑩}(x)$ | $S_3^{⑳}(x)$ | $S_3^{㊵}(x)$ | $L_{10}(x)$ |
|---|---|---|---|---|---|
| −5.0 | 0.038 46 | 0.038 46 | 0.038 46 | 0.038 46 | 0.038 46 |
| −4.8 | 0.041 60 | 0.041 68 | 0.041 60 | 0.041 60 | 1.804 38 |
| −4.5 | 0.047 06 | 0.047 23 | 0.047 06 | 0.047 06 | 1.578 72 |
| −4.3 | 0.051 31 | 0.051 49 | 0.051 31 | 0.051 30 | 0.888 08 |
| −4.0 | 0.058 82 | 0.058 82 | 0.058 82 | 0.058 82 | 0.058 82 |
| −3.8 | 0.064 77 | 0.064 46 | 0.064 76 | 0.064 77 | 0.065 56 |
| −3.5 | 0.075 47 | 0.074 79 | 0.075 47 | 0.075 47 | 0.076 06 |
| −3.3 | 0.084 10 | 0.083 44 | 0.084 09 | 0.084 10 | 0.084 26 |
| −3.0 | 0.100 00 | 0.100 00 | 0.100 00 | 0.100 00 | 0.100 00 |
| −2.8 | 0.113 12 | 0.113 95 | 0.113 12 | 0.113 12 | 0.198 37 |
| −2.5 | 0.137 93 | 0.140 05 | 0.137 93 | 0.137 93 | 0.253 76 |
| −2.3 | 0.158 98 | 0.161 37 | 0.158 91 | 0.158 98 | 0.241 45 |
| −2.0 | 0.200 00 | 0.200 00 | 0.200 00 | 0.200 00 | 0.200 00 |
| −1.8 | 0.235 85 | 0.231 46 | 0.235 94 | 0.235 85 | 0.188 78 |
| −1.5 | 0.307 69 | 0.297 35 | 0.307 69 | 0.307 69 | 0.235 35 |
| −1.3 | 0.371 75 | 0.361 27 | 0.371 07 | 0.371 74 | 0.316 50 |
| −1.0 | 0.500 00 | 0.500 00 | 0.500 00 | 0.500 00 | 0.500 00 |
| −0.8 | 0.609 76 | 0.624 22 | 0.612 66 | 0.609 76 | 0.643 16 |
| −0.5 | 0.800 00 | 0.820 53 | 0.800 00 | 0.800 00 | 0.843 40 |
| −0.3 | 0.917 43 | 0.927 55 | 0.915 17 | 0.917 53 | 0.940 90 |
| 0 | 1.000 0 | 1.000 0 | 1.000 0 | 1.000 0 | 1.000 0 |

在**插值效果**方面，三次样条插值函数有着良好的表现.

1) **三次样条插值函数** $S_3(x)$，**在整体上是二次连续可微的，在每个小区段(长度为** $h$) **上是三次多项式函数**，因此在每个小区段上的插值误差是 $O(h^4)$ 量级的，在整个插值区间上，三次样条的插值误差为

$$|f(x)-S_3(x)|=O(h^4),\quad x\in[a,b].$$

当 $h\to 0$ 时，$S_3(x)$ 能一致地收敛于 $f(x)$.

2) **三次样条可通过增加节点数目来稳定地提高插值精度，且不会出现** Runge

**现象**.大家知道,Lagrange 插值函数可通过适当增加节点数目来提高光滑性,但这样会降低稳定性;分段低次插值函数能保证插值过程的稳定性,但整体光滑性差;三次样条插值函数能在光滑性和稳定性方面取得统一的较好效果.

3) **线性、二次和三次样条插值函数是常用的**.它们被广泛地用于观测数据的处理,船舶、汽车、飞机的外形设计.**在许多工程问题研究和许多学科研究中,样条函数都发挥着非常重要的作用.**

## 习　题　1

**【1.1】** 已知函数值表,求二次 Lagrange 插值多项式 $L_2(x)$.

**【1.2】** 已知函数值表,试不用求方根的办法,采用二次多项式插值的方法计算 $\sqrt{115}$ 和 $\sqrt{145}$ 的值.

**题 1.1 表**

| $x$ | 2 | 3 | 4 |
|---|---|---|---|
| $f(x)$ | 4 | 2 | 5 |

**题 1.2 表**

| $x$ | 100 | 121 | 144 |
|---|---|---|---|
| $f(x)$ | 10 | 11 | 12 |

**【1.3】** 已知连续函数 $P(x)$ 的函数值表,用插值方法近似求出 $P(x)=0$ 的根.

**题 1.3 表**

| $x$ | $-1$ | 0 | 1 | 2 |
|---|---|---|---|---|
| $P(x)$ | $-2$ | $-1$ | 1 | 2 |

**【1.4】** 已知表中所示插值条件,试构造相应的 Lagrange 插值多项式,它可化简为一个二次多项式.该例子说明了什么问题?

**题 1.4 表**

| $x$ | $-2$ | $-1$ | 0 | 1 | 2 | 3 |
|---|---|---|---|---|---|---|
| $f(x)$ | $-5$ | $-1$ | 1 | 1 | $-1$ | $-5$ |

**【1.5】** 试求二次插值多项式

$$P_2(x)=f_0l_0(x)+f_1l_1(x)+f_0'\beta_0(x),$$

使其满足给出的插值表,并写出 $l_0(x)$,$l_1(x)$ 和 $\beta_0(x)$ 的表达式,写出在$[x_0,x_1]$上的插值误差表达式.

**题 1.5 表**

| $x$ | $x_0$ | $x_1$ |
|---|---|---|
| $f(x)$ | $f_0$ | $f_1$ |
| $f'(x)$ | $f_0'$ | |

**题 1.6 表**

| $x$ | $x_0$ | $x_1$ | $x_2$ |
|---|---|---|---|
| $f(x)$ | $f_0$ | | $f_2$ |
| $f'(x)$ | | $f_1'$ | |

【1.6】　已知插值表，试构造二次多项式插值函数

$$P_2(x) = f_0 l_0(x) + f_2 l_2(x) + f_1' \beta_1(x),$$

使其满足插值条件，写出 $l_0(x)$，$l_2(x)$ 和 $\beta_1(x)$ 的表达式，写出在 $[x_0, x_1]$ 上的插值误差表达式.

【1.7】　已知插值 $\{f_k\}_{k=0}^{10}$，插值节点是等距 $h$ 的，采用分段线性插值方法

$$f(x) \approx L(x) = \sum_{k=0}^{n} f_k l_k(x),$$

写出其节点基函数 $\{l_k(x)\}_{k=0}^{10}$ 的表达式和 $\{l_k'(x)\}_{k=0}^{10}$ 的表达式，试表示出关于 $|f(x) - L(x)|$ 和 $|f'(x) - L'(x)|$ 的误差阶.

【1.8】　在计算机上，就某个可微函数，按步长 $h = 0.1$ 进行如下分段多项式插值：

(1) 作分段线性插值，画出其图形，记录插值误差；当 $h$ 分半再分半时，观察误差的减小的表现；

(2) 作分段二次多项式插值，画出插值函数图形，观察 $h$ 减半时误差减小的表现；

(3) 作分段三次 Hermite 插值，观察 $h$ 减半时误差减小的表现.

【1.9】　设 $\{x_0 + kh\}_{k=1}^{6}$ 是插值节点，$\{l_k(x)\}_{k=1}^{6}$ 是相应的 Lagrange 插值节点基函数，$S_5(x) = \sum_{k=1}^{6} f(x_k) l_k(x)$.

(1) $\sum_{k=1}^{6} l_k(x_0) =$ ______，$\sum_{k=1}^{6} l_k(x_0 + h) =$ ______.

(2) 当 $f(x) = x^0, x^1, \cdots, x^5$ 时，在 $[x_1, x_6]$ 上 $f(x)$ 和 $S_5(x)$ 相等吗？

(3) $\sum_{k=1}^{6} (x_k^5 + x_k^4) l_k(x) =$ ______，$\sum_{k=1}^{6} x_k^5 l_k(x_k) =$ ______，$\sum_{k=1}^{6} l_k(x) =$ ______，$x \in [x_0 + h, x_0 + 6h]$.

# * 第 2 章　多项式最佳平方逼近方法和最小二乘方法

第 1 章介绍了多项式插值方法，插值函数 $P_n(x)$ 是一个 $n$ 次多项式函数，在区间 $[a,b]$ 上插值函数 $P_n(x)$ 能近似表述已知函数 $f(x)$，且在分划节点 $\{x_k\}$ 处 $P_n(x_k)=f(x_k)$ 或 $P_n'(x_k)=f'(x_k)$. 本章将介绍函数的最佳平方逼近方法. 该方法仍用某个多项式函数 $S_n(x)$ 近似表述已知函数 $f(x)$，$x\in[a,b]$，该方法仅要求在积分平均的意义下 $S_n(x)$ 近似 $f(x)$，近似效果好. **最佳平方逼近方法的一种离散表现形式，是最小二乘方法，最小二乘方法对离散数据作曲线拟合是有效的. 最小二乘方法还可用来求解方程个数多于未知量个数的线性方程组**。总之，函数的最佳平方逼近及其派生出来的方法在科技数值计算中的应用非常广泛.

## 2.1　函数最佳平方逼近的定义和解释

**定义 2.1.1**　对于已知函数 $f(x)$，$x\in[a,b]$，若某个 $n$ 次多项式函数 $S_n^*(x)$，$x\in[a,b]$ 与 $f(x)$ 的"**平方误差**"**最小**，即

$$\int_a^b \rho(x)[f(x)-S_n^*(x)]^2\mathrm{d}x=\min, \tag{2.1.1}$$

其中，$\rho(x)$ 是**权函数**，"$=\min$"表示取得极小值，则称 $S_n^*(x)$ 是在 $[a,b]$ 上对 $f(x)$ 最佳平方逼近的 $n$ 次多项式函数.

对定义式(2.1.1)的理解是重要的.

1) 该定义中误差的描述是特定的. 大家知道，$|f(x)-S_n^*(x)|$ 是通常所见的一种误差表示形式，它具有逐点偏差的含义；$|f(x)-S_n^*(x)|^2$ 的误差分布情况有所改变. 若某点处的偏差小于 1，则平方后会变小；若某点处的偏差大于 1，则平方后会变大. $\rho(x)$ **是权函数，它能把误差分布作新的调整，有些部分被减轻，有些部分被加重**(见图 2.1.1). $\int_a^b \rho(x)[f(x)-S_n^*(x)]^2\mathrm{d}x$ 是关于误差大小的一种特定的度量，它不是强调逐点表现的偏差，而是强调整体积分平均意义下的误差量值大小，它可简称为"**平方误差**"，记为

$$\| f(x)-S_n^*(x)\|_2^2=\int_a^b \rho(x)[f(x)-S_n^*(x)]^2\mathrm{d}x.$$

2) 该定义中限定 $S_n^*(x)$ 是定义在 $[a,b]$ 上的 $n$ 次多项式函数. 显然，设 $S_n(x)$ 和 $\widetilde{S}_n(x)$ 都是 $n$ 次多项式函数，它们都可看做 $f(x)$ 的近似函数，它们会有不同的"平方误差"分布，如图 2.1.1 所示. 若将所有的定义在 $[a,b]$ 上的 $n$ 次多项式函数

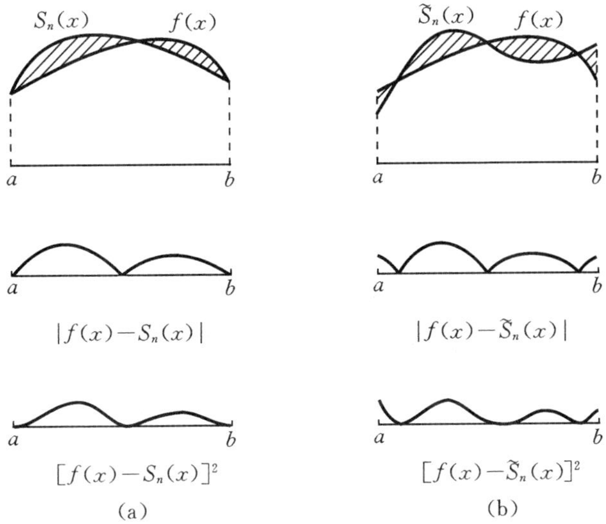


**图 2.1.1　关于不同近似函数的不同误差分布示意图**

归于一个函数类，记为 $W_n$，那么定义式(2.1.1)表明，在 $W_n$ 中寻找一个 $S_n^*(x)$ 使得 $\| f(x)-S_n^*(x) \|_2$ 最小，因此定义式(2.1.1)可改写为

$$\| f(x)-S_n^*(x) \|_2^2 = \min_{S_n(x)\in W_n} \| f(x)-S_n(x) \|_2^2. \tag{2.1.2}$$

3) 该定义中含有逼近概念. 假设在一次多项式函数类中按式(2.1.1)或按式(2.1.2)确定了一个平方误差最小的 $S_1^*(x)$，假设在二次多项式函数类中也确定了一个平方误差最小的 $S_2^*(x)$……这样便得到一个平方误差最小的多项式序列 $S_1^*(x),S_2^*(x),S_3^*(x),\cdots$，于是会有

$$\lim_{n\to+\infty} S_n^*(x) = f(x), \quad x\in[a,b].$$

4) 该定义中为什么限定在多项式函数类 $W_n$ 中寻求对于 $f(x)$ 的最佳平方逼近函数 $S_n^*(x)$ 呢?这是因为 $W_n$ 中的任意一个函数都是定义在 $[a,b]$ 上的 $n$ 次多项式函数. 这类函数是大家熟悉的，它可方便地表示为 $S_n(x)=\sum\limits_{k=0}^{n} a_k x^k$，其中 $\{x^k\}$ 是多项式基函数族. 同样，人们可寻找其它的 $\{\varphi_k(x)\}$ 作为多项式基函数族，任意的 $n$ 次多项式函数也都可方便地表示为

$$S_n(x) = \sum_{k=0}^{n} c_k \varphi_k(x), \quad x\in[a,b].$$

本章后面将介绍有关的，特别是具有正交性质的多项式基函数族 $\{\varphi_k(x)\}$，用这种线性组合形式表示 $S_n(x)\in W_n$，再在 $W_n$ 中寻找 $S_n^*(x)$ 对 $f(x)$ 的最佳平方逼近，这会带来便于分析和便于计算的效果.

## 2.2　最佳平方逼近多项式的确定方法

根据对最佳平方逼近多项式定义的理解，在多项式次数 $n$ 确定时，要在众多 $S_n(x)$ 中确定“平方误差”最小的 $S_n^*$，为此需先讨论多项式函数的表示形式问题.

**1. $S_n(x)$ 的基函数表示**

任意的定义在$[a,b]$上的 $n$ 次多项式 $S_n(x)$ 可表示为

$$S_n(x)=\sum_{k=0}^{n}c_k\varphi_k(x),\quad x\in[a,b],\tag{2.2.1}$$

其中，$\{\varphi_k(x)\}$ 是多项式基函数的抽象表示形式. 可以先利用熟知的表现对式(2.2.1)加以理解，例如，可理解 $\varphi_k(x)$ 就是 $x^k$，那么，$S_1(x)=\sum_{k=0}^{1}c_kx^k$ 是任意一次多项式的表示形式，$S_m(x)=\sum_{k=0}^{m}c_kx^k$ 是任意 $m$ 次多项式的表示形式，选择不同的 $c_k$ 就可得到定义在$[a,b]$上的任意的 $m$ 次多项式.

**2. 最佳平方逼近多项式的确定方法**

在最佳平方逼近的定义式(2.1.1)中，$S_n(x)$ 采用式(2.2.1)的一般表示形式，那么需要寻找的 $S_n^*(x)$ 就是极值问题

$$I=\int_a^b\rho(x)\Big[f(x)-\sum_{k=0}^{n}c_k\varphi_k(x)\Big]^2=\min$$

的解. 注意，$I$ 中的 $\rho(x)$，$f(x)$，$\varphi_k(x)$ 都是已知的，仅 $\{c_k\}_{k=0}^{n}$ 是未知的，所以 $I$ 是关于 $\{c_k\}_{k=0}^{n}$ 的多元函数. 据微分知识，$I$ 取得极小值的必要条件为

$$\frac{\partial I}{\partial c_j}=\int_a^b\rho(x)\frac{\partial}{\partial c_j}\Big[f(x)-\sum_{k=0}^{n}c_k\varphi_k(x)\Big]^2\mathrm{d}x=0,\quad j=0,1,\cdots,n;$$

注意求导规则，且 $\frac{\partial}{\partial c_j}\Big[\sum_{k=0}^{n}c_k\varphi_k(x)\Big]=\varphi_j(x)$，则有

$$\int_a^b\rho(x)\Big[f(x)-\sum_{k=0}^{n}c_k\varphi_k(x)\Big]\varphi_j(x)\mathrm{d}x=0,\quad j=0,1,\cdots,n.\tag{2.2.2}$$

现将式(2.2.2)整理为

$$\sum_{k=0}^{n}\Big[\int_a^b\rho(x)\varphi_k(x)\varphi_j(x)\mathrm{d}x\Big]c_k=\int_a^b\rho(x)f(x)\varphi_j(x)\mathrm{d}x,$$

引进**内积**记号

$$(\xi(x),\eta(x))=\int_a^b\rho(x)\xi(x)\eta(x)\mathrm{d}x,$$

则式(2.2.2)可表示为

$$\sum_{k=0}^{n}(\varphi_k(x),\varphi_j(x))c_k=(f(x),\varphi_j(x)),\quad j=0,1,\cdots,n.\tag{2.2.3}$$

式(2.2.2)或式(2.2.3)是线性代数方程组,称为**规化方程组**,其矩阵形式为

$$\begin{pmatrix} (\varphi_0,\varphi_0) & (\varphi_1,\varphi_0) & \cdots & (\varphi_n,\varphi_0) \\ (\varphi_0,\varphi_1) & (\varphi_1,\varphi_1) & \cdots & (\varphi_n,\varphi_1) \\ \vdots & \vdots & & \vdots \\ (\varphi_0,\varphi_n) & (\varphi_1,\varphi_n) & \cdots & (\varphi_n,\varphi_n) \end{pmatrix} \begin{pmatrix} c_0 \\ c_1 \\ \vdots \\ c_n \end{pmatrix} = \begin{pmatrix} (f,\varphi_0) \\ (f,\varphi_1) \\ \vdots \\ (f,\varphi_n) \end{pmatrix}$$

该方程组的解记为$\{c_k^*\}$,它是在"平方误差"最小的要求下获得的,于是对 $f(x)$ 的最佳平方逼近 $n$ 次多项式就是

$$S_n^*(x) = \sum_{k=0}^{n} c_k^* \varphi_k(x). \tag{2.2.4}$$

**3. 最佳平方逼近多项式的几个简单性质**

在上述描述中,$S_n(x) = \sum_{k=0}^{n} c_k\varphi_k(x)$ 表示$[a,b]$上的任意的 $n$ 次多项式函数,$S_n^*(x)$ 表示最佳平方逼近的 $n$ 次多项式函数,$S_n^*(x)$ 满足式(2.2.2),即

$$\int_a^b \rho(x)\left[f(x) - \sum_{k=0}^{n} c_k^* \varphi_k(x)\right]\varphi_j(x)\mathrm{d}x = 0, \quad j = 0,1,\cdots,n.$$

上式若两边同乘以 $c_j$ 并对指标 $j$ 求和,则有

$$\int_a^b \rho(x)[f(x) - S_n^*(x)]S_n(x)\mathrm{d}x = 0; \tag{2.2.5}$$

若两边同乘以 $c_j^*$ 且对指标 $j$ 求和,则有

$$\int_a^b \rho(x)[f(x) - S_n^*(x)]S_n^*(x)\mathrm{d}x = 0. \tag{2.2.6}$$

式(2.2.6)可变形为

$$\int_a^b \rho(x)f(x)S_n^*(x)\mathrm{d}x = \int_a^b \rho(x)[S_n^*(x)]^2\mathrm{d}x. \tag{2.2.7}$$

利用式(2.2.5)、式(2.2.6),又有

$$\begin{aligned} &\int_a^b \rho(x)[f(x) - S_n(x)]^2\mathrm{d}x - \int_a^b \rho(x)[f(x) - S_n^*(x)]^2\mathrm{d}x \\ &= \int_a^b \rho(x)(S_n - S_n^*)^2\mathrm{d}x + 2\int_a^b \rho(x)(f - S_n^*)S_n^* - s_n\mathrm{d}x \\ &= \int_a^b \rho(x)[S_n - S_n^*]^2\mathrm{d}x \geqslant 0, \end{aligned}$$

即有

$$\int_a^b \rho(x)[f(x) - S_n(x)]^2\mathrm{d}x \geqslant \int_a^b \rho(x)[f(x) - S_n^*(x)]^2\mathrm{d}x. \tag{2.2.8}$$

这正说明在所有的 $S_n(x), x \in [a,b]$ 中,$S_n^*(x)$ 和 $f(x)$ 之间的平方误差最小,$S_n^*(x)$ 是对 $f(x)$ 最佳平方逼近的 $n$ 次多项式函数.

**4. 最佳平方逼近的误差**

由规化方程组所确定的 $S_n^*(x)$ 显然是对 $f(x)$ 的近似,其近似效果仍然用平方误差来度量.

$$\begin{aligned}
&\| f(x) - S_n^*(x) \|_2^2 \\
&= \int_a^b \rho(x)[f(x) - S_n^*(x)]^2 \mathrm{d}x \\
&= \int_a^b \rho(x)[f(x) - S_n^*(x)]f(x)\mathrm{d}x - \int_a^b \rho(x)[f(x) - S_n^*(x)]S_n^*(x)\mathrm{d}x \\
&= \int_a^b \rho(x)[f(x)]^2 \mathrm{d}x - \int_a^b \rho(x)f(x)S_n^*(x)\mathrm{d}x - \int_a^b \rho(x)[f(x) - S_n^*(x)]S_n^*(x)\mathrm{d}x,
\end{aligned}$$

对上式第二项应用式(2.2.7),对上式第三项应用式(2.2.6),有

$$\| f(x) - S_n^*(x) \|_2^2 = \int_a^b \rho(x)[f(x)]^2 \mathrm{d}x - \int_a^b \rho(x)[S_n^*(x)]^2 \mathrm{d}x. \tag{2.2.9}$$

由此可见,对已知的 $f(x)$ 和已求得的 $S_n^*(x)$,按式(2.2.9)计算,便可估计出 $S_n^*(x)$ 对 $f(x)$ 的近似效果.

**5. 用 $\{x^k\}$ 基函数表示的最佳平方逼近多项式**

一般多项式 $S_n(x) = \sum_{k=0}^{n} c_k x^k$,这种表示方式是大家熟知的,其多项式基函数 $\varphi_k(x) = x^k$ 是具体的,所以最佳平方逼近多项式 $S_n^*(x)$ 的确定过程也是具体的.下面用一个例子来说明.

**例 2.2.1** 已知 $f(x) = \sqrt{x}$, $x \in [0,1]$,求其关于 $\rho(x) = 1$ 的最佳平方逼近多项式 $S_1^*(x)$ 和 $S_2^*(x)$,并计算其逼近误差.

**解** (1) 当采用 $\{x^k\}$ 作基函数时,一般多项式的表示形式为

$$S_n(x) = \sum_{k=0}^{n} c_k x^k, \quad x \in [0,1],$$

其最佳平方逼近多项式 $S_n^*(x) = \sum_{k=0}^{n} c_k^* x^k$ 满足式(2.2.3),即

$$\sum_{k=0}^{n} \left( \int_0^1 x^k x^j \mathrm{d}x \right) c_k^* = \int_0^1 x^{\frac{1}{2}} x^j \mathrm{d}x, \quad j = 0,1,\cdots,n.$$

这个规化方程组具体表现为

$$\begin{pmatrix}
1 & 1/2 & 1/3 & \cdots & 1/(n+1) \\
1/2 & 1/3 & 1/4 & \cdots & 1/(n+2) \\
1/3 & 1/4 & 1/5 & \cdots & 1/(n+3) \\
\vdots & \vdots & \vdots & & \vdots \\
1/(n+1) & 1/(n+2) & 1/(n+3) & \cdots & 1/(2n+1)
\end{pmatrix}
\begin{pmatrix} c_0^* \\ c_1^* \\ c_2^* \\ \vdots \\ c_n^* \end{pmatrix}
=
\begin{pmatrix} 2/3 \\ 2/5 \\ 2/7 \\ \vdots \\ 2/(2n+3) \end{pmatrix}. \tag{2.2.10}$$

最佳平方逼近的误差表示为

$$\| f(x) - S_n^*(x) \|_2^2 = \int_0^1 (\sqrt{x})^2 \mathrm{d}x - \int_0^1 [S_n^*(x)]^2 \mathrm{d}x.$$

(2) 用一次多项式作近似,其一般形式为

$$S_1(x) = c_0 + c_1 x,$$

其最佳逼近的一次多项式所满足的规化方程组为

$$\begin{pmatrix} 1 & 1/2 \\ 1/2 & 1/3 \end{pmatrix} \begin{pmatrix} c_0^* \\ c_1^* \end{pmatrix} = \begin{pmatrix} 2/3 \\ 2/5 \end{pmatrix}.$$

解得 $c_0^* = 4/15, c_1^* = 12/15$,于是有

$$S_1^*(x) = 4/15 + 12x/15,$$

其逼近误差为

$$\| f(x) - S_1^*(x) \|_2^2 = \int_0^1 (\sqrt{x})^2 \mathrm{d}x - \int_0^1 \left( \frac{4}{15} + \frac{12}{15}x \right)^2 \mathrm{d}x \approx 4.566\,9,$$

$$\| f(x) - S_1^*(x) \|_2 = 2.137\,0.$$

(3) 用二次多项式作近似,其一般形式为

$$S_2(x) = c_0 + c_1 x + c_2 x^2,$$

其最佳逼近的二次多项式所满足的规化方程组为

$$\begin{pmatrix} 1 & 1/2 & 1/3 \\ 1/2 & 1/3 & 1/4 \\ 1/3 & 1/4 & 1/5 \end{pmatrix} \begin{pmatrix} c_0^* \\ c_1^* \\ c_2^* \end{pmatrix} = \begin{pmatrix} 2/3 \\ 2/5 \\ 2/7 \end{pmatrix}.$$

解得　$c_0^* = 0.822\,4,\quad c_1^* = -2.535\,4,\quad c_2^* = 3.336\,3,$

于是有　$S_2^*(x) = 0.822\,4 - 2.535\,4x + 3.336\,3x^2,$

其逼近误差为

$$\| f(x) - S_2^*(x) \|_2^2 = \int_0^1 (\sqrt{x})^2 \mathrm{d}x - \int_0^1 [S_2^*(x)]^2 \mathrm{d}x = 0.059\,9,$$

$$\| f(x) - S_2^*(x) \|_2 = 0.244\,7.$$

由例 2.2.1 可以看到,$S_2^*(x)$ 比 $S_1^*(x)$ 对 $f(x)$ 的逼近效果要好,正如理论分析的那样,$S_3^*(x)$ 的逼近效果一定会比 $S_2^*(x)$ 的逼近效果好.

然而应该看到,当采用 $\{x^k\}$ 基函数作多项式最佳平方逼近时,**若 $n$ 值较大,则其规化方程组(2.2.10)的系数矩阵的性态很坏**,此规化方程组求解误差会很大,$S_n^*(x)$ 对 $f(x)$ 的实际逼近效果不好,**实际计算的效果和理论分析的效果不能统一**. 这个事实启发我们,**当采用 $\{x^k\}$ 基函数作多项式最佳平方逼近时,只有 $n$ 较小的情形才能取得较好的实际计算效果.**

**例 2.2.2**　已知 $f(x) = x^2,\ x \in [0,1]$,求用基函数 $\{x^k\}$ 表示的关于 $\rho(x) = 1$ 的最佳平方逼近多项式 $S_2^*(x)$.

**解** 当然可以令一般的二次多项式形式为

$$S_2(x) = c_0 + c_1 x + c_2 x^2,$$

再仿照例 2.2.1 的计算过程,求得其最佳平方逼近多项式 $S_2^*(x)$. 然而本例可利用最佳平方逼近多项式的定义来确定,因为记 $W_2$ 是所有二次多项式函数组成的函数类,$f(x) = x^2$ 就是 $W_2$ 中的一个元素. 本例要求在 $W_2$ 中寻找一个二次多项式 $S_2^*(x)$,使得它对 $f(x)$ 的平方误差最小. 在同一个函数类中,只有 $f(x) = S_2^*(x) = x^2$ 时,其"平方误差" $\| f(x) - S_2^*(x) \|_2^2 = 0$ 达到最小.

## 2.3 用 Legendre 正交多项式作最佳平方逼近

对于定义在 $[a,b]$ 上的 $n$ 次多项式 $S_n(x)$,可用**多项式基函数族** $\{\varphi_k(x)\}$ 表示为 $S_n(x) = \sum_{k=0}^{n} c_k \varphi_k(x)$. 当 $\varphi_k(x)$ 取为 $x^k$ 并作最佳平方逼近时,数值求解规化方程组困难. 本节将介绍 Legendre 正交多项式基函数族 $\{P_k(x)\}$,用其表示 $S_n(x) = \sum_{k=0}^{n} c_k P_k(x)$ 对 $f(x)$ 作最佳平方逼近是实用方便的.

### 1. Legendre 正交多项式及其性质

Legendre 正交多项式基函数族记为 $\{P_k(x)\}_{k=0}^{+\infty}$,其中 $P_k(x)$ 是定义在 $[-1,1]$ 上的 $k$ 次多项式,下面列出几个低次的多项式,并画出其图形(见图 2.3.1).

$$P_0(x) = 1,$$

$$P_1(x) = x,$$

$$P_2(x) = \frac{1}{2}(3x^2 - 1),$$

$$P_3(x) = \frac{1}{2}(5x^3 - 3x).$$

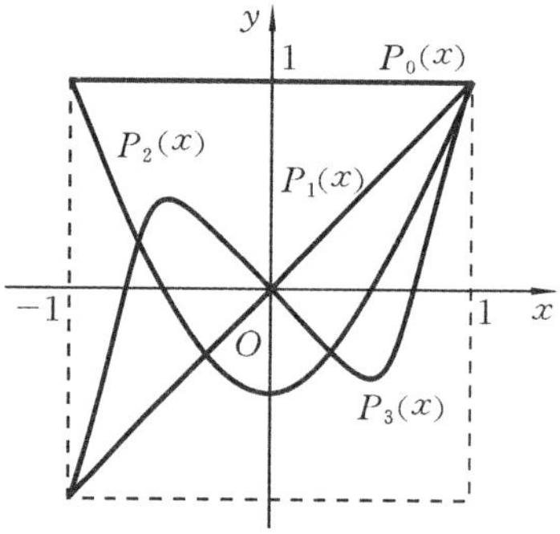


**图 2.3.1 几个 Legendre 正交多项式的图形**

Legendre 正交多项式具有如下几个简单性质:

1) 正交性.

$$\int_{-1}^{1} P_n(x) P_k(x) \mathrm{d}x = \begin{cases} \| P_n(x) \|_2^2, & \text{当 } k = n \text{ 时}, \\ 0, & \text{当 } k \neq n \text{ 时}, \end{cases} \tag{2.3.1}$$

其中

$$\| P_n(x) \|_2^2 = \int_{-1}^{1} [P_n(x)]^2 \mathrm{d}x = \frac{2}{2n+1}, \quad n = 0,1,\cdots. \tag{2.3.2}$$

这里所谓"正交"的概念,可借助于积分学中关于变力做功的概念来理解. 在积分学中,变力 $g(x)$ 沿曲线 $h(x)$ 做功可描述为 $\int_a^b g(x)h(x)\mathrm{d}x$,当变力方向和曲线方向正交时所做的功为零,借此理解就有函数 $g(x)$ 和 $h(x)$ 正交的概念. 同样地,在

权函数 $\rho(x)$ 作用下，当 $g(x) \neq h(x)$ 时，$\int_a^b \rho(x)g(x)h(x)\mathrm{d}x = 0$ 可称 $g(x)$ 和 $h(x)$ 是带权 $\rho(x)$ 正交的. 由于 $P_n(x)$ 和 $P_k(x)$ 满足式(2.3.1)，所以称 Legendre **多项式系列** $\{P_k(x)\}$ **是关于权函数** $\rho(x) = 1$ **正交的**.

2）递推公式.

$$(n+1)P_{n+1}(x) = (2n+1)xP_n(x) - nP_{n-1}(x), \quad n = 1,2,\cdots. \tag{2.3.3}$$

证明过程略去.

3）任意定义在$[-1,1]$上的 $n$ 次多项式 $S_n(x)$ 都可以用 Legendre 正交多项式表示为

$$S_n(x) = \sum_{k=0}^{n} c_k P_k(x), \quad x \in [-1,1],$$

其中
$$c_k = \frac{\int_{-1}^{1} S_n(x)P_k(x)\mathrm{d}x}{\| P_k(x) \|_2^2}, \quad k = 0,1,\cdots,n.$$

4）任意定义在$[-1,1]$上的连续函数 $f(x)$ 都可以用 Legendre 正交多项式表示为级数形式，即

$$f(x) = \sum_{k=0}^{+\infty} c_k P_k(x), \quad x \in [-1,1], \tag{2.3.4}$$

其中
$$c_k = \frac{\int_{-1}^{1} f(x)P_k(x)\mathrm{d}x}{\| P_k(x) \|_2^2}, \quad k = 0,1,\cdots.$$

若对级数作有限截断，记 $f_n(x) = \sum_{k=0}^{n} c_k P_k(x)$，显然当 $n \to +\infty$ 时，$f_n(x) \to f(x)$.

5）设 $S_k(x), k < n$ 是定义在$[-1,1]$上的任意的 $k$ 次多项式，则

$$\int_{-1}^{1} S_k(x)P_n(x)\mathrm{d}x = 0, \quad 0 \leqslant k < n.$$

特别地
$$\int_{-1}^{1} x^k P_n(x)\mathrm{d}x = 0, \quad 0 \leqslant k < n.$$

事实上，因为 $P_0(x) = 1, P_1(x) = x$，所以 $P_n(x)$ 分别与 $x^0, x^1$ 正交是显然的；因为 $P_2(x)$ 是关于 $x^0, x^1, x^2$ 的线性组合，其形式为 $P_2(x) = a_0 + a_1x + a_2x^2$，又因为 $P_2(x)$ 和 $P_n(x)$ 正交，所以推知 $x^2$ 也和 $P_n(x)$ 正交. 依此类推，当 $k < n$ 时，$x^k$ 都和 $P_n(x)$ 正交. 因为 $S_k(x)$ 是关于 $\{x^j\}_{j=0}^{k}$ 的线性组合，所以同样可推知，当 $k < n$ 时，$S_k(x)$ 都和 $P_n(x)$ 正交.

**2. 用 Legendre 正交多项式作最佳平方逼近**

因为一般 $n$ 次多项式 $S_n(x)$ 可用 Legendre 正交多项式表示为

$$S_n(x) = \sum_{k=0}^{n} c_k P_k(x);$$

在[−1,1]上对 $f(x)$ 求最佳平方逼近多项式 $S_n^*(x)$，只需求解规化方程组(2.2.3)，此时仅需令 $\rho(x)=1$ 且用 $P_k(x)$ 代换 $\varphi_k(x)$，利用 $P_k(x)$ 的正交性，就有

$$\begin{pmatrix} \|P_0(x)\|^2 & & & \\ & \|P_1(x)\|^2 & & \\ & & \ddots & \\ & & & \|P_n(x)\|^2 \end{pmatrix}\begin{pmatrix} c_0^* \\ c_1^* \\ \vdots \\ c_n^* \end{pmatrix} = \begin{pmatrix} \int_{-1}^1 f(x)P_0(x)\mathrm{d}x \\ \int_{-1}^1 f(x)P_1(x)\mathrm{d}x \\ \vdots \\ \int_{-1}^1 f(x)P_n(x)\mathrm{d}x \end{pmatrix}.$$

此时，因规化方程组系数矩阵是对角矩阵，求解 $\{c_k^*\}$ 特别方便，于是 $f(x)$ 在[−1,1]上的最佳平方逼近 $S_n^*(x)$ 可方便地表示为

$$\begin{cases} S_n^* = \sum_{k=0}^{n} c_k^* P_k(x), \\ c_k^* = \dfrac{\int_{-1}^1 f(x)P_k(x)\mathrm{d}x}{\|P_k(x)\|_2^2}. \end{cases} \tag{2.3.5}$$

此时，最佳平方逼近的误差仍用式(2.2.9)表示，有

$$\begin{aligned} \|f(x)-S_n^*(x)\|_2^2 &= \int_{-1}^1 [f(x)]^2\mathrm{d}x - \int_{-1}^1 [S_n^*(x)]^2\mathrm{d}x \\ &= \int_{-1}^1 [f(x)]^2\mathrm{d}x - \sum_{k=0}^{n}(c_k^*)^2\|P_k(x)\|_2^2. \end{aligned} \tag{2.3.6}$$

### 3. 关于 Legendre 正交多项式应用举例

**例 2.3.1** 已知 $f(x)=x^2$，$x\in[-1,1]$，试用 Legendre 正交多项式表示 $f(x)$.

**解** 设表示式为

$$x^2 = \sum_{k=0}^{2} a_k P_k(x).$$

利用 $P_k(x)$ 的正交性即有

$$a_0 = \frac{\int_{-1}^1 x^2 P_0(x)\mathrm{d}x}{\|P_0(x)\|_2^2} = \frac{\int_{-1}^1 x^2\mathrm{d}x}{2} = \frac{1}{3},$$

$$a_1 = \frac{\int_{-1}^1 x^2 P_1(x)\mathrm{d}x}{\|P_1(x)\|_2^2} = \frac{\int_{-1}^1 x^3\mathrm{d}x}{2/3} = 0,$$

$$a_2 = \frac{\int_{-1}^1 x^2 P_2(x)\mathrm{d}x}{\|P_2(x)\|_2^2} = \frac{\int_{-1}^1 x^2\times\frac{1}{2}(3x^2-1)\mathrm{d}x}{2/5} = \frac{2}{3},$$

所以，$f(x)=x^2$ 用 Legendre 正交多项式的表示形式为

$$x^2 = \frac{1}{3}P_0 + \frac{2}{3}P_2(x).$$

**例 2.3.2**　已知 $f(x)$，$x \in [a,b]$，试用 Legendre 正交多项式将 $f(x)$ 表示成级数形式.

**解**　为了在解题中利用Legendre多项式的正交性，需将所讨论的问题限定在 $[-1,1]$ 上，为此作变量代换

$$x = \frac{b+a}{2} + \frac{b-a}{2}t, \quad t \in [-1,1],$$

于是有

$$f(x) = f\left(\frac{b+a}{2} + \frac{b-a}{2}t\right) = \tilde{f}(t).$$

在 $[-1,1]$ 上将 $\tilde{f}(t)$ 表示成关于 Legendre 正交多项式的级数形式是容易的，有

$$\begin{cases} \tilde{f}(t) = \displaystyle\sum_{k=0}^{\infty} a_k P_k(t), \\ a_k = \dfrac{\displaystyle\int_{-1}^{1} \tilde{f}(t) P_k(t) \mathrm{d}t}{\| P_k(t) \|_2^2}, \end{cases}$$

注意，$a_k$ 是数值. 最后再将变量 $t$ 代换为 $x$，就有

$$f(x) = \sum_{k=0}^{\infty} a_k P_k\left(\frac{2}{b-a}\left(x - \frac{b+a}{2}\right)\right).$$

**例 2.3.3**　已知 $f(x) = \sqrt{x}$，$x \in [0,1]$，试求 $f(x)$ 的一次最佳平方逼近多项式并用 Legendre 多项式表示.

**解**　先用变量代换

$$x = \frac{1}{2}(1+t)$$

将 $x \in [0,1]$ 变换为 $t \in [-1,1]$，将 $f(x)$ 改写为定义在 $[-1,1]$ 上的函数 $\tilde{f}(t)$，即

$$f(x) = \frac{1}{\sqrt{2}}\sqrt{1+t} = \tilde{f}(t);$$

再对 $\tilde{f}(t)$ 在 $[-1,1]$ 上作最佳平方逼近的一次多项式 $\tilde{S}_1^*(t)$，有

$$\tilde{S}_1^*(t) = \sum_{k=0}^{1} c_k^* P_k(t),$$

$$c_0^* = \frac{\displaystyle\int_{-1}^{1} \frac{1}{\sqrt{2}}\sqrt{1+t}\,\mathrm{d}t}{\| P_0(t) \|_2^2} = \frac{2}{3}, \quad c_1^* = \frac{\displaystyle\int_{-1}^{1} \frac{t}{\sqrt{2}}\sqrt{1+t}\,\mathrm{d}t}{\| P_1(t) \|_2^2} = \frac{6}{15},$$

于是

$$\tilde{S}_1^*(t) = \frac{2}{3}P_0(t) + \frac{6}{15}P_1(t) = \frac{2}{3} + \frac{6}{15}t;$$

最后再作变量代换，将 $t = 2x - 1$ 代入 $\tilde{S}_1^*(t)$ 就得到 $\sqrt{x}$ 在 $[0,1]$ 上的一次最佳平方逼近多项式

$$S_1^*(x)=\frac{2}{3}+\frac{6}{15}(2x-1)=\frac{4}{15}+\frac{12}{15}x.$$

**例 2.3.4** 试构造正交多项式序列$\{\varphi_k(x)\}_{k=1}^{+\infty}$,其中 $\varphi_k(x)$ 是定义在[0,1] 上的 $k$ 次多项式且最高幂次项的系数为 1(简称为首项系数为 1 的 $k$ 次正交多项式),$\{\varphi_k(x)\}$ 满足下述正交关系:

$$\int_0^1\varphi_k(x)\varphi_j(x)\mathrm{d}x=\begin{cases}\|\varphi_k(x)\|_2^2, & j=k,\\ 0, & j\neq k.\end{cases}$$

**解** 为简便起见,本例仅推导 $\varphi_0(x),\varphi_1(x),\varphi_2(x)$.

首先令 $\varphi_0(x)=1$,简便求得 $\|\varphi_0(x)\|_2^2=1$.

再令 $\varphi_1(x)=x+c$,利用正交性有

$$\int_0^1\varphi_0(x)\varphi_1(x)\mathrm{d}x=\int_0^1(x+c)\mathrm{d}x=0,$$

求得 $c=-1/2$,从而有

$$\varphi_1(x)=x-1/2,\quad \|\varphi_1(x)\|_2^2=1/12.$$

令 $\varphi_2(x)=x^2+dx+e$,利用正交性有

$$\begin{cases}\int_0^1\varphi_0(x)\varphi_2(x)\mathrm{d}x=\int_0^1(x^2+dx+e)\mathrm{d}x=0,\\ \int_0^1\varphi_1(x)\varphi_2(x)\mathrm{d}x=\int_0^1(x-1/2)(x^2+dx+e)\mathrm{d}x=0,\end{cases}$$

求得 $$d=-1,\quad e=1/6,$$

从而有 $$\varphi_2(x)=x^2-x+1/6,\quad \|\varphi_2(x)\|_2^2=13/90.$$

**例 2.3.5** 对于例 2.3.4 中的首项系数为 1 的正交多项式序列$\{\varphi_k(x)\}$,求 $\int_0^1 x^5\varphi_{10}(x)\mathrm{d}x$ 的值.

**解** 因为$\{\varphi_k(x)\}$是正交多项式序列,$\varphi_{10}(x)$ 与任意 $n$ 次多项式 $S_n(x)$,$0\leqslant n\leqslant 9$ 都正交,所以本例不用推导 $\varphi_{10}(x)$ 便可确定

$$\int_0^1 x^5\varphi_{10}(x)\mathrm{d}x=0.$$

## 2.4 用 Chebyshev 正交多项式作最佳平方逼近

Chebyshev 正交多项式$\{T_k(x)\}_{k=0}^{+\infty}$ 在数值计算中有不少重要的应用,它也是定义在[-1,1] 上的另一种正交多项式基函数族,其中

$$T_0(x)=1,$$
$$T_1(x)=x,$$
$$T_2(x)=2x^2-1,$$
$$T_3(x)=4x^2-3x,$$

$$T_n(x) = \cos(n\arccos x), \quad -1 \leqslant x \leqslant 1,$$

或 $$T_n(x) = \frac{1}{2}[(x + \sqrt{x^2 - 1})^n + (x - \sqrt{x^2 - 1})^n], \quad -1 \leqslant x \leqslant 1.$$

**1. Chebyshev 正交多项式的几个简单性质**

1）带权正交性质.

$$\int_{-1}^{1} \frac{1}{\sqrt{1-x^2}} T_n(x) T_k(x) \mathrm{d}x = \begin{cases} \| T_n(x) \|_2^2, & k = n, \\ 0, & k \neq n, \end{cases} \tag{2.4.1}$$

其中 $$\| T_n(x) \|_2^2 = \int_{-1}^{1} \frac{1}{\sqrt{1-x^2}} [T_n(x)]^2 \mathrm{d}x = \begin{cases} \pi, & n = 0, \\ \pi/2, & n \neq 0. \end{cases} \tag{2.4.2}$$

显然，Legendre 多项式是关于 $\rho(x) = 1$ 正交的，Chebyshev 多项式是关于 $\rho(x) = 1/\sqrt{1-x^2}$ 正交的.

2）递推公式. 在 $T_n(x)$ 的表达式中，令 $x = \cos\theta$，则 $T_n = \cos n\theta$，$0 \leqslant \theta \leqslant \pi$，再由三角公式

$$T_{n\pm1}(x) = \cos(n \pm 1)\theta = \cos n\theta \cos\theta \mp \sin n\theta \sin\theta$$

就可得到递推公式

$$T_{n+1}(x) = 2xT_n(x) - T_{n-1}(x), \quad n \geqslant 1. \tag{2.4.3}$$

3）任意定义在$[-1,1]$上的 $n$ 次多项式 $S_n(x)$ 都可用 Chebyshev 正交多项式表示为

$$S_n(x) = \sum_{k=0}^{n} c_k T_k(x),$$

其中，组合系数 $c_k$ 可利用$\{T_k(x)\}$的正交性获得.

为了应用上的方便，下面给出几个常用的表示式：

$$1 = T_0,$$

$$x = T_1,$$

$$x^2 = \frac{1}{2}(T_0 + T_2),$$

$$x^3 = \frac{1}{4}(3T_1 + T_3),$$

$$x^4 = \frac{1}{8}(3T_0 + 4T_2 + T_4),$$

$$x^5 = \frac{1}{16}(10T_1 + 5T_3 + T_5),$$

$$x^6 = \frac{1}{32}(10T_0 + 15T_2 + 6T_4 + T_6),$$

$$x^7 = \frac{1}{64}(35T_1 + 21T_3 + 7T_5 + T_7),$$

$$x^8 = \frac{1}{128}(35T_0 + 56T_2 + 28T_4 + 8T_6 + T_8).$$

不难看出,对于给定的某个多项式函数,很容易将其用 Chebyshev 多项式表示出来.

4) 任意定义在$[-1,1]$上的连续函数 $f(x)$ 都可以用 Chebyshev 正交多项式表示为级数形式,即

$$f(x) = \sum_{k=0}^{+\infty} c_k T_k(x), \quad x \in [-1,1], \tag{2.4.4}$$

其中
$$c_k = \int_{-1}^{1} \frac{1}{\sqrt{1-x^2}} f(x) T_k(x) \mathrm{d}x / \| T_k(x) \|_2^2.$$

显然,当 $f(x)$ 含有因式 $\sqrt{1-x^2}$ 时或当 $f(x)$ 具有某些特殊形式时,才可能简易地手工计算 $c_k$. 一般情形下计算 $c_k$ 是麻烦的,需采用数值积分的办法作近似计算.

若对级数作有限截断,记 $f_n(x) = \sum_{k=0}^{n} c_k T_k(x)$,显然,当$n \to +\infty$时,$f_n(x) \to f(x)$.

5) $T_n(x)$ 同任意的低次多项式 $S_k(x), k < n$,在$[-1,1]$上带权正交,即

$$\int_{-1}^{1} \frac{1}{\sqrt{1-x^2}} S_k(x) T_n(x) \mathrm{d}x = 0, \quad 0 \leqslant k < n,$$

特别地
$$\int_{-1}^{1} \frac{1}{\sqrt{1-x^2}} x^k T_n(x) \mathrm{d}x = 0, \quad 0 \leqslant k < n.$$

事实上,因为 $T_0(x) = 1, T_1(x) = x$,所以 $T_n(x)$ 分别和 $x^0, x^1$ 带权正交是显然的;因为 $T_2(x)$ 是关于$\{x^k\}_{k=0}^{2}$ 的线性组合,所以由 $T_n(x)$ 和 $T_2(x)$ 的带权正交可推知 $T_n(x)$ 和 $x^2$ 带权正交. 依此类推,$T_n(x)$ 和 $x^k (k < n)$ 带权正交. 同样地,由形式 $S_k = \sum_{j=0}^{k} a_j x^j$ 便可推知 $T_n(x)$ 和 $S_k (k < n)$ 带权正交.

**2. 用 Chebyshev 正交多项式表示最佳平方逼近**

为了对 $f(x), x \in [-1,1]$ 求得具有最佳平方逼近效果的 $n$ 次多项式 $S_n^*(x)$,首先在形式上把 $S_n^*(x), x \in [-1,1]$ 用 Chebyshev 正交多项式表示为

$$S_n^*(x) = \sum_{k=0}^{n} c_k^* T_k(x), \quad x \in [-1,1];$$

其中,$\{c_k^*\}_{k=0}^{n}$ 满足规化方程组(2.2.3). 此时,规化方程组的具体形式为

$$\begin{pmatrix} \| T_0(x) \|_2^2 & & & \\ & \| T_1(x) \|_2^2 & & \\ & & \ddots & \\ & & & \| T_n(x) \|_2^2 \end{pmatrix} \begin{pmatrix} c_0^* \\ c_1^* \\ \vdots \\ c_n^* \end{pmatrix} = \begin{pmatrix} \int_{-1}^{1} \rho(x) f(x) T_0(x) \mathrm{d}x \\ \int_{-1}^{1} \rho(x) f(x) T_1(x) \mathrm{d}x \\ \vdots \\ \int_{-1}^{1} \rho(x) f(x) T_n(x) \mathrm{d}x \end{pmatrix},$$

其中
$$\| T_k(x) \|_2^2 = \int_{-1}^{1} \frac{1}{\sqrt{1-x^2}} [T_k(x)]^2 \mathrm{d}x.$$

再求解这个具有对角系数矩阵的规化方程组，方便地解得 $\{c_k^*\}_{k=0}^n$，则求得 $S_n^*(x)$ 具体形式为

$$\begin{cases} S_n^*(x) = \sum_{k=0}^{n} c_k^* T_n(x), \quad x \in [-1,1] \\ c_k^* = \dfrac{\int_{-1}^{1} \frac{1}{\sqrt{1-x^2}} f(x) T_k(x) \mathrm{d}x}{\| T_k(x) \|_2^2}. \end{cases}$$

Chebyshev 正交多项式是关于权函数 $\rho(x) = 1/\sqrt{1-x^2}$ 正交的，权函数起着调整误差分布的作用. 在实际应用中人们常选用满足实际需要的权函数作最佳平方逼近，这就会涉及构造关于所需权函数的正交多项式的问题. 下面用一个例子来叙述关于特殊权函数正交多项式的构造过程.

**例 2.4.1**　试构造定义在 $[a,b]$ 上关于权函数 $\rho(x) = x^2$ 的正交多项式 $z_n(x)$ 序列.

**解**　这里仅叙述关于带权正交多项式构造方法，不作烦琐推导.

令 $z_0(x) = 1, x \in [a,b]$.

令 $z_1(x) = x + c$，利用 $z_1(x)$ 和 $z_0(x)$ 带权正交的要求
$$\int_a^b x^2 z_0(x) z_1(x) \mathrm{d}x = 0$$
便可确定 $c$，从而得到 $z_1(x)$.

令 $z_2(x) = x^2 + dx + e$，利用 $z_2(x)$ 分别和 $z_0(x), z_1(x)$ 带权正交的要求
$$\begin{cases} \int_a^b x^2 z_0(x) z_2(x) \mathrm{d}x = 0, \\ \int_a^b x^2 z_1(x) z_2(x) \mathrm{d}x = 0, \end{cases}$$
即
$$\begin{cases} \int_a^b x^2 (x^2 + dx + e) \mathrm{d}x = 0, \\ \int_a^b x^2 (x + c)(x^2 + dx + e) \mathrm{d}x = 0, \end{cases}$$
便可求得 $d$ 和 $e$，从而确定 $z_2(x)$.

依此类推，可获得题中所要求的正交多项式序列.

## 2.5　曲线拟合的最小二乘方法

### 1. 曲线拟合的问题与要求

在自然科学、社会科学领域内，人们常常希望掌握某种客观存在的变量之间的函数关系，通过实验、观测和调查获得大量的数据后，从这些数据中总结出所需要

的函数关系. 这类问题就是曲线拟合问题.

该问题不同于插值问题. 在插值问题中,认为所给的数据点是准确的,插值曲线要点点通过这些数据点;而在该问题中,给定的数据量大,每个数据都带有随机误差,个别数据的误差似乎还很大. 如果将所有的数据点连接起来,将不会反映出什么变量关系;如果宏观地观察,这些数据点似乎表现出某种曲线关系.

因此,解决该问题的办法和步骤大致如下:

1) 先画出原始数据$(x_k, f_k)_{k=1}^N$ 的分布图.

2) 根据宏观观察,设定用函数 $S(x)$ 来拟合(模拟)这些数据点的变化规律.

3) **按离散误差平方和最小(即最小二乘)规则**

$$\sum_{k=1}^{N} | f_k - S(x_k) |^2 = \min,$$

试图确定地求出拟合函数 $S(x)$.

读者不难发现,在最佳平方逼近方法中(参见式(2.1.1))采用的是连续函数平方误差最小的度量标准,在最小二乘方法中采用的是离散平方误差最小的度量标准,最小二乘方法是最佳平方逼近方法的离散模拟.

显然,最小二乘方法是一种宏观衡量曲线拟合效果的规则,也是一种平均意义下的衡量规则,在此规则要求下的曲线 $S(x)$ 必然会宏观地拟合初始数据点.

同样,事先设定的拟合函数 $S(x)$ 是多种多样的,一般要根据观察和经验给出,通常采用多项式形式的 $S(x)$,也可采用指数函数或其它类型的函数.

**2. 直线拟合**

**已知一批数据点$(x_k, f_k)_{k=1}^N$,它们的分布大致成一条直线,设用直线**

$$S(x) = a_0 + a_1 x$$

**来拟合这批数据,要求确定系数 $a_0$ 和 $a_1$,并画出拟合直线图形.**

按最小二乘规则,$S(x)$ 的选择应使

$$\sum_{k=1}^{N} | f_k - S(x_k) |^2 = \sum_{k=1}^{N} (f_k - a_0 - a_1 x_k)^2 = \min. \tag{2.5.1}$$

为了分析方便,记

$$Q(a_0, a_1) = \sum_{k=1}^{N} (f_k - a_0 - a_1 x_k)^2,$$

则 $Q(a_0, a_1)$ 是关于 $a_0$ 和 $a_1$ 的二元函数. 由二元函数求极值的方法,使 $Q$ 取得极小值的参数 $a_0$ 和 $a_1$ 应满足

$$\frac{\partial Q}{\partial a_0} = 0, \quad \frac{\partial Q}{\partial a_1} = 0. \tag{2.5.2}$$

于是有

$$\begin{cases} -2\sum_{k=1}^{N} (f_k - a_0 - a_1 x_k) = 0, \\ -2\sum_{k=1}^{N} (f_k - a_0 - a_1 x_k) x_k = 0, \end{cases}$$

即有规化方程组

$$\begin{cases} a_0 N + a_1 \sum_{k=1}^{N} x_k = \sum_{k=1}^{N} f_k, \\ a_0 \sum_{k=1}^{N} x_k + a_1 \sum_{k=1}^{N} x_k^2 = \sum_{k=1}^{N} f_k x_k. \end{cases} \tag{2.5.3}$$

求解式(2.5.3)得到 $a_0$ 和 $a_1$，从而就确定了拟合数据的线性函数 $S(x) = a_0 + a_1 x$，它表示已知数据点宏观表现的线性函数关系.

例如，为了确定某炼钢电炉对不同含碳量(质量分数)原料所需的脱碳冶炼时间的关系，对五次生产结果作了如表 2.5.1 所示的记录.

**表 2.5.1　原料含碳量和脱碳冶炼时间**

| 记录次数 $k$ | 1 | 2 | 3 | 4 | 5 |
|---|---|---|---|---|---|
| 原料含碳量 $x_k$/% | 0.165 | 0.123 | 0.150 | 0.123 | 0.141 |
| 脱碳冶炼时间 $f_k$/s | 187 | 126 | 172 | 125 | 148 |

将这些数据点描在坐标纸上，发现它们的分布类似于直线，于是决定采用拟合直线为 $S(x) = a_0 + a_1 x$. 据线性拟合的规化方程组式(2.5.3)，有

$$\begin{cases} 5a_0 + a_1 \sum_{k=1}^{5} x_k = \sum_{k=1}^{5} f_k, \\ a_0 \sum_{k=1}^{5} x_k + a_1 \sum_{k=1}^{5} x_k^2 = \sum_{k=1}^{5} x_k f_k, \end{cases}$$

具体表现为

$$\begin{cases} 5a_0 + 0.702a_1 = 758, \\ 0.070\,2a_0 + 0.099\,864a_1 = 108.396. \end{cases}$$

最后确定原料含碳量和脱碳冶炼时间的关系为

$$S(x) = -60.939\,2 + 1\,513.812\,2x.$$

根据这个关系，可估计出不同原料所需的脱碳冶炼时间(见图 2.5.1).

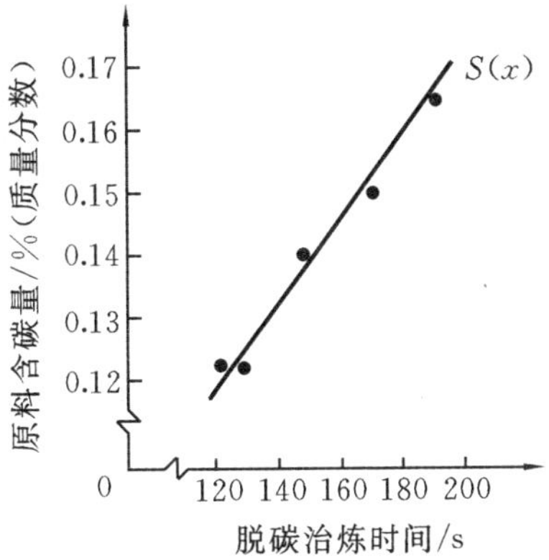


**图 2.5.1　原料含碳量与脱碳时间的关系**

**3. 二次多项式拟合**

**已知一批数据点 $(x_k, f_k)_{k=1}^{N}$，它们的分布大致成一条抛物线形状，设用二次多项式函数**

$$S(x) = a_0 + a_1 x + a_2 x^2$$

**来拟合这批数据，要求确定系数 $a_0$，$a_1$ 和 $a_2$，并画出拟合曲线的图形.**

按最小二乘规则，$S(x)$ 的选择应满足关系

$$\sum_{k=1}^{N} | f_k - S(x_k) |^2 = \sum_{k=1}^{N} (f_k - a_0 - a_1 x_k - a_2 x_k^2)^2 = \min. \tag{2.5.4}$$

为了分析方便,记

$$Q(a_0,a_1,a_2)=\sum_{k=1}^{N}(f_k-a_0-a_1x_k-a_2x_k^2)^2,$$

则 $Q$ 是关于 $a_0$,$a_1$ 和 $a_2$ 的三元函数,由三元函数求极值的方法可知,使 $Q$ 取得极小值的参数 $a_0$,$a_1$ 和 $a_2$ 应满足

$$\frac{\partial Q}{\partial a_0}=0,\quad \frac{\partial Q}{\partial a_1}=0,\quad \frac{\partial Q}{\partial a_2}=0. \tag{2.5.5}$$

于是有

$$\begin{cases}-2\sum_{k=1}^{N}(f_k-a_0-a_1x_k-a_2x_k^2)=0,\\ -2\sum_{k=1}^{N}(f_k-a_0-a_1x_k-a_2x_k^2)x_k=0,\\ -2\sum_{k=1}^{N}(f_k-a_0-a_1x_k-a_2x_k^2)x_k^2=0,\end{cases}$$

即有规化方程组

$$\begin{cases}a_0N+a_1\sum_{k=1}^{N}x_k+a_2\sum_{k=1}^{N}x_k^2=\sum_{k=1}^{N}f_k,\\ a_0\sum_{k=1}^{N}x_k+a_1\sum_{k=1}^{N}x_k^2+a_2\sum_{k=1}^{N}x_k^3=\sum_{k=1}^{N}f_kx_k,\\ a_0\sum_{k=1}^{N}x_k^2+a_1\sum_{k=1}^{N}x_k^3+a_2\sum_{k=1}^{N}x_k^4=\sum_{k=1}^{N}f_kx_k^2,\end{cases} \tag{2.5.6}$$

求解式(2.5.6),得到 $a_0$,$a_1$,$a_2$,确定 $S(x)$,它表示已知数据点所宏观表现的二次多项式函数关系.

例如,实验得到一批数据如表 2.5.2 所示.将这些数据点描在坐标纸上,发现它们的分布类似于抛物线,决定用二次多项式函数 $S(x)$ 作拟合曲线.

**表 2.5.2 实验数据**

| $k$ | 0 | 1 | 2 | 3 | 4 |
|---|---|---|---|---|---|
| $x_k$ | 0 | 0.25 | 0.50 | 0.75 | 1.00 |
| $f_k$ | 1.000 0 | 1.284 0 | 1.648 7 | 2.117 0 | 2.718 3 |

根据规化方程组(2.5.6)列出下列方程组:

$$\begin{cases}5a_0+2.5a_1+1.875a_2=8.768\,0,\\ 2.5a_0+1.875a_1+1.562\,5a_2=5.451\,4,\\ 1.875a_0+1.562\,5a_1+1.382\,8a_2=4.401\,5.\end{cases}$$

解出 $a_0$,$a_1$ 和 $a_2$,从而得到

$$S(x)=1.005\,2+0.864\,1x+0.843\,7x^2.$$

数据点分布和二次多项式拟合曲线 $S(x)$ 如图 2.5.2 所示.

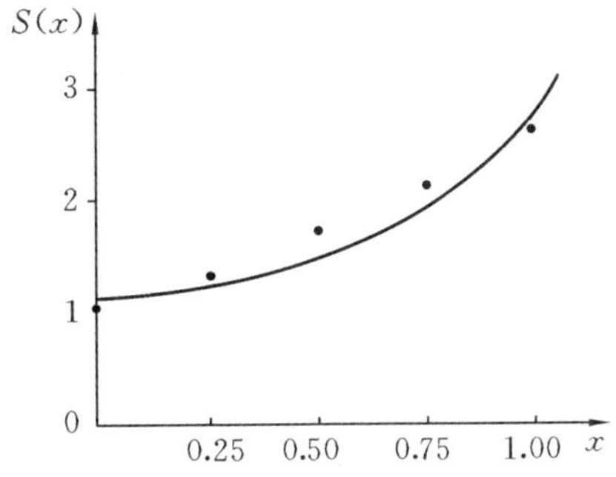


**图 2.5.2　二次多项式曲线用于拟合数据**

**4. 指数曲线拟合**

**已知一批数据点 $(x_k, f_k)_{k=1}^{N}$，根据经验和观察，这批数据点的分布大致为指数曲线，设它们满足关系式**

$$S(x) = ae^{bx}, \qquad (2.5.7)$$

其中，$a$ 和 $b$ 是待定常数，**试用最小二乘方法确定拟合曲线 $S(x)$.**

由于对这种非线性拟合函数模型直接采用最小二乘方法不方便，所以对式(2.5.7) 两边取对数，可以取用以 10 为底(也可以取以 e 为底) 的对数，有

$$\lg S(x) = \lg a + (b\lg e)x,$$

再将其化为线性模型

$$U(x) = A + Bx, \qquad (2.5.8)$$

其中
$$U(x) = \lg S(x), \quad A = \lg a, \quad B = b\lg e.$$

不难明白，**用 $S(x)$ 对数据点 $(x_k, f_k)_{k=1}^{N}$ 作最小二乘拟合，转化为用** $U(x)$(即 $\lg S(x)$) **对数据点 $(x_k, \lg f_k)_{k=1}^{N}$ 作最小二乘拟合**，即有

$$\sum_{k=1}^{N} |\lg f_k - U(x_k)|^2 = \sum_{k=1}^{N} (\lg f_k - A - Bx_k)^2 = \min.$$

仍记 $Q = \sum_{k=1}^{N} (\lg f_k - A - Bx)^2$ 是关于 $A$ 和 $B$ 的函数，于是 $A$ 和 $B$ 应满足

$$\frac{\partial Q}{\partial A} = 0, \quad \frac{\partial Q}{\partial B} = 0.$$

于是有

$$\begin{cases} AN + B\sum_{k=1}^{N} x_k = \sum_{k=1}^{N} \lg f_k, \\ A\sum_{k=1}^{N} x_k + B\sum_{k=1}^{N} x_k^2 = \sum_{k=1}^{N} x_k \lg f_k. \end{cases} \qquad (2.5.9)$$

不难看出，式(2.5.9) 相当于直接套用线性拟合规化方程组(2.5.3) 的结果. 求解式(2.5.9) 得 $A$ 和 $B$，从而得到 $a$ 和 $b$，求得指数拟合曲线 $S(x)$.

例如，有一批实验数据如表 2.5.3 所示. 需要用最小二乘方法建立数据点所符合的经验公式. 于是按前面所述方法，先将原数据点绘图，选定

$$S(x) = ae^{bx}$$

作为拟合曲线的模型，再将原数据点转化为如表 2.5.4 所示的数据.

表 2.5.3　实验数据

| $x_k$ | 1 | 2 | 3 | 4 | 5 | 6 | 7 | 8 |
|---|---|---|---|---|---|---|---|---|
| $f(x_k)$ | 15.3 | 20.5 | 27.4 | 36.6 | 49.1 | 45.6 | 87.8 | 117.6 |

表 2.5.4　转化后的数据

| $x_k$ | 1 | 2 | 3 | 4 | 5 | 6 | 7 | 8 |
|---|---|---|---|---|---|---|---|---|
| $\lg f_k$ | 1.184 7 | 1.311 8 | 1.437 8 | 1.563 5 | 1.691 1 | 1.816 9 | 1.943 5 | 2.070 4 |

对转化后的数据点用

$$U(x)=A+Bx$$

作最小二乘拟合.据式(2.5.9)列出方程组

$$\begin{cases}8A+36B=13.019\,7,\\36A+204B=23.900\,3.\end{cases}$$

解得 $A=1.058\,4, B=0.126\,5$,由此得到 $a=11.439\,3, b=0.291\,2$.最后可求得拟合曲线为

$$S(x)=11.439\,3\mathrm{e}^{0.291\,2x}.$$

**5. 其它可作线性化处理的曲线拟合模型**

**对于数据点**$(x_k,f_k)_{k=1}^N$**,若取用幂函数**

$$S(x)=ax^b$$

**作拟合函数,取对数后为**

$$\lg S(x)=\lg a+b\lg x.$$

令
$$U=\lg S(x),\quad A=\lg a,\quad z=\lg x,$$
有
$$U(z)=A+bz.$$

于是**原曲线拟合问题转化为用线性函数** $U(z)=A+bz$ **对数据点**$(\lg x_k,\lg f_k)$**的最小二乘拟合问题**.这样,参照式(2.5.3)和式(2.5.9),便可写出方程组

$$\begin{cases}AN+b\sum_{k=1}^{N}\lg x_k=\sum_{k=1}^{N}\lg f_k,\\A\sum_{k=1}^{N}\lg x_k+b\sum_{k=1}^{N}(\lg x_k)^2=\sum_{k=1}^{N}(\lg x_k\lg f_k).\end{cases}\tag{2.5.10}$$

解出 $A$ 和 $b$,得到 $a$ 和 $b$ 后,便可获得所求的 $S(x)$.

**对于数据点**$(x_k,f_k)_{k=1}^N$**,若取用双曲线函数**

$$\frac{1}{S(x)}=a+\frac{b}{x},$$

**作拟合函数,作变换**

$$U=\frac{1}{S(x)},\quad z=\frac{1}{x},$$

得到线性模型

$$U(z)=a+bz.$$

于是**原曲线拟合问题转化为用线性函数**$U(z)=a+bz$对数据点$(z_k,U_k)$——也就是对数据点$\left(\frac{1}{x_k},\frac{1}{f_k}\right)_{k=1}^N$——**的最小二乘拟合问题**. 这样,便可写出关于线性模型拟合的方程组

$$\begin{cases}aN+b\sum_{k=1}^N z_k=\sum_{k=1}^N U_k,\\ a\sum_{k=1}^N z_k+b\sum_{k=1}^N z_k^2=\sum_{k=1}^N U_k z_k.\end{cases}\tag{2.5.11}$$

求出 $a$ 和 $b$,最后写出双曲型拟合函数

$$\frac{1}{S(x)}=a+\frac{b}{x}.$$

**6. 连续函数用多项式作最佳平方逼近和离散数据用多项式作最小二乘之间的比较**

在多项式最佳平方逼近方法中,要逼近的对象是连续函数或可微函数 $f(x)$,$f(x)$ 在 $x\in[a,b]$ 上是清晰表现的. 对 $f(x)$ 作近似的是多项式函数 $S_n(x)$,度量标准是连续函数的平方误差最小. $S_n(x)$ 可用多项式基函数$\{x^k\}_{k=0}^n$ 表示,用这种表示方式,当$n$较大时,求解规化方程组不稳定;$S_n(x)$ 也可以用正交多项式基函数$\{\varphi_k(x)\}_{k=0}^n$ 表示,当 $n$ 较大时,求解规化方程组是稳定的.

在曲线拟合的最小二乘方法中,要拟合的对象是一批离散数据$\{f_k\}_{k=0}^N$,这些数据也定义在$[a,b]$上,但它们所表现的函数不清晰,只能宏观模拟. 在该方法中也是用多项式函数 $S_n(x)$ 对这批数据作曲线拟合近似,度量标准是离散数据的平方误差最小,因此,离散数据拟合的最小二乘方法可以看做连续函数多项式最佳平方逼近方法的离散模拟. 当然,$S_n(x)$ 可用多项式基函数$\{x^k\}_{k=0}^n$ 表示,**在实用中一般采用低次的拟合多项式函数**,求解相应的规化方程组是方便可行的. 也同样可知,拟合多项式函数$S_n(x)$也可以用正交多项式基函数$\{\varphi_k\}_{k=0}^n$表示,当$n$较大时求解相应的规化方程组是稳定的,但实用情形仅采用低次的拟合多项式函数,所以这种拟合函数不需要再用正交多项式表示了.

## 2.6　求解特殊线性方程组的最小二乘方法

为了掌握若干变量之间的函数关系,人们也常常通过实验测量得到一个不确定型的线性方程组. 例如,方程组

$$\begin{cases}x_1-x_2=1,\\ -x_1+x_2=2,\\ 2x_1-2x_2=3,\\ -3x_1+x_2=4\end{cases}$$

仅反应实验测量结果,测量中难免带有误差,造成方程组所反应的变量关系有矛盾之处.测量多次得到多个方程式,**方程式的数目大于变量数目**,然而因不知道测量误差在什么地方产生,所以不能采用去掉其中几个方程的简单办法来获得变量关系.

下面从两个方面考虑上述不确定型线性方程组的求解问题.首先从线性代数角度考虑 $\boldsymbol{A}^{\mathrm{T}}\boldsymbol{A}\tilde{\boldsymbol{x}} = \boldsymbol{A}^{\mathrm{T}}\boldsymbol{b}$ 的可解性,再仔细分析 $\tilde{\boldsymbol{x}}$ 和 $\boldsymbol{x}$ 的关系.

**1. 求解不确定型线性方程组的最小二乘方法**

**对于不确定型线性方程组**

$$\boldsymbol{Ax} = \boldsymbol{b}, \tag{2.6.1}$$

**其中,$\boldsymbol{A},\boldsymbol{x},\boldsymbol{b}$ 分别是 $\boldsymbol{A}_{m\times n},\boldsymbol{x}_{n\times 1},\boldsymbol{b}_{n\times 1},m>n$ 的简略表示,若 $\boldsymbol{A}^{\mathrm{T}}\boldsymbol{A}$ 非奇异,则规化方程组**

$$\boldsymbol{A}^{\mathrm{T}}\boldsymbol{Ax} = \boldsymbol{A}^{\mathrm{T}}\boldsymbol{b} \tag{2.6.2}$$

**可解,称式(2.6.2)的解为不确定方程组(2.6.1)的最小二乘解.**

据线性代数知识可知,对任意的实矩阵 $\boldsymbol{A}_{m\times n}$,相应的 $\boldsymbol{A}^{\mathrm{T}}\boldsymbol{A}$ 必为 $n$ 阶方阵且是对称非负的矩阵.所谓对称,即 $(\boldsymbol{A}^{\mathrm{T}}\boldsymbol{A})^{\mathrm{T}} = \boldsymbol{A}^{\mathrm{T}}\boldsymbol{A}$;所谓非负,即 $\boldsymbol{A}^{\mathrm{T}}\boldsymbol{A}$ 的全部特征值 $\lambda(\boldsymbol{A}^{\mathrm{T}}\boldsymbol{A}) \geqslant 0$.$\boldsymbol{A}^{\mathrm{T}}\boldsymbol{A}$ 可能是奇异的,即 $\boldsymbol{A}^{\mathrm{T}}\boldsymbol{A}$ 的行列式值为零,此时式(2.6.2)的解不唯一;$\boldsymbol{A}^{\mathrm{T}}\boldsymbol{A}$ 也可能是非奇异的,即 $\boldsymbol{A}^{\mathrm{T}}\boldsymbol{A}$ 的行列式值不为零,此时式(2.6.2)有唯一的一组解.因此,在用最小二乘方法求解不确定型线性方程组时,要强调 $\boldsymbol{A}^{\mathrm{T}}\boldsymbol{A}$ 非奇异.

**例 2.6.1** 用最小二乘方法求解下列线性方程组:

$$\begin{cases} x_1 - x_2 = 1, \\ -x_1 + x_2 = 2, \\ 2x_1 - 2x_2 = 3, \\ -3x_1 + x_2 = 4. \end{cases}$$

**解** 据题意,有

$$\boldsymbol{A} = \begin{pmatrix} 1 & -1 \\ -1 & 1 \\ 2 & -2 \\ -3 & 1 \end{pmatrix}, \quad \boldsymbol{b} = \begin{pmatrix} 1 \\ 2 \\ 3 \\ 4 \end{pmatrix},$$

$$\boldsymbol{A}^{\mathrm{T}} = \begin{pmatrix} 1 & -1 & 2 & -3 \\ -1 & 1 & -2 & 1 \end{pmatrix}, \quad \boldsymbol{A}^{\mathrm{T}}\boldsymbol{A} = \begin{pmatrix} 15 & -9 \\ -9 & 7 \end{pmatrix}, \quad \boldsymbol{A}^{\mathrm{T}}\boldsymbol{b} = \begin{pmatrix} -7 \\ -1 \end{pmatrix},$$

相应的规化方程组为

$$\begin{pmatrix} 15 & -9 \\ -9 & 7 \end{pmatrix}\begin{pmatrix} x_1 \\ x_2 \end{pmatrix} = \begin{pmatrix} -7 \\ -1 \end{pmatrix},$$

解得相应的最小二乘解为

$$x_1 = -29/12, \quad x_2 = -39/12.$$

**2. 对求解线性方程组最小二乘方法的理解**

为什么式(2.6.2)的解可作为式(2.6.1)解的近似呢?为什么称式(2.6.2)的解是关于式(2.6.1)的最小二乘解呢?下面将说明最小二乘解,即 $\boldsymbol{A}^{\mathrm{T}}\boldsymbol{A}\boldsymbol{x}=\boldsymbol{A}^{\mathrm{T}}\boldsymbol{b}$ 的解,可使不确定方程组(2.6.1)的平方误差

$$\sigma^2=(\boldsymbol{A}\boldsymbol{x}-\boldsymbol{b})^{\mathrm{T}}(\boldsymbol{A}\boldsymbol{x}-\boldsymbol{b})$$

取得最小值.

一方面,由于测量所得到的方程不可避免地存在误差,记其平方误差为

$$\begin{aligned}\sigma^2&=(\boldsymbol{A}\boldsymbol{x}-\boldsymbol{b})^{\mathrm{T}}(\boldsymbol{A}\boldsymbol{x}-\boldsymbol{b})\\&=\boldsymbol{x}^{\mathrm{T}}\boldsymbol{A}^{\mathrm{T}}\boldsymbol{A}\boldsymbol{x}+\boldsymbol{b}^{\mathrm{T}}\boldsymbol{b}-\boldsymbol{b}^{\mathrm{T}}\boldsymbol{A}\boldsymbol{x}-\boldsymbol{x}^{\mathrm{T}}\boldsymbol{A}^{\mathrm{T}}\boldsymbol{b}.\end{aligned}\tag{2.6.3}$$

另一方面,规化方程组(2.6.2)求解中 $(\boldsymbol{A}^{\mathrm{T}}\boldsymbol{A})$,$(\boldsymbol{A}^{\mathrm{T}}\boldsymbol{b})$,$(\boldsymbol{A}^{\mathrm{T}}\boldsymbol{A})^{-1}$ 是作为独立的矩阵存在的,不能将 $\boldsymbol{A}^{\mathrm{T}}\boldsymbol{A}$ 看做 $\boldsymbol{A}^{\mathrm{T}}$ 和 $\boldsymbol{A}$ 的乘积,也不能将 $(\boldsymbol{A}^{\mathrm{T}}\boldsymbol{A})^{-1}$ 看做 $\boldsymbol{A}^{-1}$ 和 $(\boldsymbol{A}^{\mathrm{T}})^{-1}$ 的乘积. 在此基础上考虑规化方程组的平方误差形式,有

$$\begin{aligned}&[(\boldsymbol{A}^{\mathrm{T}}\boldsymbol{A})\boldsymbol{x}-(\boldsymbol{A}^{\mathrm{T}}\boldsymbol{b})]^{\mathrm{T}}(\boldsymbol{A}^{\mathrm{T}}\boldsymbol{A})^{-1}[(\boldsymbol{A}^{\mathrm{T}}\boldsymbol{A})\boldsymbol{x}-(\boldsymbol{A}^{\mathrm{T}}\boldsymbol{b})]\\&=[(\boldsymbol{A}^{\mathrm{T}}\boldsymbol{A})\boldsymbol{x}]^{\mathrm{T}}(\boldsymbol{A}^{\mathrm{T}}\boldsymbol{A})^{-1}[(\boldsymbol{A}^{\mathrm{T}}\boldsymbol{A})\boldsymbol{x}]+(\boldsymbol{A}^{\mathrm{T}}\boldsymbol{b})^{\mathrm{T}}(\boldsymbol{A}^{\mathrm{T}}\boldsymbol{A})^{-1}(\boldsymbol{A}^{\mathrm{T}}\boldsymbol{b})\\&\quad-(\boldsymbol{A}^{\mathrm{T}}\boldsymbol{b})^{\mathrm{T}}(\boldsymbol{A}^{\mathrm{T}}\boldsymbol{A})^{-1}[(\boldsymbol{A}^{\mathrm{T}}\boldsymbol{A})\boldsymbol{x}]-[(\boldsymbol{A}^{\mathrm{T}}\boldsymbol{A})\boldsymbol{x}]^{\mathrm{T}}(\boldsymbol{A}^{\mathrm{T}}\boldsymbol{A})^{-1}(\boldsymbol{A}^{\mathrm{T}}\boldsymbol{b})\\&=\boldsymbol{x}^{\mathrm{T}}\boldsymbol{A}^{\mathrm{T}}\boldsymbol{A}\boldsymbol{x}+(\boldsymbol{A}^{\mathrm{T}}\boldsymbol{b})^{\mathrm{T}}(\boldsymbol{A}^{\mathrm{T}}\boldsymbol{A})^{-1}(\boldsymbol{A}^{\mathrm{T}}\boldsymbol{b})-(\boldsymbol{A}^{\mathrm{T}}\boldsymbol{b})^{\mathrm{T}}\boldsymbol{x}-\boldsymbol{x}^{\mathrm{T}}(\boldsymbol{A}^{\mathrm{T}}\boldsymbol{b}),\end{aligned}$$

从而有

$$\begin{aligned}\boldsymbol{x}^{\mathrm{T}}\boldsymbol{A}^{\mathrm{T}}\boldsymbol{A}\boldsymbol{x}&=[(\boldsymbol{A}^{\mathrm{T}}\boldsymbol{A})\boldsymbol{x}-(\boldsymbol{A}^{\mathrm{T}}\boldsymbol{b})]^{\mathrm{T}}(\boldsymbol{A}^{\mathrm{T}}\boldsymbol{A})^{-1}[(\boldsymbol{A}^{\mathrm{T}}\boldsymbol{A})\boldsymbol{x}-(\boldsymbol{A}^{\mathrm{T}}\boldsymbol{b})]\\&\quad-(\boldsymbol{A}^{\mathrm{T}}\boldsymbol{b})^{\mathrm{T}}(\boldsymbol{A}^{\mathrm{T}}\boldsymbol{A})^{-1}(\boldsymbol{A}^{\mathrm{T}}\boldsymbol{b})+(\boldsymbol{A}^{\mathrm{T}}\boldsymbol{b})^{\mathrm{T}}\boldsymbol{x}+\boldsymbol{x}^{\mathrm{T}}(\boldsymbol{A}^{\mathrm{T}}\boldsymbol{b}),\end{aligned}$$

综合起来考虑,将上式代入式(2.6.3),就有

$$\begin{aligned}\sigma^2&=(\boldsymbol{A}^{\mathrm{T}}\boldsymbol{A}\boldsymbol{x}-\boldsymbol{A}^{\mathrm{T}}\boldsymbol{b})^{\mathrm{T}}(\boldsymbol{A}^{\mathrm{T}}\boldsymbol{A})^{-1}(\boldsymbol{A}^{\mathrm{T}}\boldsymbol{A}\boldsymbol{x}-\boldsymbol{A}^{\mathrm{T}}\boldsymbol{b})\\&\quad+\boldsymbol{b}^{\mathrm{T}}\boldsymbol{b}-(\boldsymbol{A}^{\mathrm{T}}\boldsymbol{b})^{\mathrm{T}}(\boldsymbol{A}^{\mathrm{T}}\boldsymbol{A})^{-1}(\boldsymbol{A}^{\mathrm{T}}\boldsymbol{b}).\end{aligned}\tag{2.6.4}$$

由于 $\sigma^2\geqslant 0$ 而且式(2.6.4)中的第一项非负,所以当 $\boldsymbol{A}^{\mathrm{T}}\boldsymbol{A}$ 非奇异且当

$$\boldsymbol{A}^{\mathrm{T}}\boldsymbol{A}\boldsymbol{x}-\boldsymbol{A}^{\mathrm{T}}\boldsymbol{b}=\boldsymbol{0}$$

时,平方误差 $\sigma^2$ 取得最小值.

这正说明了式(2.6.2)的解是关于式(2.6.2)解的最小二乘解.

作为本节结束,请读者注意求解线性方程组的几种情形. 第一种情形,若 $\boldsymbol{A}_{n\times n}\boldsymbol{x}_{n\times 1}=\boldsymbol{b}_{n\times 1}$,$\boldsymbol{A}$ 非奇异,此时方程组的解是唯一的,可采用第 5 章和第 6 章介绍的数值方法求解. 第二种情形,若 $\boldsymbol{A}_{m\times n}\boldsymbol{x}_{n\times 1}=\boldsymbol{b}_{n\times 1}$,$m<n$,方程个数少于未知量的个数,此时不能用本节介绍的最小二乘方法求解. 因为 $\boldsymbol{A}^{\mathrm{T}}\boldsymbol{A}$ 虽是 $n\times n$ 矩阵,但

$$\text{秩}(\boldsymbol{A}^{\mathrm{T}}\boldsymbol{A})\leqslant\min\{\text{秩}(\boldsymbol{A}^{\mathrm{T}}),\text{秩}(\boldsymbol{A})\}=\text{秩}(\boldsymbol{A})=m,$$

独立方程的个数仍少于未知量个数 $n$,所以 $\boldsymbol{A}^{\mathrm{T}}\boldsymbol{A}\boldsymbol{x}=\boldsymbol{A}^{\mathrm{T}}\boldsymbol{b}$ 是不能确定唯一解的. 第三种情形就是本节讨论的情形,方程个数多于未知量的个数,只有在这种情形时且 $(\boldsymbol{A}^{\mathrm{T}}\boldsymbol{A})^{-1}$ 存在时,才能求解 $\boldsymbol{A}^{\mathrm{T}}\boldsymbol{A}\boldsymbol{x}=\boldsymbol{A}^{\mathrm{T}}\boldsymbol{b}$,解出原方程组的最小二乘解.

## 习　题　2

**【2.1】** 设 $f(x)$ 在$[a,b]$上连续，$S_n(x)$ 是其近似函数，下面几种误差可度量 $S_n(x)$ 对 $f(x)$ 的近似程度：

(1) $\| f(x) - S_n(x) \|_1 = \int_a^b | f(x) - S_n(x) | \mathrm{d}x$,

(2) $\| f(x) - S_n(x) \|_2 = \left(\int_a^b | f(x) - S_n(x) |^2 \mathrm{d}x\right)^{1/2}$,

(3) $\| f(x) - S_n(x) \|_p = \left(\int_a^b | f(x) - S_n(x) |^p \mathrm{d}x\right)^{1/p}$, $p > 2$,

(4) $\| f(x) - S_n(x) \|_\infty = \max\limits_{a \leqslant x \leqslant b} | f(x) - S_n(x) |$.

试直观比较这几种误差度量标准的特点.

**【2.2】** 设 $f(x) = x^2, x \in [-1,1]$，其最佳平方逼近多项式 $S_4^*(x)$ 可用 Legendre 多项式表示为

$$S_4^*(x) = c_0^* P_0(x) + c_1^* P_1(x) + c_2^* P_2(x) + c_3^* P_3(x) + c_4^* P_4(x),$$

求 $c_3^*, c_4^*$.

**【2.3】** 试用 Legendre 正交多项式$\{P_k(x)\}_{k=0}^3$ 作基函数，求 $f(x) = \mathrm{e}^x$ 在$[-1,1]$上的三次最佳平方逼近多项式，求平方误差.

**【2.4】** 设 $g_2(x) = x^2 + ax + b$ 是$[0, 2\sqrt{3}]$区间上的权系数为 1 的正交多项式，求 $a$ 和 $b$.

**【2.5】** 在某个工况中测得 $W$ 依赖于 $Q$ 的试验数据如表所示，据经验设 $W(Q) = a + bQ + cQ^2$，试用最小二乘法求出 $W(Q)$.

**题 2.5 表**

| $Q$ | 1 | 2 | 3 | 4 |
|---|---|---|---|---|
| $W$ | 0.8 | 1.5 | 1.8 | 2.0 |

**【2.6】** 设某个发射源的发射强度公式为

$$I = I_0 \mathrm{e}^{-at},$$

现用试验方式测得一批数据(单位略去)如表所示，试用最小二乘方法确定经验公式中的 $I_0$ 和 $a$.

**题 2.6 表**

| $t$ | 0.2 | 0.3 | 0.4 | 0.5 | 0.6 | 0.7 | 0.8 |
|---|---|---|---|---|---|---|---|
| $I$ | 3.16 | 2.38 | 1.75 | 1.34 | 1.00 | 0.74 | 0.56 |

【2.7】　为了测定某种材料的渗水速度，做一个实验装置，测量得到在某个时间段内渗出水的重量 $W$ 与时间 $t$ 关系的一些数据如表所示. 设 $W$ 与 $t$ 的经验关系为 $W = At^s$，试用最小二乘方法确定 $A$ 和 $s$.

**题 2.7 表**

| $t$/s | 1 | 2 | 4 | 8 | 16 | 32 | 64 |
|---|---|---|---|---|---|---|---|
| $W$/g | 4.22 | 4.02 | 3.85 | 4.59 | 3.44 | 3.02 | 2.59 |

【2.8】　某种铝合金的含铝量(质量分数)记为 $x$，含铝量增高时该合金的熔化温度 $T$ 也在增高，由实验测得一批数据如表所示，试用最小二乘方法建立 $x$ 和 $T$ 的经验公式.

**题 2.8 表**

| $x$/%(质量分数) | 36.9 | 46.7 | 63.7 | 77.8 | 84.0 | 87.5 |
|---|---|---|---|---|---|---|
| $T$/℃ | 181 | 197 | 235 | 270 | 283 | 292 |

【2.9】　用最小二乘方法求解方程组 $\begin{pmatrix} 1 & 1 & 1 \\ 2 & 1 & 1 \\ 3 & 2 & 1 \\ 4 & 1 & 2 \end{pmatrix} \begin{pmatrix} x_1 \\ x_2 \\ x_3 \end{pmatrix} = \begin{pmatrix} 7 \\ 8 \\ 9 \\ 11 \end{pmatrix}$.

# 第3章　数值积分方法和数值微分方法

在实际计算中常常需要计算定积分$\int_a^b f(x)\mathrm{d}x$的值.若已知$f(x)$的原函数,那么这个问题是简单的.然而实际问题给出的已知条件往往是这样的:第一,定积分是存在的,但$f(x)$的原函数难求或无法求得;第二,定积分是存在的,但$f(x)$是以离散数据表形式给出的.对于这些情况,必须利用已知的离散函数值采用简捷的办法来计算这个定积分的近似值,这就是所谓的**数值积分方法**.

同样地,实际计算中也常常需要计算离散点处的导数值,但已知的往往也是关于函数的离散数据表,同样需要采用简捷的办法来计算离散点处关于导数的近似值,这就是所谓的**数值微分方法**.

## 3.1　插值型数值积分的基本思想

设在$[a,b]$上,已知等距或不等距分划$a=x_0<x_1<\cdots<x_n=b$,以及这些节点所对应的函数值$\{f_k\}_{k=0}^n$,尽管不知道$f(x)$的具体表达式,但要求构造近似计算定积分$\int_a^b f(x)\mathrm{d}x$的数值积分公式.

数值积分公式应该有三个最基本的要求:第一,公式中仅用到离散函数值的信息;第二,公式在形式上方便计算;第三,算出的结果要便于分析误差.

为了在仅已知离散函数值的情形下方便计算定积分的近似值,由高等数学中关于定积分的几何含义,可很自然地想到数值积分公式拟采用简单的求和形式,即

$$\int_a^b f(x)\mathrm{d}x \approx \sum_{k=0}^n A_k f_k.$$

这种机械求积形式是非常方便计算的.虽然调整组合系数$A_k$可调整数值积分的误差,但是$A_k$的调整规律不明显,数值积分的误差表现也不明显.因此,还需进一步分析和设计数值积分的方法.

一方面,虽然$f(x)$未知,但利用$\{f_k\}_{k=0}^n$构造多项式插值函数$L_n(x)$,可认为$L_n\approx f(x)$,且

$$\int_a^b f(x)\mathrm{d}x \approx \int_a^b L_n(x)\mathrm{d}x. \tag{3.1.1a}$$

这种设想不仅直观,而且可估计替代定积分的近似程度,因为$L_n(x)$对$f(x)$来说可以"准确"到$n$次代数多项式的程度.

另一方面,因为$L_n(x)$是$n$次插值多项式函数,其插值节点$\{x_k\}_{k=0}^n$和相应的

函数值$\{f_k\}_{k=0}^n$已知，于是$\int_a^b L_n(x)\mathrm{d}x$可采用简单的形式$\sum_{k=0}^n A_k f_k$准确计算出来，即

$$\int_a^b L_n(x)\mathrm{d}x = \sum_{k=0}^n A_k f_k, \tag{3.1.1b}$$

这种计算形式特别有利于计算机实现.

综合这两个方面的设想，于是数值积分的基本思想可用下式表示：

$$\int_a^b f(x)\mathrm{d}x \approx \int_a^b L_n(x)\mathrm{d}x \equiv \sum_{k=0}^n A_k f_k. \tag{3.1.2}$$

若记插值误差

$$R_n(x) = f(x) - L_n(x),$$

且记

$$I = \int_a^b f(x)\mathrm{d}x, \quad I_n = \int_a^b L_n(x)\mathrm{d}x = \sum_{k=0}^n A_k f_k,$$

则数值积分公式(3.1.2)的误差可表示为

$$I - I_n = \int_a^b R_n(x)\mathrm{d}x. \tag{3.1.3}$$

## 3.2　插值型数值积分公式的确定办法及其代数精度

数值积分公式中的求积系数$\{A_k\}_{k=0}^n$如何确定呢?由式(3.1.2)可知

$$\int_a^b L_n(x)\mathrm{d}x = \sum_{k=0}^n A_k f_k, \tag{3.2.1}$$

其中，$L_n(x)$是$n$次插值多项式，且可表示为

$$L_n(x) = a_0 + a_1 x + \cdots + a_n x^n,$$
$$L_n(x_k) = a_0 + a_1 x_k + \cdots + a_n x_k^n = f_k.$$

所以由式(3.2.1)和上式，有

$$\int_a^b L_n(x)\mathrm{d}x = \sum_{j=0}^n a_j\left(\int_a^b x^j\mathrm{d}x\right) = \sum_{k=0}^n A_k f_k = \sum_{k=0}^n A_k L_n(x_k) = \sum_{j=0}^n a_j\left(\sum_{k=0}^n A_k x_k^j\right),$$

比较上式的第二和第五部分即有

$$\sum_{k=0}^n A_k x_k^j = \int_a^b x^j\mathrm{d}x, \quad j = 0,1,2,\cdots,n. \tag{3.2.2}$$

由式(3.2.2)即可确定求积系数.式(3.2.1)和式(3.2.2)表明，**要使积分公式对$n$次多项式成立，只要它对这个多项式的所有基函数$\{x^j\}_{j=0}^n$成立就行了.**

显然，由式(3.2.2)所确定的数值积分公式是在$L_n(x)\approx f(x)$的要求下得到的，**此时$L_n(x)$对$f(x)$“准确”到$n$次代数多项式的程度**.所以，**可用多项式逼近被积函数的精度来表示数值积分的精度**，这就是**代数精度**的概念.

**若数值积分公式对$n$次多项式能准确成立，对$n+1$次多项式不成立，则称该数值积分公式具有$n$次代数精度.**

下面,利用代数精度的概念进一步理解式(3.1.2),并进一步理解数值积分公式的构造办法.第一,式(3.1.2)中已知 $n+1$ 个独立的插值条件 $\{f_k\}_{k=0}^n$,据此可作出 $n$ 次插值多项式 $L_n(x)$;第二,$L_n(x)$ 对 $f(x)$ 能准确到 $n$ 次多项式的程度,求积公式能具有 $n$ 次代数精度;第三,若 $f(x)$ 是一个次数不超过 $n$ 的多项式,数值积分公式(3.1.2)能准确成立,即若

$$f(x)=x^j,\quad j=0,1,\cdots,n,$$

则有

$$\int_a^b f(x)\mathrm{d}x=\sum_{k=0}^n A_k f_k.$$

上式正等同于式(3.2.2).总之,只要简单地令当 $f(x)=x^j$,$j=0,1,\cdots,n$ 时数值积分公式准确成立,就可利用式(3.2.2)确定求积系数,从而确定数值积分公式

$$\int_a^b f(x)\mathrm{d}x\approx\sum_{k=0}^n A_k f_k$$

能具有 $n$ 次代数精度.

在数值积分概念及数值积分公式的构造中常会出现下面两类问题:第一,已知一个数值积分公式,它具有多少次代数精度?对于这类问题,只要用式(3.2.2)进行验证就可以了.第二,要构造一个具有 $n$ 次代数精度的数值积分公式,它应有多少个待定系数?求积系数怎么确定?构造出来的数值积分公式会不会具有更高的代数精度?这类问题实质上要求用一个 $n$ 次插值多项式来近似被积函数;它应有 $n+1$ 个待定系数,这些系数可由式(3.2.2)决定;由式(3.2.2)求出的 $n+1$ 个 $\{A_k\}_{k=0}^n$ 所构造出来的数值积分公式就已经具有 $n$ 次代数精度了;这样构造出来的数值积分公式是否具有 $n+1$ 次代数值精度,还需使用式(3.2.2)对 $j=n+1$ 的情形进行验证.

下面介绍几个常用的插值型数值积分公式,并讨论其误差.

**1. 中矩形积分公式**

取一个求积节点 $x_0=\dfrac{a+b}{2}$,数值积分公式为

$$I_0=A_0 f\left(\frac{a+b}{2}\right)\approx\int_a^b f(x)\mathrm{d}x.$$

根据构造数值积分公式的含义,该公式应该是零次插值多项式近似 $f(x)$ 的结果.为计算 $A_0$,可令 $f(x)=x^0$ 时积分公式准确成立,即在式(3.2.2)中取 $j=0$,有

$$A_0\left(\frac{a+b}{2}\right)^0=\int_a^b x^0\mathrm{d}x=b-a,$$

求得 $A_0=b-a$.于是有数值积分公式

$$I_0=(b-a)f\left(\frac{a+b}{2}\right).$$

这样的数值积分公式已具有零次代数精度,是否可能具有更高的代数精度呢?

为此只要验证式(3.2.2) 对于 $j = 1,2$ 是否成立即可.

当 $j = 1$ 时,有

$$(b-a)\left(\frac{a+b}{2}\right)^1 = \int_a^b x^1 \mathrm{d}x = \frac{1}{2}(b^2 - a^2);$$

当 $j = 2$ 时,有

$$(b-a)\left(\frac{a+b}{2}\right)^2 \neq \int_a^b x^2 \mathrm{d}x = \frac{1}{3}(b^3 - a^3).$$

这样便确定该数值积分公式具有一次代数精度.

这个数值积分的误差怎么确定呢?根据一次代数精度的概念,**存在某个**一次插值多项式 $P_1(x)$,它仅用到一个插值节点 $x_0 = \frac{a+b}{2}$ 处的信息,中矩形积分公式对于$P_1(x)$ 能准确成立.所以,在 $f''(x)$ 存在的情况下,$P_1(x)$ 可能是满足插值条件

$$P_1\left(\frac{a+b}{2}\right) = f\left(\frac{a+b}{2}\right),\quad P_1'\left(\frac{a+b}{2}\right) = f'\left(\frac{a+b}{2}\right)$$

的一次插值多项式,其插值误差为

$$R_1(x) = \frac{f''(\xi)}{2!}\left(x - \frac{a+b}{2}\right)^2,\quad \xi \in [a,b].$$

对变元 $x$ 积分,有

$$\int_a^b R_1(x)\mathrm{d}x = \frac{f''(\xi)}{2}\int_a^b \left(x - \frac{a+b}{2}\right)^2 \mathrm{d}x,$$

所以数值积分的误差为

$$I - I_0 = \int_a^b R_1(x)\mathrm{d}x = \frac{(b-a)f''(\xi)}{24}(b-a)^2,\quad \xi \in [a,b].$$

总之有**中矩形积分公式、一次代数精度**,即

$$\begin{cases} \int_a^b f(x)\mathrm{d}x \approx (b-a)f\left(\frac{a+b}{2}\right), \\ I - I_0 = \frac{(b-a)f''(\xi)}{24}(b-a)^2,\quad \xi \in [a,b]. \end{cases} \tag{3.2.3}$$

中矩形积分公式的几何表示如图 3.2.1 所示.

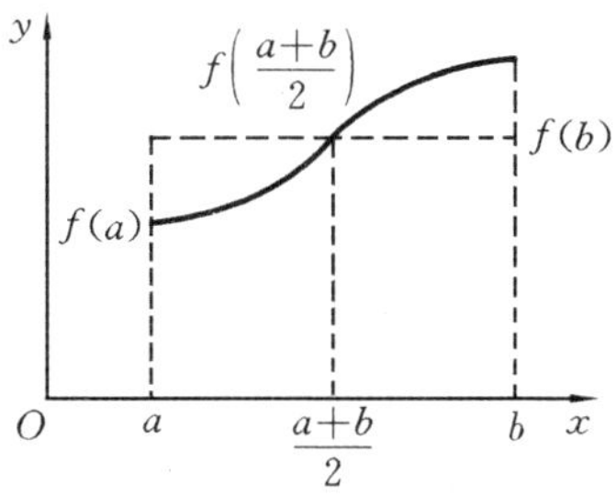


**图 3.2.1　中矩形积分公式的几何表示**

**2. 梯形积分公式**

取两个求积节点 $x_0 = a, x_1 = b$,数值积分公式形如

$$I_1 = A_0 f(a) + A_1 f(b) \approx \int_a^b f(x)\mathrm{d}x.$$

该数值积分公式是用某个一次插值多项式近似 $f(x)$ 的结果,为计算系数 $A_0$ 和 $A_1$,可令 $f(x) = x^0, x^1$ 时此积分公式准确成立,即在式(3.2.2) 中取$j = 0,1$,有

$$\begin{cases} A_0(x_0)^0 + A_1(x_1)^0 = \int_a^b x^0 \mathrm{d}x = b-a, \\ A_0(x_0)^1 + A_1(x_1)^1 = \int_a^b x \mathrm{d}x = \frac{1}{2}(b^2-a^2). \end{cases}$$

解得 $A_0 = A_1 = (b-a)/2$,于是有数值积分公式

$$I_1 = \frac{b-a}{2}[f(a)+f(b)].$$

这样的数值积分公式已具有一次代数精度.它是否可能具有更高的代数精度呢?只要验证式(3.2.2)对于 $j=2$ 是否成立即可.

当 $j=2$ 时,有

$$\frac{b-a}{2}(a^2+b^2) \neq \int_a^b x^2 \mathrm{d}x = \frac{1}{3}(b^3-a^3).$$

这样便确定该数值积分公式具有一次代数精度.

根据一次代数精度的概念,梯形公式对某个一次插值多项式是准确成立的,这个一次插值多项式用到了两个插值条件,即 $L_1(a)=f(a)$,$L_1(b)=f(b)$,这正是一次 Lagrange 插值多项式 $L_1(x)$,其插值误差为

$$R_1(x) = \frac{f''(\xi)}{2}(x-a)(x-b), \quad \xi \in [a,b].$$

相应的数值积分误差为

$$I - I_1 = \int_a^b R_1(x)\mathrm{d}x = \frac{-(b-a)f''(\xi)}{12}(b-a)^2, \quad \xi \in [a,b].$$

总之有**梯形积分公式、一次代数精度**,即

$$\begin{cases} \int_a^b f(x)\mathrm{d}x \approx \frac{b-a}{2}[f(a)+f(b)], \\ I - I_1 = \frac{-(b-a)f''(\xi)}{12}(b-a)^2, \quad \xi \in [a,b]. \end{cases} \tag{3.2.4}$$

梯形积分公式的几何表示如图 3.2.2 所示.

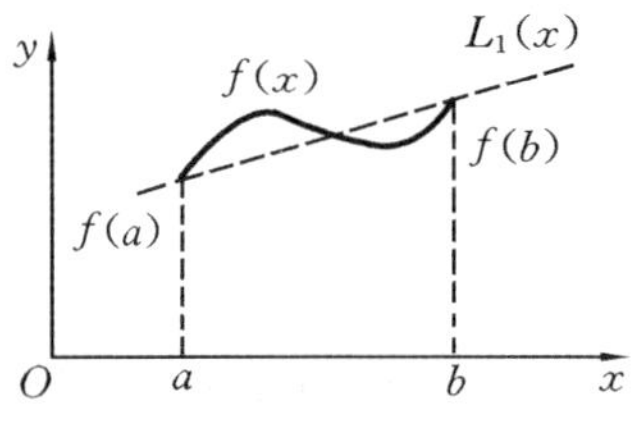


**图 3.2.2　梯形积分公式的几何表示**

**3.** Simpson **积分公式**

取三个求积节点,$x_0 = a$,$x_1 = (a+b)/2$,$x_3 = b$,数值积分公式为

$$I_2 = A_0 f(a) + A_1 f\left(\frac{a+b}{2}\right) + A_2 f(b) \approx \int_a^b f(x)\mathrm{d}x.$$

据数值积分公式的含义,该公式应该是二次插值多项式近似 $f(x)$ 的结果,在积分公式中有三个待定系数,可令当 $f(x)=x^j$,$j=0,1,2$ 时此积分公式准确成立,即在式(3.2.2)中取 $j=0,1,2$,有

$$\begin{cases} A_0(x_0)^0 + A_1(x_1)^0 + A_2(x_2)^0 = \int_a^b x^0 \mathrm{d}x = b - a, \\ A_0(x_0) + A_1(x_1) + A_2(x_2) = \int_a^b x \mathrm{d}x = \frac{1}{2}(b^2 - a^2), \\ A_0(x_0)^2 + A_1(x_1)^2 + A_2(x_2)^2 = \int_a^b x^2 \mathrm{d}x = \frac{1}{3}(b^3 - a^3). \end{cases}$$

由此解得　$A_0 = \frac{b-a}{6}$，　$A_1 = \frac{4(b-a)}{6}$，　$A_2 = \frac{b-a}{6}$，

于是数值积分公式为

$$I_2 = \frac{b-a}{6}\left[f(a) + 4f\left(\frac{a+b}{2}\right) + f(b)\right].$$

这样的数值积分公式已具有二次代数精度.它是否可能有更高的代数精度呢?只要验证式(3.2.2)对于 $j = 3, 4$ 是否成立即可.

当 $j = 3$ 时,有　$\sum_{k=0}^{2} A_k x_k^3 = \int_a^b x^3 \mathrm{d}x$;

当 $j = 4$ 时,有　$\sum_{k=0}^{2} A_k x_k^4 \neq \int_a^b x^4 \mathrm{d}x$.

这样便确定该数值积分公式(称为 Simpson 积分公式)具有三次代数精度.

Simpson 积分公式对某个三次插值多项式 $P_3(x)$ 是准确成立的,这个三次插值多项式用到了节点 $a, \frac{a+b}{2}, b$ 处的信息,所以在 $f^{(4)}(x)$ 存在的情况下,$P_3(x)$ 可用已知的三个插值条件

$$P_3(a) = f(a), \quad P_3\left(\frac{a+b}{2}\right) = f\left(\frac{a+b}{2}\right), \quad P_3(b) = f(b).$$

且另加一个插值条件

$$P_3'\left(\frac{a+b}{2}\right) = f'\left(\frac{a+b}{2}\right)$$

来构造(参见例 3.2.2),于是 $P_3(x)$ 的插值误差为

$$R_3(x) = f(x) - P_3(x) = \frac{f^{(4)}(\xi)}{4!}(x-a)\left(x - \frac{a+b}{2}\right)^2(x-b),$$

数值积分的误差为

$$I - I_2 = \int_a^b R_3(x)\mathrm{d}x = \frac{-(b-a)f^{(4)}(\xi)}{28\,800}(b-a)^4, \quad \xi \in [a,b].$$

总之有 Simpson **积分公式**、**三次代数精度**,即

$$\begin{cases} \int_a^b f(x)\mathrm{d}x \approx \frac{b-a}{6}\left[f(a) + 4f\left(\frac{a+b}{2}\right) + f(b)\right], \\ I - I_2 = \frac{-(b-a)f^{(4)}(\xi)}{28\,800}(b-a)^4, \quad \xi \in [a,b]. \end{cases} \tag{3.2.5}$$

Simpson 积分公式的几何表示如图 3.2.3 所示. 图中表明,用三个等距插值点作二次Lagrange 插值函数 $L_2(x) \approx f(x)$,其积分的图形面积会等同于某个三次插值函数 $P_3(x)$ 的积分图形面积.

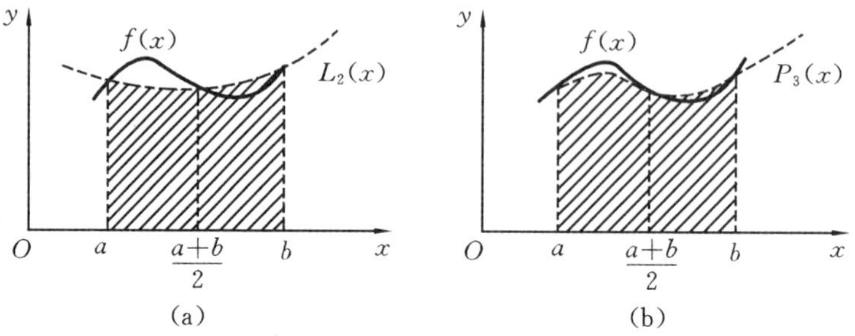


**图 3.2.3** Simpson **积分公式的几何表示**

**4. 其它等距插值的数值积分**

同前面的操作,可给定四个等距节点和相应的函数值,作三次 Lagrange 插值函数 $L_3(x) \approx f(x)$,再用式(3.1.2) 确定求积系数,得到相应的数值积分公式

$$\int_a^b f(x)\mathrm{d}x \approx \frac{b-a}{8}[f(x_0) + 3f(x_1) + 3f(x_2) + f(x_3)],$$

其中,$x_0 = a, x_1 = a + h, x_2 = a + 2h, x_3 = b, h = (b-a)/3$. 这个数值积分公式仅具有三次代数精度.

Cotes 对各种等距 Lagrange 插值的数值积分公式都作了推演和论证,结论如下:

1) 给定**等距分划**,作 Lagrange 插值 $L_n(x)$,在此基础上按式(3.2.2) 确定数值积分公式. **当 $n$ 为奇数时,此时有偶数个对称的求积节点,相应的数值积分仅具有 $n$ 次代数精度;当 $n$ 为偶数时,此时有奇数个对称的求积节点,相应的数值积分具有 $n+1$ 次代数精度.**

2) 由于高次 Lagrange 插值会出现 Runge 现象,所以对于 $n$ 较大的多节点求积公式来说,其计算结果是不稳定的. **分段低阶的求积方法是实用的.**

**5. 关于数值积分概念的应用举例**

**例 3.2.1** 试构造形如

$$\int_0^{3h} f(x)\mathrm{d}x \approx A_0 f(0) + A_1 f(h) + A_2 f(2h)$$

的数值求积公式,使其代数精度尽可能高,并指出其代数精度的阶数.

**解** 公式中三个节点已确定,三个系数待定,利用式(3.2.2),令 $f(x) = 1, x, x^2$ 时题中积分公式均能准确成立,则有

$$\begin{cases} 3h = A_0 + A_1 + A_2, \\ \dfrac{9}{2}h^2 = 0 + A_1 h + 2hA_2, \\ 9h^3 = 0 + A_1 h^2 + 4h^2 A_2. \end{cases}$$

解得
$$A_0=\frac{3}{4}h,\quad A_1=0,\quad A_2=\frac{9}{4}h.$$
故求积公式的形式为
$$\int_0^{3h} f(x)\mathrm{d}x\approx\frac{3h}{4}f(0)+\frac{9h}{4}f(2h),$$
据代数精度的概念，该数值积分公式至少具有二次代数精度.

由于当 $f(x)=x^3$ 时，有
$$\int_0^{3h} x^3\mathrm{d}x\neq\frac{3h}{4}\times 0+\frac{9h}{4}(2h)^3,$$
所以，所构造的数值积分公式仅具有二次代数精度.

**例 3.2.2**　试确定数值求积公式
$$\int_1^3 f(x)\mathrm{d}x\approx A_1f(1)+A_2f(2)+A_3f(3)+A_4f'(2)$$
中的系数，使求积公式具有尽可能高的代数精度.

**解**　本例可看做在给定 $f(1),f(2),f(3)$ 和 $f'(2)$ 的情况下，作三次多项式插值，使其积分精度尽可能高的问题. 仍利用式(3.2.2)，令 $f(x)=1,x,x^2,x^3$ 时数值积分公式能准确成立，可列出方程组
$$\begin{cases}A_1+A_2+A_3=2,\\ A_1+2A_2+3A_3+A_4=4,\\ A_1+4A_2+9A_3+4A_4=26/3,\\ A_1+8A_2+27A_3+12A_4=20.\end{cases}$$
解得
$$A_1=1/3,\quad A_2=4/3,\quad A_3=1/3,\quad A_4=0.$$
于是求积公式为
$$\int_1^3 f(x)\mathrm{d}x\approx\frac{1}{3}f(1)+\frac{4}{3}f(2)+\frac{1}{3}f(3).$$

再验证当 $f(x)=x^4$ 时，此数值积分公式不能准确成立，所以此数值积分公式仅具有三次代数精度.

值得注意的是，将本例中的数值积分公式改写为
$$\int_a^b f(x)\mathrm{d}x\approx\frac{(b-a)}{6}f(a)+\frac{4(b-a)}{6}f\left(\frac{a+b}{2}\right)+\frac{(b-a)}{6}f(b)+0\cdot f'\left(\frac{a+b}{2}\right),$$
这就是 Simpson 积分公式.

**例 3.2.3**　设计数值求积公式
$$\int_{-1}^1 f(x)\mathrm{d}x\approx A[f(x_1)+f(0)+f(x_2)],$$
使其代数精度尽可能高.

**解**　式中 $x_1,x_2,A$ 都是待定的，仍用式(3.2.2)确定之. 令 $f(x)=1,x,x^2$ 时数值求积公式能准确成立，则有

$$\begin{cases}2=A(1+1+1),\\0=A(x_1+0+x_2),\\2/3=A(x_1^2+0+x_2^2),\end{cases}\quad 即\quad \begin{cases}A=2/3,\\x_1+x_2=0,\\x_1^2+x_2^2=1.\end{cases}$$

求解这个非线性方程组似乎有点困难,但可对方程变形判断出 $x_1=-x_2$;也可据公式存在着对称性时才具有较高代数精度这个事实判断出 $x_1=-x_2$. 于是有

$$A=2/3,\quad x_1=-\sqrt{2}/2,\quad x_2=\sqrt{2}/2.$$

本例设计的数值求积公式为

$$\int_{-1}^{1}f(x)\mathrm{d}x\approx\frac{2}{3}\left[f\left(\frac{-\sqrt{2}}{2}\right)+f(0)+f\left(\frac{\sqrt{2}}{2}\right)\right],$$

且已至少具有二次代数精度.

再验证当 $f(x)=x^3$ 时,有

$$\int_{-1}^{1}x^3\mathrm{d}x=\frac{2}{3}\left[\left(\frac{-\sqrt{2}}{2}\right)^3+0+\left(\frac{\sqrt{2}}{2}\right)^3\right],$$

所以本例设计的数值求积公式具有三次代数精度.

## 3.3 分段低阶数值积分和外推

将积分区间$[a,b]$作 $n$ 等分,节点为

$$a=x_0<x_1<\cdots<x_n=b,\quad x_{k+1}-x_k=h=(b-a)/n.$$

在每个小区段$[x_k,x_{k+1}]$上采用低阶的求积公式,例如,梯形积分公式或 Simpson 积分公式. 虽然在每个小区段上数值积分的精度不是很高,然而当 $h$ 越小时,每段乃至整体$[a,b]$上的数值积分效果稳定地被改善了.

**1. 分段梯形求积公式**

在某个小区段$[x_k,x_{k+1}]$上,梯形积分公式为

$$I_h[k,k+1]=\frac{h}{2}[f(x_k)+f(x_{k+1})].$$

在整个区间$[a,b]$上分段梯形求积公式为

$$I_h=\sum_{k=0}^{n-1}I_h[k,k+1]=\frac{h}{2}\sum_{k=0}^{n-1}[f(x_k)+f(x_{k+1})],$$

为了减小计算量,又可改写为

$$I_h=\frac{h}{2}\left[f(a)+2\sum_{k=0}^{n-1}f(x_k)+f(b)\right].\tag{3.3.1}$$

关于数值积分的误差,先观察某个小区段$[x_k,x_{k+1}]$上的数值积分误差,由式(3.2.4)知

$$R_h[k,k+1]=\int_{x_k}^{x_{k+1}}f(x)\mathrm{d}x-I_h[k,k+1]=h\cdot O(h^2),$$

所以在整个区间$[a,b]$上分段梯形求积公式的误差估计为

$$R_h=\int_a^b f(x)\mathrm{d}x-I_h=\sum_{k=0}^{n-1}R_h[k,k+1]=O(h^2)\cdot(b-a)=O(h^2),\tag{3.3.2}$$

其中,$O(h^2)\approx ch^2$ 表示关于 $h^2$ 的同阶量.

据误差估计式(3.3.2)可知:若在数值积分时取 $h=10^{-2}$,则分段梯形积分的误差为 $O(10^{-4})$,数值积分的结果将"准确"到小数点后第三位. 换句话说,若希望数值积分的结果"准确"到小数点后第三位,数值积分的误差为 $O(10^{-4})$,则在采用分段梯形求积公式时应取 $h=10^{-2}$.

**2. 分段 Simpson 求积公式**

在某个小区段$[x_k,x_{k+1}]$上,增设中节点 $x_{k+1/2}$,Simpson 积分公式为

$$I_h[k,k+1]=\frac{h}{6}[f(x_k)+4f(x_{k+1/2})+f(x_{k+1})].$$

在整个区间$[a,b]$上分段 Simpson 求积公式为

$$I_h=\sum_{k=0}^{n-1}I_h[k,k+1]=\frac{h}{6}\sum_{k=0}^{n-1}[f(x_k)+4f(x_{k+1/2})+f(x_{k+1})],$$

为减小计算量,又可改写为

$$I_h=\frac{h}{6}\left[f(a)+4\sum_{k=0}^{n-1}f(x_{k+1/2})+2\sum_{k=1}^{n-1}f(x_k)+f(b)\right].\tag{3.3.3}$$

关于数值积分的误差,因为在每个小区段$[x_k,x_{k+1}]$上 Simpson 数值积分是三次代数精度的,由式(3.2.5)知

$$R_h[k,k+1]=\int_{x_k}^{x_{k+1}}f(x)\mathrm{d}x-I_h[k,k+1]=h\cdot O(h^4),$$

所以在整个区间$[a,b]$上分段 Simpson 求积公式的误差估计为

$$R_h=\int_a^b f(x)\mathrm{d}x-I_h=O(h^4),\tag{3.3.4}$$

其中,$O(h^4)\approx ch^4$ 表示关于 $h^4$ 的同阶量.

据误差估计式(3.3.4)同样可知:若在数值积分时取 $h=10^{-2}$,则分段 Simpson 积分的误差将达到 $O(10^{-8})$,数值积分的结果将"准确"到小数点后第七位;换句话说,若希望数值积分的结果能"准确"到小数点后第七位,采用 Simpson 公式时应取用 $h=10^{-2}$.

**3. 区间逐次分半方法和事后误差估计**

在分段低次求积时,为了达到所要求的数值积分精度,用事先误差估计式来估计所需采用的积分步长 $h$. 这种估计是不够准确的,也是较麻烦的.

下面介绍一种**事后误差估计**的办法. 利用已知的计算数据,边计算边估计数值积分精度,自动选择积分步长 $h$,整个计算过程到满足精度要求的时候会自动停止.

先看分段梯形公式计算积分的情形. 将区间$[a,b]$作 $n$ 等分,分划步长记为 $h$,

准确积分和数值积分的结果记为 $I$ 和 $I_h$，则梯形公式的误差为

$$I - I_h = O(h^2) \approx ch^2.$$

若把原分划再分半细分，共分为 $2n$ 等份，分划步长为 $h/2$，相应的数值积分结果记为 $I_{h/2}$，则此时梯形公式的误差为

$$I - I_{h/2} = O\left(\left(\frac{h}{2}\right)^2\right) \approx \frac{1}{4}ch^2.$$

于是有

$$I - I_h \approx 4(I - I_{h/2}),$$

$$I \approx I_{h/2} + \frac{1}{3}(I_{h/2} - I_h). \tag{3.3.5}$$

**式(3.3.5)提供了一种事后误差估计：**

若

$$|I_{h/2} - I_h| < \varepsilon,$$

则

$$|I - I_{h/2}| < \varepsilon. \tag{3.3.6}$$

同样可以看出，**式(3.3.6)也提供了关于区间逐次分半停止的标准.**

区间逐次分半方法可概述为：对于给定的精度 $\varepsilon$，先给定 $[a,b]$ 的一个等距分划，步长 $h$；用步长 $h$ 和 $h/2$，采用分段梯形公式分别计算数值积分 $I_h$ 和 $I_{h/2}$. 用 $|I_h - I_{h/2}| < \varepsilon$ 作为控制标准. 若不满足精度要求，则再细分计算，再判断；若已满足精度要求，则输出 $I_{h/2}$，可保证 $|I - I_{h/2}| < \varepsilon$.

区间逐次分半方法是自适应的.

另外应注意，在已知 $I_h$ 的情形下，计算 $I_{h/2}$ 仅需较小的计算量就可以完成. 事实上，在步长 $h$ 的分划下，分段梯形求积公式为式(3.3.1)，即

$$I_h = \frac{h}{2}\left[f(a) + 2\sum_{k=1}^{n-1} f(x_k) + f(b)\right].$$

经分半细分即在 $h/2$ 步长分划的情形下，节点编号分为奇和偶两类，其中**偶数编号的节点正好是 $h$ 分划的节点**，于是细分后的分段梯形求积公式可表示为

$$\begin{aligned} I_{h/2} &= \frac{h}{4}\left[f(a) + 2\sum_{k=\text{偶数}} f(x_k) + 2\sum_{k=\text{奇数}} f(x_k) + f(b)\right] \\ &= \frac{1}{2}I_h + \frac{h}{2}\sum_{k=\text{奇数}} f(x_k). \end{aligned}$$

再看分段 Simpson 数值积分的情形，此时的误差表现为

$$I - I_h = O(h^4) \approx ch^4,$$

$$I - I_{h/2} = O\left(\left(\frac{h}{2}\right)^4\right) \approx \frac{1}{16}ch^4,$$

于是有

$$\frac{I - I_h}{I - I_{h/2}} \approx 16,$$

$$I \approx I_{h/2} + \frac{1}{15}(I_{h/2} - I_h). \tag{3.3.7}$$

相应的事后误差估计为：

若
$$|I_{h/2} - I_h| < \varepsilon,$$
则
$$|I - I_{h/2}| < \varepsilon. \tag{3.3.8}$$

相应的区间逐次分半方法可概述为：对于给定的计算精度 $\varepsilon$，先在步长 $h$ 和步长 $h/2$ 的情形下用分段 Simpson 公式计算 $I_h$ 和 $I_{h/2}$. 用 $|I_h - I_{h/2}| < \varepsilon$ 作为控制标准，若不满足精度要求，则再细分计算；若满足精度要求，则输出 $I_{h/2}$ 作为数值积分结果.

**4. 自适应的 Romberg 外推算法**

自适应区间逐次分半数值积分方法虽然能稳妥地计算数值积分，但在高精度要求下，它的计算速度太慢了. 为了加快计算速度，需仔细地分析某种数值积分公式的误差.

对于分段梯形积分公式，可以证明，其误差是关于子区间步长 $h$ 的级数，具体为
$$I = I_h + \alpha_1 h^2 + \alpha_2 h^4 + \alpha_3 h^6 + \cdots, \tag{3.3.9}$$
其中，$\alpha_k\ (k = 1, 2, \cdots)$ 是与 $h$ 无关的常数.

当然，当子区间步长为 $h/2$ 时，上式也应成立，有
$$I = I_{h/2} + \alpha_1\left(\frac{h}{2}\right)^2 + \alpha_2\left(\frac{h}{2}\right)^4 + \alpha_3\left(\frac{h}{2}\right)^6 + \cdots. \tag{3.3.10}$$
将式(3.3.9)和式(3.3.10)作组合，式(3.3.10)的 4 倍减去式(3.3.9)的结果再除以 3，有
$$I - \frac{4I_{h/2} - I_h}{4-1} = -\frac{1}{4}\alpha_2 h^4 - \frac{5}{16}\alpha_3 h^6 + \cdots.$$
将其改写为
$$I - I_{h/2}^{\boxed{1}} = \alpha_2^{\boxed{1}} h^4 + \alpha_3^{\boxed{1}} h^6 + \cdots,$$
其中，$\alpha_2^{\boxed{1}}, \alpha_3^{\boxed{1}}$ 等仍然是与 $h$ 无关的常数. 将
$$I_{h/2}^{\boxed{1}} = \frac{4I_{h/2} - I_h}{4-1} \tag{3.3.11}$$
称为**第一层外推值**.

外推值 $I_{h/2}^{\boxed{1}}$ 是 $I_{h/2}$ 和 $I_h$ 组合的结果，计算花费很小，但它却具有 $O(h^4)$ 的精度. 它比 $I_h$ 或 $I_{h/2}$ 的精度高两个阶次，当 $h=0.1$ 时高几十倍，当 $h=0.01$ 时高几百倍甚至上千倍. 外推技术具有很高的计算效率，可快速地改善数值积分的精度.

外推值 $I_{h/2}^{\boxed{1}}$ 的上标"$\boxed{1}$"表示它是第一层外推，显然 $I_{h/2}^{\boxed{1}}$ 和 $I_{h/4}^{\boxed{1}}$ 的误差也还可以用 $h$ 的级数来表示，它们分别为
$$I = I_{h/2}^{\boxed{1}} + \alpha_2^{\boxed{1}} h^4 + \alpha_3^{\boxed{1}} h^6 + \cdots, \tag{3.3.12}$$
$$I = I_{h/4}^{\boxed{1}} + \alpha_2^{\boxed{1}}\left(\frac{h}{2}\right)^4 + \alpha_3^{\boxed{1}}\left(\frac{h}{2}\right)^6 + \cdots, \tag{3.3.13}$$
以此可作第二层外推. 式(3.3.13)的 $2^4$ 倍减去式(3.3.12)的结果再除以 15，有

$$I-\frac{4^2 I_{h/4}^{\boxed{1}}-I_{h/2}^{\boxed{1}}}{4^2-1}=-\frac{3}{20}\alpha_3^{\boxed{1}}h^6-\frac{1}{16}\alpha_4^{\boxed{1}}h^8+\cdots.$$

将其改写为

$$I-I_{h/4}^{\boxed{2}}=\alpha_3^{\boxed{2}}h^6+\alpha_4^{\boxed{2}}h^8+\cdots,$$

其中

$$I_{h/4}^{\boxed{2}}=\frac{4^2 I_{h/4}^{\boxed{1}}-I_{h/2}^{\boxed{1}}}{4^2-1}\tag{3.3.14}$$

称为**第二层外推值**.

由于 $\alpha_3^{\boxed{2}}$ 和 $\alpha_4^{\boxed{2}}$ 等仍是与 $h$ 无关的常数，再将 $h$ 分半时仍有关系

$$I=I_{h/4}^{\boxed{2}}+\alpha_3^{\boxed{2}}h^6+\alpha_4^{\boxed{2}}h^8+\cdots,$$

$$I=I_{h/8}^{\boxed{2}}+\alpha_3^{\boxed{2}}\left(\frac{h}{2}\right)^6+\alpha_4^{\boxed{2}}\left(\frac{h}{2}\right)^8+\cdots,$$

所以还可进行第三层外推. 消去上面两式中的 $h^6$ 项，有

$$I-I_{h/8}^{\boxed{3}}=\alpha_4^{\boxed{3}}h^8+\alpha_5^{\boxed{3}}h^{10}+\cdots,$$

其中

$$I_{h/8}^{\boxed{3}}=\frac{4^3 I_{h/8}^{\boxed{2}}-I_{h/4}^{\boxed{2}}}{4^3-1}\tag{3.3.15}$$

称为**第三层外推值**.

数值实验证明，$h$ 较大时的外推效果往往不好，$h$ 较小时的外推效果较好. 然而外推层数不能太多，一般作 2～3 层外推，层数太多时外推效果也不明显. 据此，我们总结出一种**自适应的 Romberg 外推算法**，如表 3.3.1 所示.

**表 3.3.1　Romberg 算法计算流程**

| $h/2^n$ | 分段积分 | 第一层外推 | 第二层外推 | 第三层外推 |
|---|---|---|---|---|
| $h/2^0$ | ① $I_h$ | | | |
| $h/2$ | ② $I_{h/2}$ | ③ $I_{h/2}^{\boxed{1}}$ | | |
| $h/4$ | ④ $I_{h/4}$ | ⑤ $I_{h/4}^{\boxed{1}}$ | ⑥ $I_{h/4}^{\boxed{2}}$ | |
| $h/8$ | ⑦ $I_{h/8}$ | ⑧ $I_{h/8}^{\boxed{1}}$ | ⑨ $I_{h/8}^{\boxed{2}}$ | ⑩ $I_{h/8}^{\boxed{3}}$ |

该算法注意事项如下：

1) 以适当小的 $h$ 作为分段数值积分的开始.

2) 计算顺序按表中①→②→…→⑩进行.

3) 第一层外推采用式(3.3.11)，第二层外推采用式(3.3.14)，第三层外推采用式(3.3.15). 如有必要还可继续增加外推层数.

4) 对于给定的精度 $\varepsilon$，计算结束的控制标准为表中对角线数值的差，即

$$\left|I_{h/2^k}^{\boxed{k}}-I_{h/2^{k-1}}^{\boxed{k-1}}\right|<\varepsilon,\quad k=2,3,\cdots.$$

**例 3.3.1**　用 Romberg 算法计算定积分

$$I=\int_0^1\frac{\sin x}{x}\mathrm{d}x,$$

采用分段梯形数值积分公式，要求数值积分精度为 $10^{-7}$.

**解**　取 $h=1,1/2,1/4,\cdots$，用梯形公式的计算结果和外推值列于表 3.3.2 中.

**表 3.3.2　Romberg 算法的一个算例**

| $h$ | 分段梯形积分 | 第一层外推 | 第二层外推 | 第三层外推 |
|---|---|---|---|---|
| 1 | 0.920 735 49 | | | |
| 1/2 | 0.939 793 28 | 0.946 145 88 | | |
| 1/4 | 0.944 513 52 | 0.946 086 93 | 0.946 083 00 | |
| 1/8 | 0.945 690 86 | 0.946 083 31 | 0.946 083 07 | 0.946 083 07 |

因为第三层外推值和第二层外推值的误差为

$$|0.946\,083\,07-0.940\,083\,00|<10^{-7},$$

所以取 0.946 083 07 作为数值积分结果是满足精度要求的. 另外，从表 3.3.2 第二列可见，若仅用区间逐次分半的计算办法，数值积分改善精度的速度很慢，按梯形积分误差 $O(h^2)$ 的事先估计，$h$ 要取为 $10^{-4}$，才可能达到计算精度，这样的计算花费太大了. 本例说明，采用 Romberg 外推算法，计算花费小，计算精度高.

## 3.4　Gauss 求积公式

前面讨论的插值型数值积分公式及其确定办法有两个特点：第一，给定 $n+1$ 个节点 $\{x_k\}_{k=0}^n$ 及相应函数值 $\{f(x_k)\}_{k=0}^n$，可确定一个 $n$ 次插值多项式 $L_n(x)$，用这样的 $L_n(x)$ 近似 $f(x)$ 并以此构思数值积分公式

$$\int_a^b f(x)\mathrm{d}x \approx \int_a^b L_n(x)\mathrm{d}x = \sum_{k=0}^n A_k f(x_k).$$

第二，利用代数精度的概念确定 $n+1$ 个待定系数 $\{A_k\}_{k=0}^n$. 因为要求数值积分公式对 $n$ 次多项式准确成立，等价于要求对一般多项式基函数 $\{x^i\}_{i=0}^n$ 准确成立，从而由

$$\int_a^b x^i\mathrm{d}x = \sum_{k=0}^n A_k x_k^i,\quad i=0,1,\cdots,n$$

来确定求积系数 $\{A_k\}_{k=0}^n$. 总之，从插值观点来看，当 $\{x_k\}_{k=0}^n$ 和 $\{f(x_k)\}_{k=0}^n$ 给定时，这 $n+1$ 个插值条件可确定一个 $n$ 次多项式，插值型数值积分公式的代数精度至多是 $n$ 次的或是 $n+1$ 次的.

然而，在构造数值积分公式

$$\int_a^b f(x)\mathrm{d}x \approx \sum_{k=0}^n A_k f(x_k) \tag{3.4.1}$$

时，**可假设 $x_k$ 和 $A_k$ 都待定**，这 $2n+2$ 个待定系数可由

$$\int_a^b x^i\mathrm{d}x = \sum_{k=0}^n A_k x_k^i,\quad i=0,1,\cdots,2n+1 \tag{3.4.2}$$

来确定，于是数值积分公式(3.4.1)可达到 $2n+1$ 次代数精度. 这种选择 $n+1$ 个节

点能达到 $2n+1$ 次代数精度的数值积分公式称为 Gauss **求积公式**,相应的节点称为 Gauss **点**.

**1. 一个 Gauss 点的数值积分公式**

设积分区间为[-1,1],数值积分公式为

$$\int_{-1}^{1} f(x)\mathrm{d}x \approx A_0 f(x_0),$$

其中,$x_0$ 和 $A_0$ 都是待定的,它们由式(3.4.2)来确定.由

$$\begin{cases}\int_{-1}^{1} x^0\mathrm{d}x = A_0 x_0^0, \\ \int_{-1}^{1} x^1\mathrm{d}x = A_0 x_0,\end{cases} \quad \text{即} \quad \begin{cases}A_0 = 2, \\ A_0 x_0 = 0,\end{cases}$$

解得 $A_0 = 2, x_0 = 0$. 于是,**一点 Gauss 求积公式**为

$$\int_{-1}^{1} f(x)\mathrm{d}x \approx 2f(0). \tag{3.4.3}$$

式(3.4.3)是中矩形数值积分公式.

**一点 Gauss 求积公式具有一次代数精度.**

**2. 两个 Gauss 点的数值积分公式**

设积分区间为[-1,1],数值积分公式为

$$\int_{-1}^{1} f(x)\mathrm{d}x \approx A_0 f(x_0) + A_1 f(x_1),$$

其中,$x_0, x_1, A_0, A_1$ 都是待定的.由式(3.4.2)列出求解方程

$$\begin{cases}\int_{-1}^{1} x^0\mathrm{d}x = A_0 + A_1 = 2, \\ \int_{-1}^{1} x^1\mathrm{d}x = A_0 x_0 + A_1 x_1 = 0, \\ \int_{-1}^{1} x^2\mathrm{d}x = A_0 x_0^2 + A_1 x_1^2 = 2/3, \\ \int_{-1}^{1} x^3\mathrm{d}x = A_0 x_0^3 + A_1 x_1^3 = 0.\end{cases}$$

由前面构造数值积分公式的例子可总结出一个规律,即**当求积节点和求积系数具有对称性时,数值积分公式的精度较高**.据此,由上述方程组的第二和第四式可直接观察得出 $x_0^2 = x_1^2$,将其代入第三式并利用第一式就得到

$$x_0^2 = x_1^2 = 1/3.$$

解得 $\quad x_0 = -1/\sqrt{3}, \quad x_1 = 1/\sqrt{3}, \quad A_0 = A_1 = 1.$

于是,**两点 Gauss 求积公式**为

$$\int_{-1}^{1} f(x)\mathrm{d}x \approx f\left(\frac{-1}{\sqrt{3}}\right) + f\left(\frac{1}{\sqrt{3}}\right). \tag{3.4.4}$$

**两点 Gauss 求积公式具有三次代数精度.**

**3. 多个 Gauss 点的数值积分公式**

设积分区间仍然是[−1,1]，$n+1$ 个 Gauss 点的数值积分公式为

$$\int_{-1}^{1} f(x)\mathrm{d}x \approx \sum_{k=0}^{n} A_k f(x_k),$$

其中，Gauss 点$\{x_k\}_{k=0}^{n}$ 和求积系数$\{A_k\}_{k=0}^{n}$ 都是待定的，仍由式(3.4.2) 利用对称性来确定，不过 $n$ 越大求解过程越困难.

为了便于应用，对于[−1,1] 上的多个 Gauss 点的数值积分公式，表 3.4.1 中列出了关于 Gauss 点、求积系数、代数精度的数值.

**表 3.4.1　区间[−1,1] 上的 Gauss 点、求积系数和代数精度**

| Gauss 点数目 | Gauss 点 $x_k$ 的位置 | 求积系数 $A_k$ | 代数精度 |
|---|---|---|---|
| 1 | 0 | 2 | 1 次 |
| 2 | ±0.577 350 269 | 1 | 3 次 |
| 3 | 0<br>±0.774 596 669 | 0.888 888 889<br>0.555 555 556 | 5 次 |
| 4 | ±0.339 981 044<br>±0.861 136 312 | 0.652 145 155<br>0.347 854 845 | 7 次 |
| 5 | 0<br>±0.538 469 310<br>±0.906 179 846 | 0.568 888 889<br>0.478 628 671<br>0.236 926 885 | 9 次 |
| 6 | ±0.238 619 186<br>±0.661 209 386<br>±0.932 469 514 | 0.467 913 935<br>0.360 761 573<br>0.171 324 492 | 11 次 |

***4. 关于 Gauss 求积公式的一般构造方法**

下面从几个方面来分析和总结 Gauss 求积公式的一般构造方法.

1) 关于 Gauss 求积公式的代数精度. 因为$\{x_k\}_{k=0}^{n}$ 和$\{A_k\}$ 都待定，这 $2n+2$ 个条件可构造 $2n+1$ 次插值多项式 $L_{2n+1}(x) \approx f(x)$，于是，据插值型求积公式的构造思想，有

$$\int_a^b f(x)\mathrm{d}x \approx \int_a^b L_{2n+1}(x)\mathrm{d}x = \sum_{k=0}^{n} A_k L_{2n+1}(x_k) = \sum_{k=0}^{n} A_k f(x_k),$$

可知这样的求积公式可具有 $2n+1$ 次代数精度.

2) 关于 Gauss 求积节点$\{x_k\}_{k=0}^{n}$ 的确定办法. 因为据多项式长除法，有

$$\underbrace{L_{2n+1}(x)}_{\substack{\text{插值多项式}\\ 2n+1\text{次}}} = \underbrace{S(x)}_{\substack{\text{除式}\\ \leqslant n\text{次}}}\ \underbrace{P_{n+1}(x)}_{\substack{\text{被除式}\\ =n+1\text{次}}} + \underbrace{Q(x)}_{\substack{\text{余式}\\ \leqslant n\text{次}}}$$

所以
$$\int_a^b L_{2n+1}(x)\mathrm{d}x = \int_a^b S(x)P_{n+1}(x)\mathrm{d}x + \int_a^b Q(x)\mathrm{d}x.$$

分析这个式子可知：

若选取 $P_{n+1}(x)$ 是 $n+1$ 次正交多项式，则它必和次数不大于 $n$ 的一切多项式都正交，有

$$\int_a^b S(x)P_{n+1}(x)\mathrm{d}x = 0;$$

若选取 $x_k$ 是 $P_{n+1}(x)=0$ 的根，即 $P_{n+1}(x_k)=0$，则有

$$f(x_k) = L_{2n+1}(x_k) = S(x_k)P_{n+1}(x_k) + Q(x_k) = Q(x_k).$$

综合第一和第二方面的内容，只要选取 $x_k$ 使 $P_{n+1}(x_k)=0$，就有

$$\int_a^b f(x)\mathrm{d}x \approx \int_a^b L_{2n+1}(x)\mathrm{d}x = \int_a^b S(x)P_{n+1}(x)\mathrm{d}x + \int_a^b Q(x)\mathrm{d}x$$
$$= \int_a^b Q(x)\mathrm{d}x = \sum_{k=0}^{n} A_k Q(x_k) = \sum_{k=0}^{n} A_k f(x_k),$$

于是有数值积分公式

$$\int_a^b f(x)\mathrm{d}x \approx \sum_{k=0}^{n} A_k f(x_k),$$

其中，$\{x_k\}_{k=0}^n$ 是正交多项式 $P_{n+1}(x)=0$ 的根.

因 $n+1$ 次正交多项式正好有 $n+1$ 个互异的根，这样就找到了关于求积节点 $\{x_k\}_{k=0}^n$ 的确定办法.

3) 关于 Gauss 求积系数的确定办法. 在 Gauss 点 $\{x_k\}_{k=0}^n$ 确定的情况下确定 Gauss 求积系数是容易的. 因为当 $f(x)=x^0,x^1,\cdots,x^n$ 时 Gauss 求积公式是准确成立的，所以由

$$\int_a^b x^j\mathrm{d}x = \sum_{k=0}^{n} A_k x_k^j,\quad j=0,1,\cdots,n$$

便可确定 $\{A_k\}_{k=0}^n$.

4) 关于表 3.4.1 的由来. 前面第一至第三方面的内容已清楚地表明了 Gauss 求积公式的构造办法，特别地，积分区间选用 $[-1,1]$、$P_k(x)$ 选用 $[-1,1]$ 上的 Legendre 正交多项式，于是表 3.4.1 中的 Gauss 点就是相应的 Legendre 正交多项式的根.

**5. 关于任意区段 $[a,b]$ 上的 Gauss 求积公式**

通常作数值积分时，积分区间为 $[a,b]$，此时如何利用表 3.4.1 中的数值呢？

显然，**要将区间 $[a,b]$ 变换为 $[-1,1]$**，需作变量代换

$$x = \frac{b-a}{2}t + \frac{a+b}{2},\quad t\in[-1,1],\quad x\in[a,b],$$

积分也相应地改变为

$$\int_a^b f(x)\mathrm{d}x = \frac{b-a}{2}\int_{-1}^1 f\left(\frac{b-a}{2}t+\frac{a+b}{2}\right)\mathrm{d}t,$$

此时 Gauss 积分公式为

$$\int_a^b f(x)\mathrm{d}x \approx \frac{b-a}{2}\sum_{k=0}^{n} A_k f\left(\frac{b-a}{2}t_k + \frac{a+b}{2}\right), \tag{3.4.5}$$

其中，Gauss 点$\{t_k\}$和求积系数$\{A_k\}$就是表 3.4.1 中的相应数值.

**值得注意的是，实用中一般都采用分段低次 Gauss 求积的数值积分方案，这样的计算过程稳定，计算效果好.**

**例 3.4.1**　已知$[-1,1]$上的三点 Gauss 求积公式为

$$\int_{-1}^{1} f(x)\mathrm{d}x \approx \frac{5}{9}f\left(-\sqrt{\frac{3}{5}}\right) + \frac{8}{9}f(0) + \frac{5}{9}f\left(\sqrt{\frac{3}{5}}\right).$$

为计算$\int_1^5 f(x)\mathrm{d}x$具有五次代数精度，试写出相应的三点 Gauss 求积公式.

**解**　要在积分区间$[1,5]$上构造 Gauss 求积公式，需作变量代换

$$x = 3 + 2t,\quad t\in[-1,1],$$

于是有

$$\int_1^5 f(x)\mathrm{d}x = 2\int_{-1}^{1} f(3+2t)\mathrm{d}t,$$

据三点 Gauss 求积公式，$[-1,1]$上的三个 Gauss 点为

$$t_1 = -\sqrt{\frac{3}{5}},\quad t_2 = 0,\quad t_3 = \sqrt{\frac{3}{5}}.$$

因此就得到$[1,5]$上的三点 Gauss 求积公式

$$\int_1^5 f(x)\mathrm{d}x = 2\left[\frac{5}{9}f\left(3-2\sqrt{\frac{3}{5}}\right) + \frac{8}{9}f(3) + \frac{5}{9}f\left(3+2\sqrt{\frac{3}{5}}\right)\right].$$

**例 3.4.2**　利用表 3.4.1，用三点 Gauss 求积公式计算积分

$$I = \int_1^3 \frac{1}{x}\mathrm{d}x.$$

**解**　因为表 3.4.1 中数据都是关于$[-1,1]$上的，所以要作变量代换

$$x = 2 + t,\quad t\in[-1,1],$$

将积分区间变为$[-1,1]$，再套用表 3.4.1 中的三点 Gauss 求积公式，有

$$\begin{aligned} I &= \int_{-1}^{1}\frac{1}{2+t}\mathrm{d}t \approx 0.555\,555\,556 \times \frac{1}{2-0.774\,596\,669} \\ &\quad + 0.888\,888\,889\times\frac{1}{2+0} + 0.555\,555\,556\times\frac{1}{2+0.774\,596\,669} \\ &= 1.098\,039\,215. \end{aligned}$$

## 3.5　数值微分及其外推

在实际计算中，常出现仅已知一串函数值$\{f(x_k)\}_{k=0}^{n}$需要求出节点处导数值的情况，显然，这只能用数值方法求出关于$f'(x_k)$的近似值，这就是数值微分问题.

**1. 基于 Taylor 展式的三点数值微分公式**

设$\{x_k\}_{k=0}^{n}$是等距$h$的，由 Taylor 展式可导出关于计算某点处导数近似值的公

式. 事实上,由

$$f(x_{k+1})=f(x_k)+f'(x_k)h+\frac{f''(x_k)}{2}h^2+\frac{f'''(x_k)}{3!}h^3+\frac{f^{(4)}(x_k)}{4!}h^4+O(h^5),\tag{3.5.1}$$

$$f(x_{k-1})=f(x_k)-f'(x_k)h+\frac{f''(x_k)}{2}h^2-\frac{f'''(x_k)}{3!}h^3+\frac{f^{(4)}(x_k)}{4!}h^4+O(h^5)\tag{3.5.2}$$

可知

$$f'(x_k)=\frac{f(x_{k+1})-f(x_k)}{h}+O(h),$$

$$f'(x_k)=\frac{f(x_{k-1})-f(x_k)}{-h}+O(h),$$

$$f'(x_k)=\frac{f(x_{k+1})-f(x_{k-1})}{2h}+O(h^2).$$

因此,由 Taylor 展式直接导出

**一阶向前差商**

$$\frac{f(x_{k+1})-f(x_k)}{x_{k+1}-x_k}\approx f'(x_k),$$

**一阶向后差商**

$$\frac{f(x_{k-1})-f(x_k)}{x_{k-1}-x_k}\approx f'(x_k),$$

**一阶中心差商**

$$\frac{f(x_{k+1})-f(x_{k-1})}{x_{k+1}-x_{k-1}}\approx f'(x_k).$$

这些都是常用的数值微分公式. 一阶向前差商和一阶向后差商的精度偏低,一阶中心差商的精度较高.

下面,**假设** $\{x_k\}_{k=0}^n$ **是等距的,步长** $h$**,要用节点函数值** $\{f(x_k)\}_{k=0}^n$ **导出精度为** $O(h^2)$ **的一阶数值微分公式.**

首先,讨论用左边三个函数值 $\{f(x_k)\}_{k=0}^2$ 来计算 $f'(x_0)$,数值微分公式要求具有 $O(h^2)$ 的精度. 为此,将 $f(x_1)$ 和 $f(x_2)$ 在 $x_0$ 处作 Taylor 展开,有

$$f(x_1)=f(x_0)+f'(x_0)h+\frac{f''(x_0)}{2}h^2+O(h^3),$$

$$f(x_2)=f(x_0)+f'(x_0)\times 2h+\frac{f''(x_0)}{2}\times 4h^2+O(h^3),$$

消去含有 $h^2$ 的项,可得到关于左端点处的导数计算公式及其截断误差为

$$\begin{cases}f_h'(x_0)=\dfrac{1}{2h}[-3f(x_0)+4f(x_1)-f(x_2)],\\ |f'(x_0)-f_h'(x_0)|=O(h^2).\end{cases}\tag{3.5.3}$$

其次,在节点等距时,将 $f(x_{n-2})$ 和 $f(x_{n-1})$ 在 $x_n$ 处作 Taylor 展开,可用右边三

个函数值 $\{f(x_k)\}_{k=n-2}^{n}$ 来计算 $f'(x_n)$ 的近似值，其导数计算公式和截断误差为

$$\begin{cases} f_h'(x_n)=\dfrac{1}{2h}[f(x_{n-2})-4f(x_{n-1})+3f(x_n)], \\ |f'(x_n)-f_h'(x_n)|=O(h^2). \end{cases} \tag{3.5.4}$$

最后，讨论中部节点 $\{x_k\}_{k=1}^{n-1}$ 处的导数近似计算问题，利用一阶中心差商即有

$$\begin{cases} f_h'(x_k)=\dfrac{1}{2h}[f(x_{k+1})-f(x_{k-1})], \\ |f'(x_k)-f_h'(x_k)|=O(h^2). \end{cases} \quad k=1,2,\cdots,n-1. \tag{3.5.5}$$

**式(3.5.3)至式(3.5.5)统称为三点数值微分公式，以此可计算出每个节点处的导数值，计算过程是简单的，计算精度为 $O(h^2)$.**

从事先误差估计来看，这些导数近似值的误差为 $O(h^2)$，$h$ 越小似乎误差越小，但实际数值计算时含有除以 $2h$ 的运算，所以据计算机中的舍入规则可知：$h$ 变小时，数值微分的误差变小，$h$ 太小会引起舍入误差增大，降低计算精度.

例如，表 3.5.1 中的节点导数值的计算问题，表中 $h=0.1$，$f_h'(x_0)$ 是用式(3.5.3)计算的，$f_h'(x_5)$ 是用式(3.5.4)计算的，$\{f_h'(x_k)\}_{k=1}^{4}$ 是用式(3.5.5)计算的. 因为函数值数据表是按照 $f(x)=x+e^x$ 给出的，所以可验证各节点处 $\{f_h'(x_k)\}_{k=0}^{5}$ 的近似程度，它们都准确到小数点后第二位，符合事先误差估计.

**表 3.5.1　用三点公式计算离散节点处的数值微分**

| $k$ | 0 | 1 | 2 | 3 | 4 | 5 |
|---|---|---|---|---|---|---|
| $x_k$ | 0.1 | 0.2 | 0.3 | 0.4 | 0.5 | 0.6 |
| $f(x_k)$ | 1.205 170 9 | 1.421 402 8 | 1.649 858 8 | 1.891 824 7 | 2.148 721 3 | 2.422 118 8 |
| $f_h'(x_k)$ | 2.101 198 5 | 2.223 439 5 | 2.352 109 5 | 2.494 312 5 | 2.651 470 5 | 2.816 479 5 |

例如，为了检验 $h$ 减小时，使用一阶中心差商计算导数近似值的误差表现，取函数 $f(x)=e^x$，取步长 $h=1,\ 0.1,\ 0.01$，分别计算出相应的函数值 $f(\pm h)$，再用式(3.5.5)计算导数值及其误差，将这些数值列于表 3.5.2 中. 可以看出：第一，$h$ 由 1 变为 0.1 时，计算误差按 $O(h^2)$ 的规律减小；第二，$h$ 由 0.1 变为 0.01 时，计算误差反而有所增大，这是由于 $f'(x)=e^x$ 在 $x=1$ 处变化较大，三点公式中 $h$ 过小引起舍入误差增大的缘故；第三，用三点公式计算导数近似值，当 $h$ 过小时有不稳定现象.

**表 3.5.2　当 $h$ 减小时的三点公式计算效果**

| $h$ | $f_h'(1)$ 近似值 | 误　差 |
|---|---|---|
| 1 | 3.195 | 0.477 |
| 0.1 | 2.720 | 0.002 |
| 0.01 | 2.750 | 0.032 |

此数值微分计算的例子能启示我们:第一,**当 $h$ 减小时,计算误差若能按 $O(h^2)$ 规律减小,则表明计算过程是稳定的,若计算误差严重影响近似值的有效位,则计算过程表现不稳定了,不能再用更小的 $h$ 按三点公式计算下去**;第二,一般地,在保证 $h$ 减小使用三点公式计算过程稳定的前提下,函数曲线变化平缓部分(例如对 $f(x)=e^x$,$x<0$ 的部分),相对于变化陡峭部分(例如 $f(x)=e^x$,$x>1$ 的部分)来说,数值微分公式中可取用较大的步长 $h$;第三,为了进一步提高导数近似值的精度,保证计算过程的稳定性,还必须采用其它的办法.

**2. 数值微分的外推方法**

在数值积分中,采用步长分半的 Romberg 外推方法,可有效地提高数值积分的精度.在数值微分时,能否采用步长分半的外推方法呢?为此要仔细地分析数值微分截断误差的表现.

为书写方便,将以 $h$ 步长计算出的一阶中心差商 $f_h'(x_k)$ 简记为 $G(h)$.利用式(3.5.1)和式(3.5.2)可细致表述 $G(h)$ 近似 $f'(x_k)$ 的表现,有

$$G(h)=f'(x_k)+\alpha_1h^2+\alpha_2h^4+\alpha_3h^6+\cdots,\tag{3.5.6}$$

其中,系数 $\alpha_1,\alpha_2,\alpha_3,\cdots$ 都与步长 $h$ 无关.若将步长减半,可重新计算出关于 $x_k$ 处的一阶导数近似值 $G\left(\frac{h}{2}\right)$,它近似 $f'(x_k)$ 的细致表现为

$$G\left(\frac{h}{2}\right)=f'(x_k)+\frac{\alpha_1}{4}h^2+\frac{\alpha_2}{16}h^4+\frac{\alpha_3}{64}h^6+\cdots.\tag{3.5.7}$$

将式(3.5.6)和式(3.5.7)作加权平均,消去关于 $h^2$ 的项,则有

$$\frac{4}{3}G\left(\frac{h}{2}\right)-\frac{1}{3}G(h)=f'(x_k)-\frac{1}{4}\alpha_2h^4-\frac{5}{16}\alpha_3h^6+\cdots.$$

记
$$G_1(h)=\frac{4}{3}G\left(\frac{h}{2}\right)-\frac{1}{3}G(h),\tag{3.5.8}$$

则有
$$G_1(h)=f'(x_k)+\beta_1h^4+\beta_2h^6+\cdots,$$

其中,$\beta_1,\beta_2,\cdots$ 仍然是与 $h$ 无关的.

上式表明,**$G_1(h)$ 近似 $f'(x_k)$ 具有 $O(h^4)$ 的截断误差效果,$G_1(h)$ 称为第一次外推值,它比 $G(h)$ 具有更高的精度.**

重复上面的做法,在 $G_1(h)$ 表达式中令步长为 $h/2$,有

$$G_1\left(\frac{h}{2}\right)=f'(x_k)+\beta_1\left(\frac{h}{2}\right)^4+\beta_2\left(\frac{h}{2}\right)^6+\cdots,$$

消去关于 $h^4$ 的项,并记

$$G_2(h)=\frac{16}{15}G_1\left(\frac{h}{2}\right)-\frac{1}{15}G_1(h),\tag{3.5.9}$$

则有
$$G_2(h)=f'(x_k)+\gamma_1h^6+\gamma_2h^8+\cdots.$$

**$G_2(h)$ 称为第二次外推值,它近似 $f'(x_k)$ 具有 $O(h^6)$ 的截断误差效果,它比 $G_1(h)$**

**具有更高的精度.**

重复同样的步骤,可导出**第三次外推值**

$$G_3(h) = \frac{64}{63}G_2\left(\frac{h}{2}\right) - \frac{1}{63}G_2(h) \tag{3.5.10}$$

和相应的误差展式

$$G_3(h) = f'(x_k) + \sigma_1 h^8 + \sigma_2 h^{10} + \cdots.$$

理论上,这种加速办法还可以继续,然而当 $h$ 太小时这种加速效果越来越不明显.究其原因,仍在于一阶中心差商计算时,$h$ 不能太小.因此,**上述数值微分加速方法仅在一阶中心差商稳定计算的范围内有效.**

为了观察数值微分外推效果,用步长分半的一阶中心差商方法计算 $f(x) = e^x$ 在 $x = 1$ 处的导数值,用式(3.5.8)计算第一次外推值,用式(3.5.9)计算第二次外推值,用式(3.5.10)计算第三次外推值,并将这些结果列于表 3.5.3 中.

**表 3.5.3　数值微分的外推**

| $h$ | $G(h)$ | $G_1(h)$ | $G_2(h)$ | $G_3(h)$ |
|---|---|---|---|---|
| 0.8 | 3.017 65 | 2.715 917 | 2.718 285 | 2.718 28 |
| 0.4 | 2.791 35 | 2.718 371 | 2.718 276 | |
| 0.2 | 2.736 44 | 2.719 267 | | |
| 0.1 | 2.722 81 | | | |

将表 3.5.3 中第三次外推值 $G_3(h) = 2.718\ 28$ 和 $x = 1$ 处的准确导数值 $f'(1) = e = 2.718\ 281\ 828\cdots$ 相比,可见 $G_3(h)$ 已准确到小数点后第五位.

**3. 基于 Lagrange 插值多项式的数值微分方法**

前面讨论过用三个节点函数值作差商的数值微分公式,这里也可设想利用这三个函数值构造二次 Lagrange 插值函数,再求导获得节点处的数值微分公式.

为此,设数值表 $\{x_k, f(x_k)\}_{k=0}^n$ 的节点是等距的,步长为 $h$,据二次 Lagrange 插值公式(1.1.4),有

$$L_2(x) = f(x_0)\frac{(x-x_1)(x-x_2)}{(x_0-x_1)(x_0-x_2)} + f(x_1)\frac{(x-x_0)(x-x_2)}{(x_1-x_0)(x_1-x_2)} + f(x_2)\frac{(x-x_0)(x-x_1)}{(x_2-x_0)(x_2-x_1)}.$$

令 $x = x_0 + th$,$0 \leqslant t \leqslant 2$,上式可改写为

$$L_2(x_0+th) = \frac{1}{2}(t-1)(t-2)f(x_0) - t(t-2)f(x_1) + \frac{1}{2}t(t-1)f(x_2),$$

两边对 $t$ 求导,有

$$L_2'(x_0+th) = \frac{1}{2h}[(2t-3)f(x_0) - 4(t-1)f(x_1) + (2t-1)f(x_2)].$$

当 $t=0$ 时,有

$$f'(x_0)\approx\frac{1}{2h}[-3f(x_0)+4f(x_1)-f(x_2)],$$

这就是求左端点 $x_0$ 处数值微分的三点公式,其形同于式(3.5.3).

当 $t=1$ 时,有

$$f'(x_1)\approx\frac{1}{2h}[-f(x_0)+f(x_2)],$$

这就是求中部节点处数值微分公式,其形同于三点公式(3.5.5).

当 $t=2$ 时,有

$$f'(x_2)\approx\frac{1}{2h}[f(x_0)-4f(x_1)+3f(x_2)],$$

这也可用来求右端点处数值微分,其形同于三点公式(3.5.4).

由此可知,上述基于Taylor展式的数值微分公式完全等同于基于Lagrange插值的数值微分公式.其原因在于,有限项的Taylor展式是一种局部范围内的多项式表现形式,Lagrange插值也是一种局部范围内的多项式表现形式.根据这种理解,读者可利用Taylor展式自行推导出采用五个离散点的数值微分公式:

$$\begin{cases}
f'(x_0)\approx\frac{1}{12h}[-25f(x_0)+48f(x_1)-36f(x_2)+16f(x_3)-3f(x_4)], & (3.5.11a)\\
f'(x_1)\approx\frac{1}{12h}[-3f(x_0)-10f(x_1)+18f(x_2)-6f(x_3)+f(x_4)], & (3.5.11b)\\
f'(x_2)\approx\frac{1}{12h}[f(x_0)-8f(x_1)+8f(x_3)-f(x_4)], & (3.5.11c)\\
f'(x_3)\approx\frac{1}{12h}[-f(x_0)+6f(x_1)-18f(x_2)+10f(x_3)+3f(x_4)], & (3.5.11d)\\
f'(x_4)\approx\frac{1}{12h}[3f(x_0)-16f(x_1)+36f(x_2)-48f(x_3)+25f(x_4)]. & (3.5.11e)
\end{cases}$$

不难理解,采用这五个离散函数值,可构造出四次Lagrange插值多项式,其数值微分公式就是式(3.5.11a)至式(3.5.11e),这些数值微分公式都具有 $O(h^5)$ 的精度.也不难理解,在用已知数值表 $\{x_k,f(x_k)\}_{k=0}^{n}$ 求数值微分时,式(3.5.11a)和式(3.5.11b)适用于求数表左边两个节点 $x_0,x_1$ 处的数值微分,式(3.5.11c)适用于求数表中部节点 $\{x_k\}_{k=2}^{n-2}$ 处的数值微分,式(3.5.11d)和式(3.5.11e)适用于求数表右边节点 $x_{n-1}$ 和 $x_n$ 处的数值微分.

**4. 其它问题**

三点公式(式(3.5.3)至式(3.5.5))、五点公式(式(3.5.11a)至式(3.5.11e))都是实用的,只是要注意,步长 $h$ 只能适当小,$h$ 太小会造成舍入误差增大,计算精度不能与事先误差估计一致.

就构造数值微分公式的方法而论,三点公式和五点公式是基于Lagrange插值方法的结果，可以利用数表构造出三次样条函数，再获得节点处的数值微分，也可以设想其它的办法求得节点处的数值微分. 总之，构造数值微分公式的办法是不拘一格的.

三点公式和五点公式只能求出节点处的数值微分，非节点处的数值微分可利用插值方法求出.

若需要求节点处二阶导数的数值微分，仍然可以利用 Lagrange 插值方法或 Taylor 展式的方法，具体办法可参见第 7 章.

## 习　题　3

**【3.1】** 试判定下面求积公式的代数精度：

$$\int_0^1 f(x)\mathrm{d}x \approx \frac{3}{4}f\left(\frac{1}{3}\right)+\frac{1}{4}f(1).$$

**【3.2】** 试确定下列求积公式中的待定系数，使其代数精度尽可能高，并指出求积公式所具有的代数精度：

(1) $\int_{-h}^{h} f(x)\mathrm{d}x \approx A_0 f(-h)+A_1 f(0)+A_2 f(h)$；

(2) $\int_0^1 f(x)\mathrm{d}x \approx A_0 f\left(\frac{1}{4}\right)+A_1 f\left(\frac{1}{2}\right)+A_2 f\left(\frac{3}{4}\right)$；

(3) $\int_0^1 f(x)\mathrm{d}x \approx \frac{1}{4}f(0)+A_0 f(x_0)$；

(4) $\int_{-1}^1 f(x)\mathrm{d}x \approx A_0 f(-1)+A_1 f(x_1)+A_2 f(x_2)$；

(5) $\int_0^h f(x)\mathrm{d}x \approx h[A_0 f(0)+A_1 f(h)]+h^2[B_0 f'(0)+B_1 f'(h)]$.

**【3.3】** 设用梯形公式计算 $\int_2^8 \frac{1}{2x}\mathrm{d}x$ 的办法来计算 ln2 的近似值，要求误差的绝对值不超过 $1/2\times10^{-5}$，试估计将区间 $[2,8]$ 作等距分划的步长 $h$.

**【3.4】** 试用逐次分半加速的办法计算 $\int_1^9 \sqrt{x}\mathrm{d}x$，要求计算误差小于 $10^{-5}$.

**【3.5】** 试用 Romberg 算法计算题【3.4】中的数值积分，起始步长取 $h=1$，数值积分精度要求为 $10^{-8}$.

**【3.6】** 试用分段 Gauss 求积的办法计算 $\int_1^{10} \ln x\mathrm{d}x$，使其误差小于 $10^{-8}$.

**【3.7】** 设计求积公式

$$\int_0^2 f(x)\mathrm{d}x \approx Af(-a)+Bf(0)+Cf(a),$$

使其代数精度尽可能高. 该求积公式是三点 Gauss 求积公式吗?

**【3.8】** 试表示下述 Gauss 求积误差公式中的幂次数 $\alpha$：

$$\left|\int_a^b f(x)\mathrm{d}x-\sum_{k=0}^{n}A_k f_k\right|=O(h^a).$$

**【3.9】** 设求积公式

$$\int_a^b f(x)\mathrm{d}x\approx\sum_{k=0}^{2}A_k f(x_k)$$

是 Gauss 型的,设 $f(x)=5x^5+4x^4+3x^3+2x^2+x+6$,求此数值积分公式的误差.

**【3.10】** 设 $f(x)$ 在 $[x_0-2h,x_0+2h]$ 上有连续的四阶导数,$h>0$,试用 Taylor 展开的办法推导下列数值微分公式:

(1) $f'(x_0)=\dfrac{1}{12h}[f(x_0-2h)-8f(x_0-h)+8f(x_0+h)-f(x_0+2h)]$

$+O(h^4)$;

(2) $f''(x_0)=\dfrac{1}{h^2}[f(x_0-h)-2f(x_0)+f(x_0+h)]+O(h^2)$.

**【3.11】** 设 $\{x_k\}_{k=0}^{n}$ 是等距 $h$ 的分划节点,设 $f(x)$ 足够光滑,设对公式

$$f(x_{k+1})=f(x_{k-1})+\int_{x_{k-1}}^{x_{k+1}}f'(x)\mathrm{d}x$$

采用某些数值积分的办法来计算数值微分.

(1) 采用中距形积分公式

$$\int_{x_{k-1}}^{x_{k+1}}f'(x)\mathrm{d}x=2hf'(x_k)+O(h^3),$$

试推导相应的数值微分公式;

(2) 采用 Simpson 积分公式

$$\int_{x_{k-1}}^{x_{k+1}}f'(x)\mathrm{d}x=\frac{h}{6}[f'(x_{k-1})+4f'(x_k)+f'(x_{k+1})+O(h^5)],$$

试推导相应的数值微分公式为

$$f'(x_{k-1})+4f'(x_k)+f'(x_{k+1})=\frac{6[f(x_{k+1})-f(x_{k-1})]}{h},\quad k=1,2,\cdots,n-1.$$

在补充端点导数值 $f'(x_0),f'(x_n)$ 的情形下,试写出用于求解节点数值微分的线性方程组的矩阵形式.

# 第 4 章　非线性方程求根的迭代法

在分析、处理科技问题时，常常需要求出函数方程 $f(x)=0$ 的根. 本章主要讨论 $f(\cdot)$ 是单变量 $x$ 的函数的情形. 由于函数关系 $f(\cdot)$ 是复杂的，它可能是多项式函数，也可能是超越函数，所以非线性方程的根一般只能用计算机求得其近似值.

非线性方程的根 $x^*$ 处可能是单根，也可能是多重根. 根据高等数学知识可知：当 $x^*$ 仅为单根时，有 $f(x^*)=0, f'(x^*)\neq 0$，或在 $|x-x^*|<\varepsilon$ 充分小的邻域内函数值表现为 $f(x^*-\varepsilon)f(x^*+\varepsilon)<0$. 当 $x^*$ 为方程的 $m$ 重根时，有 $f^{(k)}(x^*)=0,\ k=0,1,\cdots,m-1,\ f^{(m)}(x^*)\neq 0$.

本章主要讨论 $x^*$ 为单根的求解问题.

非线性方程可能有多个不同的单根，但总有办法求得，例如，用逐步搜索的方法，将各个根相互隔离. 换句话说，总能找到一个小区间 $[a,b]$，使得非线性方程在这个小区间中仅有一个根. 因此，$[a,b]$ 中仅有一个根是本章讨论的重点.

本章主要讨论用迭代法求非线性方程单根的情况，这里还存在着近似解的精度问题，也存在着计算花费大小的问题，这些问题也是本章中必须讨论的问题.

## 4.1　实根隔离与二分法

假设 $f(x)$ 在 $[a,b]$ 上连续且仅有单根，那么

$$f(a)f(b)<0,$$

称 $[a,b]$ 是有根区间. 用**二分法**可求得非线性方程在这个区间中的根，具体办法如下.

不妨假定 $f(a)<0, f(b)>0$，取中点 $x_0=(a+b)/2$，检查 $f(x_0)$ 的符号. 若 $f(x_0)=0$，则 $x_0$ 就是一个根；若 $f(x_0)>0$，记 $a=a_1, x_0=b_1$，则得有根区间 $[a_1,b_1]$；若 $f(x_0)<0$，记 $x_0=a_1, b=b_1$，则得有根区间 $[a_1,b_1]$. 这样得到的有根区间 $[a_1,b_1]$ 长度为原来有根区间 $[a,b]$ 的一半（见图 4.1.1）.

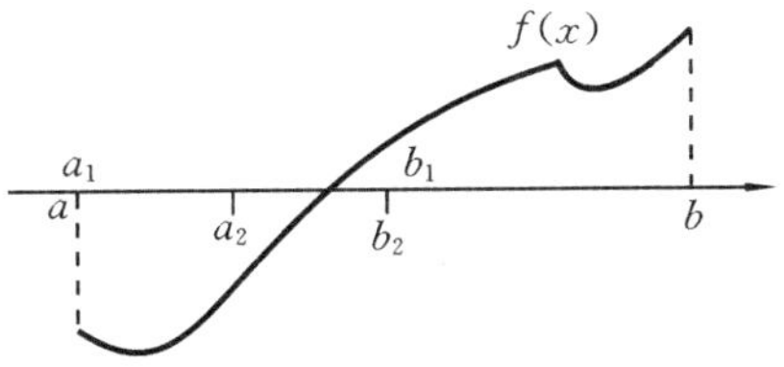


**图 4.1.1　二分法过程中有根区间逐步缩小**

对 $[a_1,b_1]$ 来说，令 $x_1=(a_1+b_1)/2$，再施以同样的方法，可得新的有根区间 $[a_2,b_2]$，它的长度为 $[a_1,b_1]$ 的一半.

如此反复，第 $n$ 次的有根区间为 $[a_n,b_n]$，其长度为

$$b_n - a_n = (b-a)/2^n.$$

当 $n \to \infty$ 时，$|b_n - a_n| \to 0$，且 $\lim_{n\to\infty} x_n = \lim_{n\to\infty}(a_n + b_n)/2 = x^*$，这就是非线性方程的根. 而 $x_n = (a_n + b_n)/2$ 即为方程的近似根，不难得到近似根的误差估计为

$$|x_n - x^*| \leqslant (b-a)/2^n.$$

**二分法仅要求 $f(x)$ 连续和 $f(a)f(b) < 0$ 就行了，它对函数的其它性质，例如光滑性和单调性等，是没有要求的；二分法的实现过程是简单的，收敛性也是有保证的，但收敛不快，特别当求解的精度要求较高时二分法的计算花费较大.**

如果区间 $[a,b]$ 上有多个根怎么办？**可用逐步搜索法将每个根相互隔离.** 例如

$$f(x) = x^3 - 6x^2 + 11x - 6, \quad x \in [0,4]$$

有多个根，取 $h = 0.4$，$x_k = 0.4k$，$k = 1,2,\cdots,10$ 搜索，边搜索边判别 $f(x_k)$ 的符号，可得到三个有根区间，分别为 $[0.8, 1.2]$、$[1.6, 2.4]$、$[2.8, 3.2]$，实现了三个根的相互隔离. 当然这种逐步搜索方法的关键在于 $h$ 的取值大小. $h$ 取得太大，可能会将某些根遗漏了；$h$ 取得太小，计算花费又太大了.

若能实现每个根相互隔离，则**在单根所属的小区段内，再采用二分法，可实现此单根被限制在某个较小的邻域内，函数在此单根的邻域内是单调变化的.**

## 4.2 基本迭代法及其外推

首先将 $f(x) = 0$ 恒等变形为

$$x = \varphi(x), \tag{4.2.1}$$

再将其改写为形如

$$x_{k+1} = \varphi(x_k), \quad k = 0,1,\cdots \tag{4.2.2}$$

的逐步反复计算的形式，即给定一个初始值 $x_0$，用 $\varphi(x_0)$ 显式计算出 $x_1$，再用 $x_1$ 计算出 $x_2$，用 $x_k$ 计算出 $x_{k+1}$……这样可得到一个序列 $\{x_k\}$. 称具有形如式(4.2.1)和式(4.2.2)的迭代法为**基本迭代法**. 当 $n \to \infty$ 时，若 $\{x_k\} \to x^*$，则称**迭代过程收敛**，此时 $x^*$ 就是 $f(x) = 0$ 的根；否则就称**迭代过程发散**.

从几何图形上看，非线性方程的根 $x^*$ 应该是曲线 $y = \varphi(x)$ 和 $y = x$ 的交点 $P^*$ 的横坐标，基本迭代法在几何图形上的表现如图 4.2.1(a) 所示. 给定初始值 $x_0$，按 $\varphi(x_0)$ 得到 $\varphi(x)$ 曲线上的点 $P_0$，图中点 $Q_1$ 的横坐标就是 $x_1 = \varphi(x_0)$，这样就得到第一次迭代值 $x_1$. 同样，在第二次迭代中，先找到点 $P_1$ 和 $Q_2$，从而得到 $x_2$. 如此下去，随着曲线上的点到 $\{P_k\} \to P^*$，就有迭代序列 $\{x_k\} \to x^*$.

图 4.2.1 直观地表现了关于不同曲线 $\varphi(x)$ 的基本迭代过程，其中图(a)和图(c)中的迭代过程是收敛的，图(b)和图(d)中的迭代过程是发散的.

不难明白，对一个非线性方程求根问题来说，要构造形如式(4.2.2)的基本迭

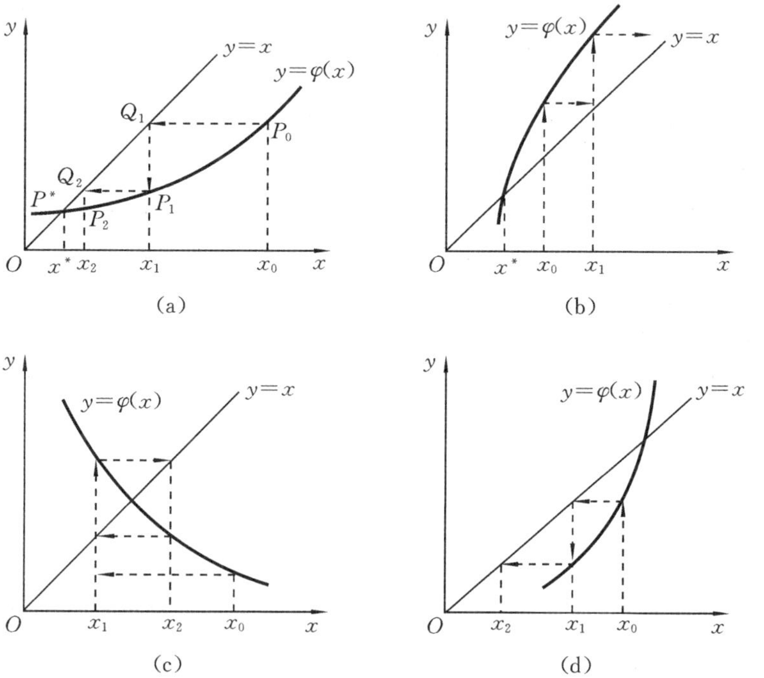


**图 4.2.1　基本迭代过程的几何表示**

代公式是一件非常容易的事情，讨论基本迭代法的收敛性条件、迭代注意事项、迭代收敛快慢才是主要的.

**1. 基本迭代的局部收敛性**

**定理 4.2.1**　记 $x^*$ 是 $x=\varphi(x)$ 的根，$U_\varepsilon(x^*)=\{x \mid |x-x^*|\leqslant\varepsilon\}$ 是以 $x^*$ 为中心的一个充分小的邻域，设 $\varphi'(x)$ 连续，基本迭代格式 $x_{k+1}=\varphi(x_k)$ 的初始值为 $x_0\in U_\varepsilon(x^*)$，则基本迭代局部收敛的充要条件是

$$|\varphi'(x)|\leqslant L<1,\quad x\in U_\varepsilon(x^*).$$

**证明**　由基本迭代法知

$$x^*=\varphi(x^*),\quad x_{k+1}=\varphi(x_k).$$

由 $\varphi'(x)$ 的连续性和微分中值定理知

$$|x^*-x_{k+1}|=|\varphi(x^*)-\varphi(x_k)|=|\varphi'(\xi)||x^*-x_k|,\quad \xi\in U_\varepsilon(x^*).$$

若基本迭代收敛，$x_{k+1}$ 比 $x_k$ 更接近 $x^*$，即

$$|x^*-x_{k+1}|<|x^*-x_k|,$$

则可知

$$|\varphi'(\xi)|<1,\quad \xi\in U_\varepsilon(x^*).$$

若 $|\varphi'(x)|\leqslant L<1$，$x\in U_\varepsilon(x^*)$，也有

$$|x^*-x_{k+1}|\leqslant L|x^*-x_k|<|x^*-x_k|,\tag{4.2.3}$$

则有基本迭代收敛.

定理 4.2.1 表明，对于所构造出来的基本迭代格式，一定要分析验证是否存在着一个收敛区间 $U_\varepsilon(x^*)$，在此区间内满足 $|\varphi'(x)|<1$ 的条件，这样的迭代才是收敛的，否则迭代是发散的.

收敛区间也就是初值选取范围，它的大小随着 $\varphi(x)$ 的形式改变而改变. 收敛区间可由条件 $|\varphi'(x)|<1$ 来决定.

由于收敛区间的大小不能一概而论，所以在以 $x^*$ 为中心的充分小的邻域 $U_\varepsilon(x^*)$ 内讨论基本迭代的**局部收敛性**和**局部收敛性条件**才具有普遍性，因此下面讨论基本迭代法时仅讨论它的局部收敛性.

**例 4.2.1**　用下面的基本迭代格式求方程 $x^3-x-1=0$ 的根，并分析为保证迭代收敛的初值选取范围.

(1) $x_{k+1}=(1+x_k)^{1/3}$；　　(2) $x_{k+1}=x_k^3-1$.

**解**　(1) 此时 $\varphi(x)=(1+x)^{1/3}$，为保证迭代收敛，应要求

$$|\varphi'(x)|=\frac{1}{3}|(1+x)^{-2/3}|<1.$$

由此可知，当初始值 $x_0 \notin \left(-1-\frac{1}{\sqrt{27}},-1+\frac{1}{\sqrt{27}}\right)$时，迭代过程才是收敛的.

(2) 此时 $\varphi(x)=x^3-1$，为保证迭代收敛，应要求

$$|\varphi'(x)|=3x^2<1.$$

由此可知，当 $x_0\in(-\sqrt{3}/3,\sqrt{3}/3)$ 时，迭代过程是收敛的；若初值超出这个范围，则迭代过程是发散的.

在实际应用中，构造某个基本迭代格式是很容易的，也可构造出多个不同的基本迭代格式. 若能在实施迭代之前就分析出保证迭代收敛的初值选取范围，则迭代过程是简单且顺利的；若由于 $\varphi(x)$ 的复杂性而不能事先分析出初值的选取范围，**则可采用经验估计和尝试的办法来选取初值，也可采用二分法找到一个关于 $x^*$ 为中心的充分小邻域后再施行基本迭代法.**

**2. 基本迭代法的收敛阶**

如何度量某个基本迭代法局部收敛的快慢呢?所谓迭代局部收敛，是指迭代序列$\{x_k\}$ 全部位于充分小的收敛区间 $U_\varepsilon(x^*)$ 内，且有 $|x_{k+1}-x^*|<|x_k-x^*|$. 所谓收敛快，可用 $|x_{k+1}-x^*|\leqslant c|x_k-x^*|^p$，$p>1$ 来度量，因为当 $|x_k-x^*|$ 很小时，$p$ 值越大，$x_{k+1}$ 会越快地收敛于 $x^*$.

**定义 4.2.1**　称迭代序列$\{x_k\}$是 $p$ 阶收敛于$x^*$ 的，或称某迭代法是 $p$ 阶局部收敛的，若

$$|x_{k+1}-x^*|\leqslant c_k|x_k-x^*|^p,\quad c_k\to c\neq 0 \tag{4.2.4}$$

或者

$$\lim_{k\to\infty}\frac{x_{k+1}-x^*}{(x_k-x^*)^p}=c\neq 0 \tag{4.2.5}$$

成立. $p=1$ 称为**线性收敛**, $1<p<2$ 称为**超线性收敛**, $p=2$ 称为**二阶收敛**.

线性收敛和二阶收敛的迭代法在收敛速度和计算花费方面有什么区别呢?现将这两种方法用式(4.2.4)的形式表示为:

$\{x_k\}$ 线性收敛

$$|x_{k+1}-x^*|\leqslant c|x_k-x^*|=c^{k+1}|x_0-x^*|;$$

$\{\tilde{x}_k\}$ 二阶收敛

$$|\tilde{x}_{k+1}-x^*|\leqslant \tilde{c}|\tilde{x}_k-x^*|^2=\tilde{c}^{(1+2+\cdots+2^k)}|\tilde{x}_0-x^*|^{2^k}.$$

假设对这两种迭代法都要求 $10^{-8}$ 的精度,为了增强可比性,假设 $c=\tilde{c}=0.5$, $|x_0-x^*|=|\tilde{x}_0-x^*|=1$,于是这两种迭代法关于迭代步数的估计为:

$\{x_k\}$ 线性收敛

$$|x_k-x^*|\leqslant(0.5)^{k+1}\leqslant 10^{-8},\quad k\approx 64;$$

$\{\tilde{x}_k\}$ 二阶收敛

$$|\tilde{x}_k-x^*|\leqslant(0.5)^{(1+2+\cdots+2^k)}\leqslant 10^{-8},\quad k\approx 4.$$

这说明二阶收敛的迭代法远优于线性收敛的迭代法.

下面的定理给出了一种判别迭代收敛阶的办法.

**定理 4.2.2**　记 $x^*$ 是 $x=\varphi(x)$ 的根,设 $\varphi^{(p)}(x)$ 在 $x^*$ 附近连续,若对于 $p>1$,有

$$\varphi'(x^*)=\varphi''(x^*)=\cdots=\varphi^{(p-1)}(x^*)=0,\quad \varphi^{(p)}(x^*)\neq 0,$$

则基本迭代法 $x_{k+1}=\varphi(x_k)$ 是 $p$ **阶收敛**的.

**证明**　将 $\varphi(x_k)$ 在根 $x^*$ 处作 Taylor 展开,有

$$\varphi(x_k)=\varphi(x^*)+\varphi'(x^*)(x_k-x^*)+\cdots+\frac{\varphi^{(p-1)}(x^*)}{(p-1)!}(x_k-x^*)^{p-1}$$
$$+\frac{\varphi^{(p)}(\xi)}{p!}(x_k-x^*)^p,\quad \xi\in[x_k,x^*]\subseteq U_\varepsilon(x^*).$$

利用定理 4.2.2 中的条件,即有

$$x_{k+1}=x^*+\frac{\varphi^{(p)}(\xi)}{p!}(x_k-x^*)^p.$$

再由局部收敛阶的定义式(4.2.5)知,当 $k\to\infty$ 时,有

$$\frac{x_{k+1}-x^*}{(x_k-x^*)^p}\to\frac{\varphi^{(p)}(x^*)}{p!}\neq 0,$$

即证明迭代过程 $x_{k+1}=\varphi(x_k)$ 是 $p$ 阶收敛的.

**3. 基本迭代法的误差估计和应用**

迭代求根过程是近似值 $x_k$ 不断趋于 $x^*$ 的过程,由迭代收敛性定理,有

$$|x_{k+1}-x^*|\leqslant L|x_k-x^*|=L^{k+1}|x_0-x^*|,\tag{4.2.6}$$

其中 $$L=\max\{|\varphi'(x)|,x\in U_\varepsilon(x^*)\}<1.$$

此式表明,迭代一步可使 $|x_k - x^*|$ 压缩 $L$ 倍而成为 $|x_{k+1} - x^*|$,使 $x_{k+1}$ 更接近于 $x^*$;迭代 $k$ 步可将初始误差 $|x_0 - x^*|$ 压缩 $L^{k+1}$ 倍. $L$ 数值越小,迭代收敛越快.

在迭代过程中,相邻两个迭代近似值之间的误差表现怎样呢?

$$|x_{k+1} - x_k| = |\varphi(x_k) - \varphi(x_{k-1})| \leqslant L|x_k - x_{k-1}| \leqslant L^k|x_1 - x_0|, \tag{4.2.7}$$

$$\begin{aligned} |x_{k+p} - x_k| &\leqslant |x_{k+p} - x_{k+p-1}| + |x_{k+p-1} - x_{k+p-2}| + \cdots + |x_{k+1} - x_k| \\ &\leqslant (L^{p-1} + L^{p-2} + \cdots + 1)|x_{k+1} - x_k| \\ &\leqslant (L^{k+p-1} + L^{k+p-2} + \cdots + L^k)|x_1 - x_0| \\ &\leqslant \frac{L^k}{1-L}|x_1 - x_0|, \end{aligned}$$

其中,让 $p \to \infty$,则有

$$|x_k - x^*| \leqslant \frac{1}{1-L}|x_{k+1} - x_k|, \tag{4.2.8}$$

$$|x_k - x^*| \leqslant \frac{L^k}{1-L}|x_1 - x_0|. \tag{4.2.9}$$

在用迭代法求非线性方程 $x = \varphi(x)$ 的根时,根 $x^*$ 往往是未知的. 那么迭代过程何时停止,近似根 $x_k$ 何时才满足精度要求呢?

**误差估计式**(4.2.7) **可用来估计迭代误差的压缩系数** $L$,事实上

$$L \approx \frac{|x_{k+1} - x_k|}{|x_k - x_{k-1}|}, \quad L^k \approx \frac{|x_{k+1} - x_k|}{|x_1 - x_0|}.$$

**误差估计式**(4.2.8) **可用来控制迭代过程**. 事实上,当要求迭代精度 $|x_k - x^*| \leqslant \varepsilon$ 时,由于可以近似估计出 $L$,所以只要

$$|x_k - x^*| \leqslant \frac{1}{1-L}|x_{k+1} - x_k| \leqslant \varepsilon$$

就可以了. 于是在迭代过程中随时计算 $|x_{k+1} - x_k|$,当

$$|x_{k+1} - x_k| \leqslant (1-L)\varepsilon$$

时,迭代过程停止,这样可保证 $|x_k - x^*| \leqslant \varepsilon$.

**误差估计式**(4.2.9) **可用来估计迭代所需的步数**. 事实上,若已知 $|x_1 - x_0|$ 的值,若已知 $L$ 值的估计,若要求迭代精度 $|x_k - x^*| \leqslant \varepsilon$,则由式(4.2.9),有

$$\frac{L^k}{1-L}|x_1 - x_0| \leqslant \varepsilon.$$

两边取对数,即可估计出关于迭代步数 $k$ 的数值.

**4. 基本迭代的加速方法**

在收敛的迭代过程中,只要迭代次数足够多,就可以使结果达到足够好的精度. 然而一般构造出的基本迭代格式收敛缓慢,计算花费很大,人们迫切希望加快收敛速度,用较少的计算花费达到较理想的计算精度. 下面介绍一种实用的迭代加

速方法.

据式(4.2.6),用基本迭代格式 $x_{k+1}=\varphi(x_k)$ 求根时存在下述关系:

$$x_{k+1}-x^* \approx L(x_k-x^*),$$

$$x_{k+2}-x^* \approx L(x_{k+1}-x^*).$$

这里的 $L$ 是 $\varphi'(x)$ 在 $U_\varepsilon(x^*)$ 中的表现,可以假定在较小的收敛区间 $U_\varepsilon(x^*)$ 范围内 $\varphi'(x)$ 变化不大.在这种假定下,由上面两式就有

$$\frac{x_{k+1}-x^*}{x_{k+2}-x^*} \approx \frac{x_k-x^*}{x_{k+1}-x^*}, \tag{4.2.10}$$

再变形为

$$x^* \approx x_{k+2}-\frac{(x_{k+2}-x_{k+1})^2}{x_{k+2}-2x_{k+1}+x_k}=x^\triangle.$$

这表明,$x^\triangle$ 是 $x_k$,$x_{k+1}$ 和 $x_{k+2}$ 组合的结果,$x^\triangle$ 已很接近 $x^*$,$x^\triangle$ 比 $x_{k+2}$ 更接近 $x^*$.这就是迭代加速的思想.

将上面的分析和计算过程总结为迭代加速算法,这就是 Aitken **加速方法**:

**迭代**
$$\bar{x}_{k+1}=\varphi(x_k), \tag{4.2.11}$$

**迭代**
$$\tilde{x}_{k+1}=\varphi(\bar{x}_{k+1}), \tag{4.2.12}$$

**加速**
$$x_{k+1}=\tilde{x}_{k+1}-\frac{(\tilde{x}_{k+1}-\bar{x}_{k+1})^2}{\tilde{x}_{k+1}-2\bar{x}_{k+1}+x_k}. \tag{4.2.13}$$

Aitken 加速方法是实用的,它仅需在原有基本迭代的基础上作简单的组合校正就可达到加速的效果;理论分析(略)还证明,它能将原有的收敛迭代提高一个收敛阶次,它的实际应用效果也是相当好的.

**例 4.2.2**　给定非线性方程 $e^{-x}-x=0$,用基本迭代法求根,用 Aitken 方法加速.

**解**　用基本迭代法,有 $x_{k+1}=e^{-x_k}$,计算 18 步,有 $x_{18}=0.567\,14$.若用 Aitken 加速方法,计算结果为

$$x_0=0.5,\quad \bar{x}_1=0.606\,53,\quad \tilde{x}_1=0.545\,24,\quad x_1=0.567\,62,$$

$$\bar{x}_2=0.566\,87,\quad \tilde{x}_2=0.567\,30,\quad x_2=0.567\,14.$$

这里只用了两个迭代步(相当于四步基本迭代和两次校正计算的工作量)就得到与基本迭代法 $x_{18}$ 相同的结果,可见 Aitken 方法的加速效果是明显的.

## 4.3　Newton 迭代法

前面介绍的基本迭代法仅在简单的迭代形式下强调迭代概念和一般意义下的迭代分析,没有强调具体的迭代格式.下面介绍的 Newton 迭代法,其迭代格式是具体的、实用的.本节将在基本迭代法框架下分析其收敛性,讨论其优缺点.

### 1. 基本思想和迭代公式

对于非线性方程 $f(x)=0$ 来说,假设已知在根 $x^*$ 附近的一个近似值 $x_k$,那么

可将 $f(x)$ 在 $x_k$ 处展为 Taylor 公式

$$0=f(x)=f(x_k)+f'(x_k)(x-x_k)+\frac{f''(\xi)}{2}(x-x_k)^2.$$

取其线性部分

$$0=f(x_k)+f'(x_k)(x-x_k)$$

来近似 $f(x)=0$,再把此线性方程的根记为 $x_{k+1}$,并将其作为 $x^*$ 的新的近似值,于是有 Newton **迭代公式**

$$x_{k+1}=x_k-\frac{f(x_k)}{f'(x_k)},\quad k=0,1,\cdots. \tag{4.3.1}$$

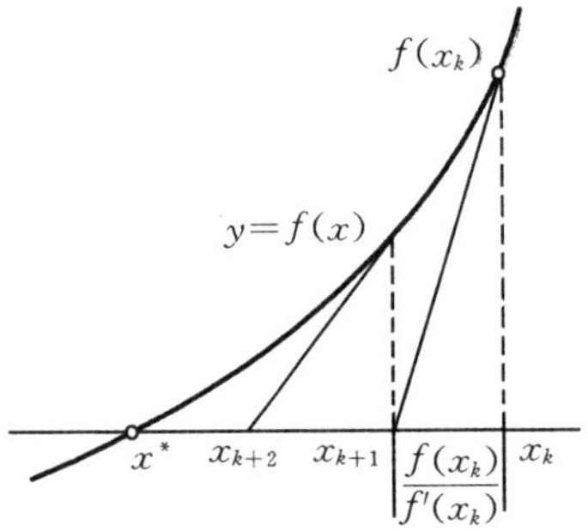


**图 4.3.1　Newton 迭代几何解释**

Newton 迭代法不仅可以从非线性函数 $f(x)$ 作线性化处理的角度来理解,也可以从几何角度来理解.如图 4.3.1 所示,已知 $x_k$,从曲线点 $(x_k,f(x_k))$ 处作切线,切线与 $x$ 轴的交点就是 $x_{k+1}$,若迭代是收敛的,则 $x_{k+1}$ 比 $x_k$ 更接近于 $x^*$.

Newton 迭代法也可理解为一种基本迭代法.事实上,将式(4.3.1)与 $x=\varphi(x)$ 比照,即知 $\varphi(x)=x-f(x)/f'(x)$.当然,Newton 迭代法要适合基本迭代方法的基本要求才会收敛.

**2. Newton 迭代的收敛阶**

作为基本迭代法,Newton 迭代在什么条件下具有较高的收敛阶呢?

**定理 4.3.1**　给定非线性方程 $f(x)=0$,若满足条件

(1) $f(x)$ 二次连续可微,$x\in U_\varepsilon(x)$,

(2) $f'(x^*)\neq 0$,

则 Newton **迭代是局部二阶收敛的.**

**证明**　先将式(4.3.1)写成基本迭代形式 $x_{k+1}=\varphi(x_k)$,其中

$$\varphi(x)=x-f(x)/f'(x),$$

$$\varphi'(x)=1-\frac{[f'(x)]^2-f(x)f''(x)}{[f'(x)]^2}=\frac{f(x)f''(x)}{[f'(x)]^2}.$$

再用收敛阶定理 4.2.2 来验证,易知 $f(x)$ 在满足上述条件时,有

$$\varphi(x^*)=x^*,\quad \varphi'(x^*)=\lim_{x\to x^*}\frac{f(x)f''(x)}{[f'(x)]^2}=0,\quad \varphi''(x^*)\neq 0.$$

故证得 Newton 迭代是局部二阶收敛的.

Newton **迭代法在应用中应注意以下几个问题.**

1) **只有在收敛区间内满足定理** 4.3.1 **的条件**,Newton **迭代法才是二阶收敛的.**

**例 4.3.1**　用 Newton 迭代法求非线性方程

$$0 = f(x) = x^2 - c, \quad c > 0, x > 0$$

的根,分析其收敛速度.

**解**　按 Newton 迭代法二阶收敛的条件来衡量,此时 Newton 迭代公式为

$$x_{k+1} = x_k - \frac{x_k^2 - c}{2x_k} = \frac{1}{2}\left(x_k + \frac{c}{x_k}\right), \quad k = 0,1,\cdots,$$

其根为$\sqrt{c} > 0$,$f'(x^*) \neq 0$,$f''(x)$在$x^*$的邻域$U_\varepsilon(x^*)$内存在,所以迭代具有二阶收敛性.

按基本迭代收敛阶定理来衡量,此时

$$\varphi(x) = x - \frac{f(x)}{f'(x)} = \frac{1}{2}\left(x + \frac{c}{x}\right),$$

$$\varphi'(x) = \frac{1}{2}\left(1 - \frac{c}{x^2}\right),$$

$$\varphi''(x) = \frac{c}{x^3},$$

则有

$$\varphi(x^*) = x^*, \quad \varphi'(x^*) = 0, \quad \varphi''(x^*) \neq 0,$$

所以该 Newton 迭代具有二阶收敛性.

实际计算结果也是令人非常满意的.例如,取$c = 115$,取初值$x_0 = 10$,仅需三个迭代步就有$x_3 = 10.723\,805$,精度达$10^{-6}$.

**例 4.3.2**　用 Newton 迭代求非线性方程

$$0 = f(x) = \begin{cases} x^{2/3}, & x \geqslant 0, \\ -x^{2/3}, & x < 0 \end{cases}$$

的根,分析其收敛速度.

**解**　相应的 Newton 迭代公式为

$$x_{k+1} = x_k - \frac{f(x_k)}{f'(x_k)} = \frac{-1}{2}x_k, \quad k = 0,1,\cdots.$$

按 Newton 迭代二阶收敛的条件来衡量,此时

$$f'(x) = \begin{cases} \dfrac{2}{3}x^{-1/3}, & x \geqslant 0, \\ \dfrac{2}{3}(-x)^{-1/3}, & x < 0. \end{cases}$$

在根$x^* = 0$处$f'(x^*) = \infty$,不满足$f'(x^*) \neq 0$的要求,所以此迭代不具有二阶收敛性.

按基本迭代收敛阶定理来衡量,此时

$$\varphi(x) = x - \frac{f(x)}{f'(x)} = \frac{-1}{2}x,$$

$$\varphi'(x) = 1/2.$$

在根 $x^* = 0$ 处,$\varphi(x^*) = x^*$,$\varphi'(x^*) \neq 0$,所以该 Newton 迭代仅有一阶收敛性.

**例 4.3.3**　用 Newton 迭代法求根,非线性方程为

$$0 = f(x) = \begin{cases} \sqrt{x}, & x \geqslant 0, \\ -\sqrt{-x}, & x < 0, \end{cases}$$

分析其收敛性.

**解**　相应的 Newton 迭代公式为

$$x_{k+1} = x_k - \frac{f(x_k)}{f'(x_k)} = -x_k,$$

按 Newton 迭代的收敛条件来衡量,此时

$$f'(x) = \begin{cases} \frac{1}{2}x^{-1/2}, & x \geqslant 0, \\ \frac{1}{2}(-x)^{-1/2}, & x < 0. \end{cases}$$

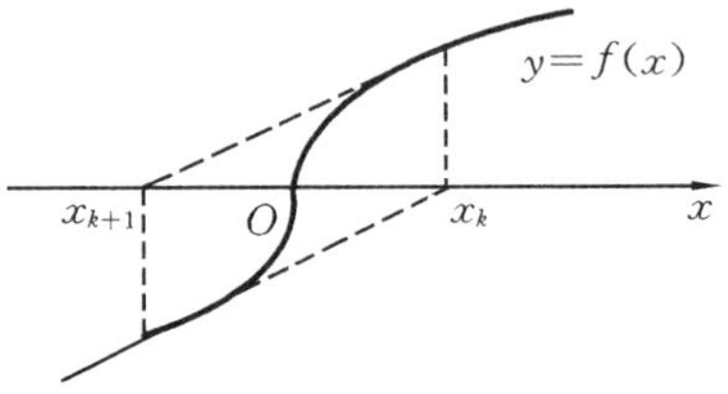


**图 4.3.2**　Newton **迭代处于死循环**

在根 $x^* = 0$ 处,$f'(x^*) = \infty$ 不存在,不满足 $f'(x^*) \neq 0$ 的条件,所以此 Newton 迭代不具有二阶收敛性,从迭代公式来看,此迭代是不收敛的(见图 4.3.2).

按基本迭代收敛阶定理来衡量,此时

$$\varphi(x) = x - \frac{f(x)}{f'(x)} = -x.$$

在根 $x^* = 0$ 的邻域中,$\varphi(x^*) = x^*$ 不成立,$|\varphi'(x^*)| < 1$ 也不成立,所以此时的 Newton 迭代是不收敛的.

2) Newton **迭代求重根时仅有线性收敛速度,但经修改后仍可具有二阶收敛速度.**

设 $x^*$ 是 $f(x) = 0$ 的 $m$ $(m \geqslant 2)$ 重根,则有表现

$$f(x^*) = f'(x^*) = \cdots = f^{(m-1)}(x^*) = 0, \quad f^{(m)}(x^*) \neq 0.$$

若用 Newton 迭代法求根,此时不满足二阶收敛的条件.

用 Newton 迭代法求解重根还收敛吗?为此要分析

$$\varphi(x) = x - \frac{f(x)}{f'(x)},$$

$$\varphi'(x) = 1 - \frac{[f'(x)]^2 - f(x)f''(x)}{[f'(x)]^2} = \frac{f(x)f''(x)}{[f'(x)]^2}.$$

由于在 $m$ 重根情形时,$f(x)$ 的 Taylor 展式表现为

$$f(x) = \frac{f^{(m)}(\xi)}{m!}(x - x^*)^m,$$

$$f'(x) = \frac{f^{(m)}(\xi)}{(m-1)!}(x - x^*)^{m-1},$$

$$f''(x)=\frac{f^{(m)}(\xi)}{(m-2)!}(x-x^*)^{m-2},$$

所以
$$\varphi'(x^*)=\lim_{x\to x^*}\varphi'(x)=1-\frac{1}{m}.$$

由此可知,用 Newton 迭代法求 $m$ 重根时,满足 $\varphi(x^*)=x^*$,$|\varphi(x^*)|<1$,迭代仅是线性收敛的.

若将求 $m$ $(m\geqslant 2)$ 重根的 Newton 迭代公式修改为

$$x_{k+1}=x_k-m\frac{f(x_k)}{f'(x_k)},\quad k=0,1,\cdots, \tag{4.3.2}$$

则此时
$$\varphi(x)=x-m\frac{f(x)}{f'(x)}.$$

重复上面的分析过程可知,$\varphi(x^*)=x^*$,$\varphi'(x^*)=0$,$\varphi''(x^*)\neq 0$,修改后的 Newton 迭代具有二阶收敛速度.

设已知 $f(x)=0$ 有重根 $x^*$,在重根数 $m$ 不知道时该怎么办?由于在 $x^*$ 充分小的邻域中方程

$$\frac{f(x)}{f'(x)}=0$$

仅有单根 $x^*$,所以对上述方程构造 Newton 迭代公式

$$x_{k+1}=x_k-\frac{f(x_k)f'(x_k)}{[f'(x_k)]^2-f(x_k)f''(x_k)},\quad k=0,1,\cdots \tag{4.3.3}$$

也是可行的.

**例 4.3.4**　已知非线性方程

$$f(x)=x^4-1.4x^3-0.48x^2+1.408x-0.512=0$$

有三重根 $x^*=0.8$.试用 Newton 迭代式(4.3.1)和用三重根情形的 Newton 迭代式(4.3.2)求根,比较这两种迭代过程的收敛速度.

**解**　具体写出 Newton 迭代式

$$x_{k+1}=x_k-\frac{f(x_k)}{f'(x_k)},\quad k=0,1,\cdots.$$

选择初值 $x_0=1.0$,列出十步迭代值如下:

$$x_1=0.935\ 483\ 871,\quad x_2=0.891\ 352\ 317,$$
$$x_3=0.861\ 384\ 032,\quad x_4=0.841\ 145\ 162,$$
$$x_5=0.827\ 531\ 520,\quad x_6=0.818\ 400\ 189,$$
$$x_7=0.812\ 287\ 422,\quad x_8=0.808\ 200\ 827,$$
$$x_9=0.805\ 471\ 387,\quad x_{10}=0.803\ 649\ 381.$$

按理论分析,用一般 Newton 迭代求重根时仅有线性收敛速度.

同样可以具体地写出求三重根的 Newton 迭代公式,即

$$x_{k+1} = x_k - 3\frac{f(x_k)}{f'(x_k)},\quad k = 0,1,\cdots.$$

也取初值 $x_0 = 1.0$，列出三步迭代值如下：

$$x_1 = 0.794\,019\,933,\quad x_2 = 0.799\,962\,734,\quad x_3 = 0.800\,019\,389.$$

按理论分析，这个改进了的 Newton 迭代具有二阶收敛速度.

3) Newton **迭代是局部收敛的，初值选在根 $x^*$ 的附近时迭代收敛；初值取得不好时，则迭代可能不收敛**. 一般地，可根据经验估计根 $x^*$ 的位置，让 $x_0$ 与 $x^*$ 充分接近；也可先用二分法，找到 $x^*$ 的一个小邻域，再取初值作 Newton 迭代.

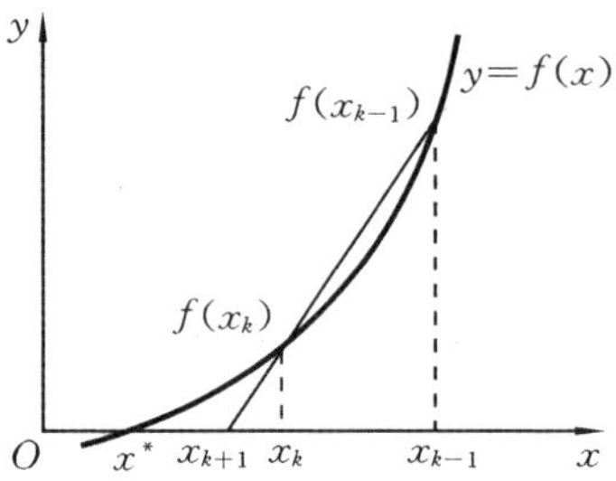


**图 4.3.3　弦截法迭代过程**

4) Newton **迭代过程中**要计算 $f'(x_k)$ 导数值，有时这也是一件麻烦的事情. **为了避免求导数值**，可用一阶差商

$$f'(x_k) = \frac{f(x_k) - f(x_{k-1})}{x_k - x_{k-1}}$$

来代替 Newton 迭代公式中的 $f'(x_k)$，于是有**弦截法迭代公式**

$$x_{k+1} = x_k - \frac{f(x_k)}{f(x_k) - f(x_{k-1})}(x_k - x_{k-1}).$$

弦截法迭代的几何解释如图 4.3.3 所示，**弦截法迭代是超线性收敛的**.

**例 4.3.5**　已知非线性方程

$$x^3 - x - 1 = 0,$$

在 $x = 1.5$ 附近有根，试用 Newton 迭代法和弦截法求根，演示求解过程，观察初值选取的影响.

**解**　(1) 使用 Newton 迭代法时，取 $x_0 = 1.5$，迭代公式为

$$x_{k+1} = x_k - \frac{f(x_k)}{f'(x_k)} = x_k - \frac{x_k^3 - x_k - 1}{3x_k^2 - 1},\quad k = 0,1,\cdots.$$

各次迭代值为

$$x_1 = x_0 - \frac{x_0^3 - x_0 - 1}{3x_0^2 - 1} \approx 1.347\,83,$$

$$x_2 = x_1 - \frac{x_1^3 - x_1 - 1}{3x_1^2 - 1} \approx 1.325\,20,$$

$$x_3 = x_2 - \frac{x_2^3 - x_2 - 1}{3x_2^2 - 1} \approx 1.324\,72,$$

$$x_4 = x_3 - \frac{x_3^3 - x_3 - 1}{3x_3^2 - 1} \approx 1.324\,72.$$

迭代三次，近似根在小数点后第五位已无法改进了.

(2) 使用弦截法时，取 $x_0 = 1.5$，$x_1 = 1.4$，迭代公式为

$$x_{k+1}=x_k-\frac{f(x_k)}{f(x_k)-f(x_{k-1})}(x_k-x_{k-1})=x_k-\frac{x_k^3-x_k-1}{x_k^2+x_{k-1}x_k+x_{k-1}^2-1}.$$

各次迭代值为

$$x_2=x_1-\frac{x_1^3-x_1-1}{x_1^2+x_0x_1+x_0^2-1}\approx 1.335\ 22,$$

$$x_3=x_2-\frac{x_2^3-x_2-1}{x_2^2+x_1x_2-x_1^2-1}\approx 1.325\ 41.$$

可见弦截法也是收敛的，收敛速度比 Newton 迭代法稍慢.

(3) 使用 Newton 迭代法时，取 $x_0=0.0$，各次迭代值为

$$x_1=-1.0,\quad x_2=-0.5,\quad x_3\approx 0.33,\quad x_4\approx -1.44,$$

该迭代过程看不出收敛性，因此初值选取对 Newton 迭代法是重要的.

## *4.4　解非线性方程组的 Newton 迭代法

考虑非线性方程组

$$\begin{cases} f_1(x_1,x_2,\cdots,x_n)=0,\\ f_2(x_1,x_2,\cdots,x_n)=0,\\ \quad\vdots\\ f_n(x_1,x_2,\cdots,x_n)=0,\end{cases}\tag{4.4.1}$$

其中，$f_1,f_2,\cdots,f_n$ 是关于 $x_1,x_2,\cdots,x_n$ 的非线性函数. 若采用向量

$$\boldsymbol{x}=(x_1,x_2,\cdots,x_n)^{\mathrm{T}},$$

则非线性方程组可改写为

$$\begin{cases} f_1(\boldsymbol{x})=0,\\ f_2(\boldsymbol{x})=0,\\ \quad\vdots\\ f_n(\boldsymbol{x})=0.\end{cases}$$

若采用向量

$$\boldsymbol{F}=(f_1,f_2,\cdots,f_n)^{\mathrm{T}},$$

则非线性方程组(4.4.1)可简记为

$$\boldsymbol{F}(\boldsymbol{x})=\boldsymbol{0}.\tag{4.4.2}$$

从表面上看，向量形式的非线性方程组式(4.4.2)与单个非线性方程 $f(x)=0$ 非常相似，因此，**关于单个方程 $f(x)=0$ 构造迭代法的过程，可以从形式上推广为关于非线性方程组 $\boldsymbol{F}(\boldsymbol{x})$ 构造迭代法的过程.**

**1. Newton 迭代法的形式构造**

仿照单个非线性方程 $f(x)=0$ 构造 Newton 迭代法的过程，首先将其展为 Taylor 级数

$$\mathbf{0}=\boldsymbol{F}(\boldsymbol{x})=\boldsymbol{F}(\boldsymbol{x}^{(k)})+\boldsymbol{F}'(\boldsymbol{x}^{(k)})(\boldsymbol{x}-\boldsymbol{x}^{(k)})+\cdots,$$

取其线性部分

$$\mathbf{0}=\boldsymbol{F}(\boldsymbol{x}^{(k)})+\boldsymbol{F}'(\boldsymbol{x}^{(k)})(\boldsymbol{x}-\boldsymbol{x}^{(k)})$$

近似 $\boldsymbol{F}(\boldsymbol{x})=\mathbf{0}$,由于近似的原因,将上式中的 $\boldsymbol{x}$ 改记为 $\boldsymbol{x}^{(k+1)}$,于是就构造出相应的 Newton **迭代公式**

$$\boldsymbol{x}^{(k+1)}=\boldsymbol{x}^{(k)}-\boldsymbol{F}'(\boldsymbol{x}^{(k)})^{-1}\boldsymbol{F}(\boldsymbol{x}^{(k)}),\quad k=0,1,\cdots. \tag{4.4.3}$$

**注意** 这是向量形式的迭代公式,其中 $\boldsymbol{x}^{(k)}$ 是 $\boldsymbol{x}$ 的近似列向量,$\boldsymbol{F}(\boldsymbol{x}^{(k)})$ 是将 $\boldsymbol{x}^{(k)}$ 代入 $\boldsymbol{F}(\boldsymbol{x})$ 的列向量,它们分别为

$$\boldsymbol{x}^{(k)}=\begin{pmatrix}x_1^{(k)}\\x_2^{(k)}\\\vdots\\x_n^{(k)}\end{pmatrix},\quad \boldsymbol{F}(\boldsymbol{x}^{(k)})=\begin{pmatrix}f_1(\boldsymbol{x}^{(k)})\\f_2(\boldsymbol{x}^{(k)})\\\vdots\\f_n(\boldsymbol{x}^{(k)})\end{pmatrix}.$$

$\boldsymbol{F}'(\boldsymbol{x})$ 是 Jacobi 矩阵,即

$$\boldsymbol{F}'(\boldsymbol{x})=\begin{pmatrix}\dfrac{\partial f_1(\boldsymbol{x})}{\partial x_1} & \dfrac{\partial f_1(\boldsymbol{x})}{\partial x_2} & \cdots & \dfrac{\partial f_1(\boldsymbol{x})}{\partial x_n}\\ \dfrac{\partial f_2(\boldsymbol{x})}{\partial x_1} & \dfrac{\partial f_2(\boldsymbol{x})}{\partial x_2} & \cdots & \dfrac{\partial f_2(\boldsymbol{x})}{\partial x_n}\\ \vdots & \vdots & & \vdots\\ \dfrac{\partial f_n(\boldsymbol{x})}{\partial x_1} & \dfrac{\partial f_n(\boldsymbol{x})}{\partial x_2} & \cdots & \dfrac{\partial f_n(\boldsymbol{x})}{\partial x_n}\end{pmatrix},$$

$\boldsymbol{F}'(\boldsymbol{x}^{(k)})$ 是将 $\boldsymbol{x}^{(k)}$ 代入 $\boldsymbol{F}'(\boldsymbol{x})$ 后的矩阵,其元素都是具体数值.

Newton 迭代公式(4.4.3)中每个迭代步的实施可分两步进行:第一步,在已知 $\boldsymbol{F}(\boldsymbol{x}^{(k)})$ 和 $\boldsymbol{F}'(\boldsymbol{x}^{(k)})$ 的情况下,求解线性方程组

$$\boldsymbol{F}'(\boldsymbol{x}^{(k)})\Delta\boldsymbol{w}=\boldsymbol{F}(\boldsymbol{x}^{(k)}),$$

该线性方程组可用第 5 章和第 6 章中的方法求解,解得的结果记为 $\Delta\boldsymbol{w}^{(k)}$,它也是 $\Delta\boldsymbol{w}$ 的近似列向量;第二步,在原近似解 $\boldsymbol{x}^{(k)}$ 的基础上附加校正量 $\Delta\boldsymbol{w}^{(k)}$,即

$$\boldsymbol{x}^{(k+1)}=\boldsymbol{x}^{(k)}-\Delta\boldsymbol{w}^{(k)},$$

求得的 $\boldsymbol{x}^{(k+1)}$ 是 $\boldsymbol{x}$ 的新的近似列向量.

反复进行上述迭代过程,近似列向量 $\boldsymbol{x}^{(k)}$ 被改进为 $\boldsymbol{x}^{(k+1)}$,又被改进为 $\boldsymbol{x}^{(k+2)}$…… 直至 $\boldsymbol{x}^{(k+m)}$ 和 $\boldsymbol{x}$ 充分接近为止.所谓列向量 $\boldsymbol{x}^{(k+m)}$ 和列向量 $\boldsymbol{x}$ 充分接近,需要用某种度量标准去量化表现.$\boldsymbol{x}^{(k+m)}$ 收敛于 $\boldsymbol{x}$ 的度量标准将在第 5 章介绍.

本节仅侧重介绍将单个非线性方程 $f(x)=0$ 迭代求根的办法形式地推广到求解非线性方程组 $\boldsymbol{F}(\boldsymbol{x})=\mathbf{0}$ 中,至于迭代过程的收敛快慢和误差分析等内容则已超出本书范围,介绍从略.

**2. 数值例子**

**例 4.4.1**　求解非线性方程组

$$\begin{cases} f_1(x_1,x_2) = 4 - x_1^2 - x_2^2 = 0, \\ f_2(x_1,x_2) = 1 - e^{x_1} - x_2 = 0, \end{cases}$$

演示 Newton 迭代过程.

**解**　Newton 迭代公式为

$$\boldsymbol{x}^{(k+1)} = \boldsymbol{x}^{(k)} - \boldsymbol{F}'(\boldsymbol{x}^{(k)})^{-1}\boldsymbol{F}(\boldsymbol{x}^{(k)}), \quad k = 0,1,\cdots,$$

其中
$$\boldsymbol{x}^{(k)} = \begin{pmatrix} x_1^{(k)} \\ x_2^{(k)} \end{pmatrix}, \quad \boldsymbol{F}(\boldsymbol{x}^{(k)}) = \begin{pmatrix} 4 - (x_1^{(k)})^2 - (x_2^{(k)})^2 \\ 1 - e^{x_1^{(k)}} - x_2^{(k)} \end{pmatrix},$$

$$\boldsymbol{F}'(\boldsymbol{x}^{(k)}) = \begin{pmatrix} \dfrac{\partial f_1}{\partial x_1} & \dfrac{\partial f_1}{\partial x_2} \\ \dfrac{\partial f_2}{\partial x_1} & \dfrac{\partial f_2}{\partial x_2} \end{pmatrix} = \begin{pmatrix} -2x_1 & -2x_2 \\ -e^{x_1} & -1 \end{pmatrix}.$$

取初值并计算相应值,有

$$\boldsymbol{x}^{(0)} = \begin{pmatrix} 1 \\ -1.7 \end{pmatrix}, \ \boldsymbol{F}(\boldsymbol{x}^{(0)}) = \begin{pmatrix} 0.11 \\ -0.018\ 28 \end{pmatrix}, \ \boldsymbol{F}'(\boldsymbol{x}^{(0)}) = \begin{pmatrix} -2 & 3.4 \\ -2.718\ 28 & -1 \end{pmatrix},$$

求解校正量的方程为

$$\boldsymbol{F}'(\boldsymbol{x}^{(0)})\Delta\boldsymbol{w}^{(0)} = \boldsymbol{F}(\boldsymbol{x}^{(0)}),$$

即
$$\begin{pmatrix} -2 & 3.4 \\ -2.718\ 28 & -1 \end{pmatrix}\begin{pmatrix} \Delta w_1^{(0)} \\ \Delta w_2^{(0)} \end{pmatrix} = \begin{pmatrix} 0.11 \\ -0.018\ 28 \end{pmatrix},$$

解得校正量为

$$\Delta\boldsymbol{w}^{(0)} = \begin{pmatrix} \Delta w_1^{(0)} \\ \Delta w_2^{(0)} \end{pmatrix} = \begin{pmatrix} -0.004\ 256 \\ 0.029\ 849 \end{pmatrix}.$$

求新的近似值为

$$\boldsymbol{x}^{(1)} = \boldsymbol{x}^{(0)} - \Delta\boldsymbol{w}^{(0)} = \begin{pmatrix} 1 \\ -1.7 \end{pmatrix} - \begin{pmatrix} -0.004\ 256 \\ 0.029\ 849 \end{pmatrix} = \begin{pmatrix} 1.004\ 256 \\ -1.729\ 849 \end{pmatrix}.$$

继续做下去,直到 $\max(|\Delta w_1^{(k)}|, |\Delta w_2^{(k)}|) < 10^{-5}$ 为止.

## 习　题　4

**【4.1】**　试证明 $1 - x - \sin x = 0$ 在 $[0,1]$ 内有一个根;若用二分法求根且要求达到 $10^{-4}$ 精度,需要多少迭代步?

**【4.2】**　用画图的方法证明 $x = \dfrac{1}{2}\cos x$ 仅有一个实根,试确定一个收敛区间 $[a,b]$,当 $x_0 \in [a,b]$ 时,使迭代 $x_{k+1} = \dfrac{1}{2}\cos x_k$ 均收敛.

**【4.3】** 为求得 $12-3x+2\cos x=0$ 的根,采用基本迭代法

$$x_{k+1}=4+\frac{2}{3}\cos x_k.$$

证明:(1) 对于任意的初值,迭代均收敛; (2) 此迭代是线性收敛的.

**【4.4】** 给出计算 $x=\sqrt{2+\sqrt{2+\sqrt{2+\cdots}}}$ 的迭代公式,证明迭代收敛到 $x=2$.

**【4.5】** 已知方程 $2x^3-5x^2-19x+42=0$ 在 $x_0=3.0$ 附近有根,写出三种基本迭代形式,并证明其敛散性.

**【4.6】** 已知方程 $x^3-x^2-1=0$ 在 $x_0=1.5$ 附近有一个根,将方程改写为下列四种不同的等价形式:

(1) $x=1+\frac{1}{x^2}$;　　(2) $x=\sqrt[3]{1+x^2}$;

(3) $x=\sqrt{x^3-1}$;　　(4) $x=1/\sqrt{x-1}$.

按哪一种形式作基本迭代的收敛效果最好?

**【4.7】** 用迭代法求 $x=e^{-x}$ 的根,写出相应的 Aitken 加速算法.

**【4.8】** 为求方程 $x^3-a=0$ 的根,写出相应的 Newton 迭代公式,并分析其收敛阶.

**【4.9】** 设 $x^*$ 是 $f(x)=0$ 的 $m$ 重根,试问:$x^*$ 是 $g(x)=f(x)/f'(x)=0$ 的几重根?写出 $g(x)=0$ 的 Newton 迭代式.

**【4.10】** 设 $x^*$ 是 $f(x)=0$ 的单根,$f'(x^*)\neq 0$, 若用差商 $\frac{f(x_k+f(x_k))-f(x_k)}{f(x_k)}$ 替换 Newton 迭代公式中的 $f'(x_k)$,证明这样的迭代公式

$$x_{k+1}=x_k-\frac{[f(x_k)]^2}{f(x_k+f(x_k))-f(x_k)}$$

在 $x^*$ 附近是二阶收敛的.

# 第5章　解线性方程组的迭代法

在科技计算中,求解线性方程组的问题是经常遇到的,虽然线性代数课程中已涉及不少求解线性方程组的方法,但那是理论上的分析求解方法,不能简单套用到数值计算中.

**线性方程组的数值解法**在计算方法课程中占有重要的地位,它**大致分为迭代法和直接法两大类.**

本章主要讨论解线性方程组的迭代法,它可看做解单个非线性方程的迭代法的推广.

## 5.1　Jacobi 方法和 Gauss-Seidel 方法

**1. 迭代法求解线性方程组的基本设想**

线性方程组可用矩阵形式统一表示为

$$\boldsymbol{Ax} = \boldsymbol{b}, \tag{5.1.1}$$

其中

$$\boldsymbol{A} = \begin{pmatrix} a_{11} & a_{12} & \cdots & a_{1n} \\ a_{21} & a_{22} & \cdots & a_{2n} \\ \vdots & \vdots & & \vdots \\ a_{n1} & a_{n2} & \cdots & a_{nn} \end{pmatrix}, \quad \boldsymbol{x} = \begin{pmatrix} x_1 \\ x_2 \\ \vdots \\ x_n \end{pmatrix}, \quad \boldsymbol{b} = \begin{pmatrix} b_1 \\ b_2 \\ \vdots \\ b_n \end{pmatrix}.$$

将系数矩阵分解为

$$\boldsymbol{A} = \boldsymbol{L} + \boldsymbol{D} + \boldsymbol{U}$$

的形式,其中

$$\boldsymbol{L} = \begin{pmatrix} 0 & & & & \\ a_{21} & 0 & & & \\ a_{31} & a_{32} & \ddots & & \\ \vdots & \vdots & \ddots & \ddots & \\ a_{n1} & a_{n2} & \cdots & a_{n\,n-1} & 0 \end{pmatrix}, \quad \boldsymbol{D} = \begin{pmatrix} a_{11} & & & & \\ & a_{22} & & & \\ & & \ddots & & \\ & & & \ddots & \\ & & & & a_{nn} \end{pmatrix},$$

$$\boldsymbol{U} = \begin{pmatrix} 0 & a_{12} & a_{13} & \cdots & a_{1n} \\ & 0 & a_{23} & \cdots & a_{2n} \\ & & \ddots & \ddots & \vdots \\ & & & \ddots & a_{n-1\,n} \\ & & & & 0 \end{pmatrix}.$$

再将方程组改写,例如形式为

$$\boldsymbol{Dx} = -(\boldsymbol{L}+\boldsymbol{U})\boldsymbol{x}+\boldsymbol{b},$$

从而可构造出迭代过程

$$\boldsymbol{Dx}^{(k+1)} = -(\boldsymbol{L}+\boldsymbol{U})\boldsymbol{x}^{(k)}+\boldsymbol{b}, \quad k=0,1,2,\cdots,$$

其中,上标 $k$ 表示迭代次数.

这种矩阵方程的迭代形式又可统一表示为**基本迭代形式**

$$\boldsymbol{x}^{(k+1)} = \boldsymbol{Bx}^{(k)}+\boldsymbol{g}, \tag{5.1.2}$$

其中,$\boldsymbol{x}^{(k)}$ 和 $\boldsymbol{g}$ 都是 $n$ 维列向量;特别地,$\boldsymbol{B}$ **称为迭代矩阵**.

显然,对方程组(5.1.1)构造出形如式(5.1.2)的矩阵方程迭代形式,是对 $f(x)=0$ 构造出形如 $x_{k+1}=\varphi(x_k)$ 迭代过程的形式上的模仿.因此,将线性方程组改写并构造出某种迭代形式是容易的,迭代方法是否收敛才是核心问题.下面介绍两种实用的迭代方法.

**2. Jacobi 方法**

解线性方程组的 Jacobi 迭代是这样构造的,即先将方程组(5.1.1)改写为

$$\boldsymbol{Dx} = -(\boldsymbol{L}+\boldsymbol{U})\boldsymbol{x}+\boldsymbol{b},$$

再将其改写为迭代形式

$$\boldsymbol{Dx}^{(k+1)} = -(\boldsymbol{L}+\boldsymbol{U})\boldsymbol{x}^{(k)}+\boldsymbol{b}, \tag{5.1.3}$$

其迭代矩阵为

$$\boldsymbol{B} = -\boldsymbol{D}^{-1}(\boldsymbol{L}+\boldsymbol{U}). \tag{5.1.4}$$

为了形象地认识和记忆 Jacobi 迭代的形式,可将式(5.1.3)改写为

$$\boldsymbol{Lx}^{(k)}+\boldsymbol{Dx}^{(k+1)}+\boldsymbol{Ux}^{(k)} = \boldsymbol{b},$$

再表示为方程组的形式

$$\begin{cases} a_{11}x_1^{(k+1)}+a_{12}x_2^{(k)}+\cdots+a_{1n}x_n^{(k)} = b_1, \\ a_{21}x_1^{(k)}+a_{22}x_2^{(k+1)}+\cdots+a_{2n}x_n^{(k)} = b_2, \\ \vdots \\ a_{n1}x_1^{(k)}+a_{n2}x_2^{(k)}+\cdots+a_{nn}x_n^{(k+1)} = b_n. \end{cases} \tag{5.1.5}$$

可见,当 Jacobi **迭代时,矩阵对角线元素所对应的变量取"新值",矩阵非对角元素所对应的变量取"旧值"**.

Jacobi 迭代便于计算的一种矩阵形式是将式(5.1.3)变形为

$$\boldsymbol{x}^{(k+1)} = \boldsymbol{D}^{-1}(\boldsymbol{b}-\boldsymbol{Lx}^{(k)}-\boldsymbol{Ux}^{(k)}),$$

它对应的分量表示形式为

$$x_i^{(k+1)} = \frac{1}{a_{ii}}\Big(b_i-\sum_{\substack{j=1\\ j\neq i}}^{n}a_{ij}x_j^{(k)}\Big), \quad i=1,2,\cdots,n. \tag{5.1.6}$$

Jacobi 迭代便于计算的另一种矩阵形式是将式(5.1.3)变形为

$$\boldsymbol{x}^{(k+1)} = \boldsymbol{x}^{(k)}-\boldsymbol{D}^{-1}(\boldsymbol{Ax}^{(k)}-\boldsymbol{b}),$$

它对应的分量表示形式为

$$x_i^{(k+1)} = x_i^{(k)} - \frac{1}{a_{ii}}\Big(\sum_{j=1}^{n} a_{ij}x_j^{(k)} - b_i\Big), \quad i = 1,2,\cdots,n. \tag{5.1.7}$$

在实际迭代计算时需要两组存储单元，一组 $\boldsymbol{x}^{(k)}$ 是用来存放“旧值”的，另一组 $\boldsymbol{x}^{(k+1)}$ 是用来存放“新值”的，这两组存储单元可交替使用. 迭代中，$\boldsymbol{x}^{(k)}$ 的所有分量都被迭代改进为 $\boldsymbol{x}^{(k+1)}$，就称完成了一次迭代或称完成了一个迭代步. 经过若干次迭代，若近似解向量 $\boldsymbol{x}^{(k)}$ 和解向量 $\boldsymbol{x}$ 之间的误差趋于零，则称 Jacobi 迭代是收敛的，在满足一定精度要求的情况下，$\boldsymbol{x}^{(k)}$ 就是 $\boldsymbol{x}$ 的近似解；否则，迭代发散，迭代失败.

**3. Gauss-Seidel 方法**

解线性方程组的 Gauss-Seidel 迭代是这样构造的：先将方程组(5.1.1)改写为

$$(\boldsymbol{L}+\boldsymbol{D})\boldsymbol{x} = -\boldsymbol{U}\boldsymbol{x}+\boldsymbol{b},$$

再将其改写为

$$(\boldsymbol{L}+\boldsymbol{D})\boldsymbol{x}^{(k+1)} = -\boldsymbol{U}\boldsymbol{x}^{(k)}+\boldsymbol{b}, \tag{5.1.8}$$

其迭代矩阵为

$$\boldsymbol{B} = -(\boldsymbol{L}+\boldsymbol{D})^{-1}\boldsymbol{U}. \tag{5.1.9}$$

为了形象地认识和记忆 Gauss-Seidel 迭代的形式，可将式(5.1.8)改写为

$$\boldsymbol{L}\boldsymbol{x}^{(k+1)}+\boldsymbol{D}\boldsymbol{x}^{(k+1)}+\boldsymbol{U}\boldsymbol{x}^{(k)} = \boldsymbol{b},$$

再表示为方程组的形式

$$\begin{cases} a_{11}x_1^{(k+1)} + a_{12}x_2^{(k)} + \cdots + a_{1n}x_n^{(k)} = b_1, \\ a_{21}x_1^{(k+1)} + a_{22}x_2^{(k+1)} + \cdots + a_{2n}x_n^{(k)} = b_2, \\ \quad\vdots \\ a_{n1}x_1^{(k+1)} + a_{n2}x_2^{(k+1)} + \cdots + a_{nn}x_n^{(k+1)} = b_n. \end{cases} \tag{5.1.10}$$

可见，Gauss-Seidel **迭代时，矩阵对角线及以下的元素所对应的变量取“新值”，矩阵对角线以上的元素所对应的变量取“旧值”**.

Gauss-Seidel 迭代便于计算的矩阵形式是将式(5.1.8)改写为

$$\boldsymbol{x}^{(k+1)} = \boldsymbol{D}^{-1}(\boldsymbol{b}-\boldsymbol{L}\boldsymbol{x}^{(k+1)}-\boldsymbol{U}\boldsymbol{x}^{(k)}),$$

其对应的分量表示形式为

$$x_i^{(k+1)} = \frac{1}{a_{ii}}\Big(b_i - \sum_{j=1}^{i-1} a_{ij}x_j^{(k+1)} - \sum_{j=i+1}^{n} a_{ij}x_j^{(k)}\Big), \quad i = 1,2,\cdots,n. \tag{5.1.11}$$

在实际迭代计算时，分量 $x_i^{(k)}$ 是被逐个改进的，因此，在计算 $x_i^{(k+1)}$ 时，前面已被迭代改进的分量 $x_1^{(k+1)}, x_2^{(k+1)}, \cdots, x_{i-1}^{(k+1)}$ 是一些可被利用的已知值，它们在式(5.1.11)中被放在等号的右边. 另外，当完成 $x_i^{(k+1)}$ 的迭代改进之后，在进行后面分量(如 $x_{i+1}^{(k+1)}, x_{i+2}^{(k+1)}, \cdots, x_n^{(k+1)}$)的计算时，$x_i^{(k)}$ 不再被利用，所以实际计算时只需一组存储单元就可以了，即算出 $x_1^{(k+1)}$ 后可覆盖原先存储的 $x_1^{(k)}$，算出 $x_i^{(k+1)}$ 后可覆盖原先存储的 $x_i^{(k)}$，直到 $\boldsymbol{x}^{(k)}$ 的所有分量都被迭代改进为 $\boldsymbol{x}^{(k+1)}$ 时就完成了一次迭

代.经过若干次迭代，若近似解向量 $\boldsymbol{x}^{(k)}$ 和解向量 $\boldsymbol{x}$ 之间的误差趋于零，则称 Gauss-Seidel 迭代是收敛的，在满足一定精度要求的情况下，$\boldsymbol{x}^{(k)}$ 就是 $\boldsymbol{x}$ 的近似解.

## 5.2 向量和矩阵的模

要讨论方程组迭代法的敛散性，必须了解向量的模和矩阵的模的概念.这些概念看似抽象，实际上却是非常具体的.这些概念对学习计算方法来说是重要的.

**1. 向量的模**

为了研究迭代过程的敛散性，需要对误差向量 $\boldsymbol{x}^{(k)}-\boldsymbol{x}$ 的大小引进某种度量.

大家知道，向量 $\boldsymbol{x}=(x_1,x_2,\cdots,x_n)^{\mathrm{T}}$ 的长度定义为

$$\|\boldsymbol{x}\|_2=(x_1^2+x_2^2+\cdots+x_n^2)^{1/2}.$$

它也表示了向量 $\boldsymbol{x}$ 和零向量之间的距离，也表示了向量 $\boldsymbol{x}$ 和零向量的误差向量的长度.于是，$\|\boldsymbol{x}^{(k)}-\boldsymbol{x}\|_2$ 可看做误差向量 $\boldsymbol{x}^{(k)}-\boldsymbol{x}$ 和零向量之间的距离，也可看做误差向量 $\boldsymbol{x}^{(k)}-\boldsymbol{x}$ 的长度.

借助于长度概念可以描述向量的收敛性.对于向量 $\boldsymbol{x}^{(k)}\to\boldsymbol{x}$ 来说，可将其视为 $\boldsymbol{x}^{(k)}$ 和 $\boldsymbol{x}$ 之间的距离越来越小，也可视其为 $\boldsymbol{x}^{(k)}-\boldsymbol{x}$ 的长度越来越小，所以

$$\boldsymbol{x}^{(k)}\to\boldsymbol{x}\Longleftrightarrow\lim_{k\to\infty}\|\boldsymbol{x}^{(k)}-\boldsymbol{x}\|_2=0.$$

**用以度量向量 $\boldsymbol{x}$“长度”的量称为向量的模**，记为 $\|\boldsymbol{x}\|$，它是一个非负的实数.

1) 向量的模具有下面三条关于“长度”的直观性质：

(1) 对于任意向量 $\boldsymbol{x}$，有 $\|\boldsymbol{x}\|\geqslant 0$，当且仅当 $\boldsymbol{x}=\boldsymbol{0}$ 时 $\|\boldsymbol{x}\|=0$；

(2) 对于任意向量 $\boldsymbol{x}$ 和任意实数 $\lambda$，有

$$\|\lambda\boldsymbol{x}\|=|\lambda|\,\|\boldsymbol{x}\|;$$

(3) 对于任意向量 $\boldsymbol{x}$ 和 $\boldsymbol{y}$，都有三角不等式成立，即

$$\|\boldsymbol{x}+\boldsymbol{y}\|\leqslant\|\boldsymbol{x}\|+\|\boldsymbol{y}\|.$$

**按照上述“长度”性质可定义向量的模.**

2) 向量的模的具体形式是多种多样的，常用的有如下四种：

(1) 1-模 $\|\boldsymbol{x}\|_1=\sum_{i=1}^{n}|x_i|$；

(2) 2-模 $\|\boldsymbol{x}\|_2=\left(\sum_{i=1}^{n}|x_i|^2\right)^{1/2}$；

(3) $p$-模 $\|\boldsymbol{x}\|_p=\left(\sum_{i=1}^{n}|x_i|^p\right)^{1/p}$；

(4) $\infty$-模 $\|\boldsymbol{x}\|_\infty=\max_{1\leqslant i\leqslant n}|x_i|$.

其中，1-模、2-模和 $\infty$-模都有明显的几何解释；$p$-模稍抽象些，但可看出，$p=1$，$p=2$ 时分别是 1-模和 2-模.还可以证明

$$\lim_{p\to\infty}\|\boldsymbol{x}\|_p=\|\boldsymbol{x}\|_\infty.$$

事实上，因为

$$(\max_{1\leqslant i\leqslant n}|x_i|^p)^{1/p}\leqslant\left(\sum_{i=1}^{n}|x_i|^p\right)^{1/p}\leqslant(n\cdot\max_{1\leqslant i\leqslant n}|x_i|^p)^{1/p},$$

所以令 $p\to\infty$，注意到 $n$ 是有限值，$n^{1/p}\to 1$，即可证得所需的结论.

对同一个向量 $\boldsymbol{x}$ 来说，**不同的模 $\|\boldsymbol{x}\|_p$ 和 $\|\boldsymbol{x}\|_q$ 的数值一般是不相同的**，这些不同的向量的模之间有什么关系呢？

**定理 5.2.1　有限维向量的模是相互等价的.** 若设 $\|\boldsymbol{x}\|_p$ 和 $\|\boldsymbol{x}\|_q$ 是关于 $\boldsymbol{x}$ 的两种不同的向量的模，则存在着有界常数 $C_1$ 和 $C_2$，使有下式所表示的等价关系成立：

$$C_1\|\boldsymbol{x}\|_p\leqslant\|\boldsymbol{x}\|_q\leqslant C_2\|\boldsymbol{x}\|_p.$$

向量的模的等价性表明：**在讨论向量序列收敛时，可采用任意一种模 $\|\cdot\|$ 作为度量标准**，有

$$\{\boldsymbol{x}^{(k)}\}\to\boldsymbol{x}\Longleftrightarrow\lim_{k\to\infty}\|\boldsymbol{x}^{(k)}-\boldsymbol{x}\|=0;$$

或者说，若用模 $\|\cdot\|_q$ 不能说明向量序列收敛，但用模 $\|\cdot\|_p$ 可以说明向量序列收敛，那么向量序列收敛是正确的.

**例 5.2.1**　已知 $\boldsymbol{x}=(1,2,-3,-4)^{\mathrm{T}}$，求 $\|\boldsymbol{x}\|_1$，$\|\boldsymbol{x}\|_2$，$\|\boldsymbol{x}\|_\infty$.

**解**　$\|\boldsymbol{x}\|_1=1+2+|-3|+|-4|=10,$

$\|\boldsymbol{x}\|_2=(1^2+2^2+|-3|^2+|-4|^2)^{1/2}=\sqrt{30}=5.4772,$

$\|\boldsymbol{x}\|_\infty=\max\limits_{1\leqslant i\leqslant 4}|x_i|=4.$

**2. 矩阵的模**

在线性方程组求解中，矩阵都是方阵，$\boldsymbol{Ax}$ 的运算结果仍是一个向量，所以用类似向量模的办法来定义矩阵的模. **矩阵 $\boldsymbol{A}$ 的模记为 $\|\boldsymbol{A}\|$**，它可表示对矩阵 $\boldsymbol{A}$ 作特定的运算，运算结果 $\|\boldsymbol{A}\|$ 是一个非负的实数.

1) $\|\boldsymbol{A}\|$ 满足下面四个性质，凡是满足这四个性质的运算 $\|\cdot\|$ 对矩阵 $\boldsymbol{A}$ 作用，$\|\boldsymbol{A}\|$ 就称为矩阵 $\boldsymbol{A}$ 的模：

(1) 非负性　$\|\boldsymbol{A}\|\geqslant 0$，当且仅当 $\boldsymbol{A}=\boldsymbol{O}$ 时 $\|\boldsymbol{A}\|=0$；

(2) 放缩性　$\|\xi\boldsymbol{A}\|=|\xi|\,\|\boldsymbol{A}\|$，　$\xi$ 为实数；

(3) 三角不等式　$\|\boldsymbol{A}+\boldsymbol{B}\|\leqslant\|\boldsymbol{A}\|+\|\boldsymbol{B}\|$；

(4) 乘积关系　$\|\boldsymbol{AB}\|\leqslant\|\boldsymbol{A}\|\,\|\boldsymbol{B}\|$.

显然，性质(1)、(2)、(3) 是向量模所具有的“长度”性质，性质(4) 是矩阵运算中特有的性质. 借助于矩阵的模可描述矩阵与矩阵之间的误差，也可描述矩阵序列的敛散性.

2) **常用的矩阵的模** $\|\boldsymbol{A}\|$ 有以下三种：

(1) **行模**　$\|\boldsymbol{A}\|_\infty=\max\limits_{1\leqslant i\leqslant n}\sum\limits_{j=1}^{n}|a_{ij}|$；

(2) **列模** $\|A\|_1 = \max_{1\leqslant j\leqslant n}\sum_{i=1}^{n}|a_{ij}|$;

(3) **谱模** $\|A\|_2 = [\lambda_{\max}(A^TA)]^{1/2}$,其中 $\lambda_{\max}(A^TA)$ 表示 $A^TA$ 的最大特征值.

不难看出,行模和列模都类似于向量的模.谱模中涉及 $A$ 的特征值 $\lambda(A)$,对于任意的方阵 $A$,$A^TA$ 是对称的半正定方阵,$\lambda(A^TA)\geqslant 0$.若 $A$ 是对角矩阵,则谱模的含义就显得很直观了.当然上述三种矩阵的模都符合矩阵的模的定义和性质,这里就不再一一验证了.

**例 5.2.2** 已知 $A=\begin{pmatrix}1 & 5 & -2\\ -2 & 1 & 0\\ 3 & -8 & 2\end{pmatrix}$,试计算 $\|A\|_\infty$ 和 $\|A\|_1$.

**解** $\|A\|_\infty = \max\{(1+5+2),(2+1+0),(3+8+2)\} = 13$,

$\|A\|_1 = \max\{(1+2+3),(5+1+8),(2+0+2)\} = 14$.

对同一个方阵 $A$ 来说,**不同的模 $\|A\|_p$ 和 $\|A\|_q$ 的数值一般是不相同的**,这些不同的矩阵的模之间有什么关系呢?

**定理 5.2.2 有限维矩阵的模是相互等价的.**

若设 $\|A\|_p$ 和 $\|A\|_q$ 是关于 $A$ 的两种不同的矩阵的模,则存在有界常数 $C_1$ 和 $C_2$,使下式所表示的等价关系成立:

$$C_1\|A\|_p \leqslant \|A\|_q \leqslant C_2\|A\|_p.$$

矩阵的模的等价性表明,当讨论矩阵序列收敛时,可采用任意一种 $\|\cdot\|$ 作为度量标准,有

$$\{A^{(k)}\}\to A \Longleftrightarrow \lim_{k\to\infty}\|A^{(k)}-A\| = 0;$$

或者说,若用模 $\|\cdot\|_q$ 不能说明,但用模 $\|\cdot\|_p$ 能够说明 $A$ 具有某种性质,那么 $A$ 的这种性质是成立的.

在数值计算的有关分析中,经常用到下面的结论.

**定理 5.2.3** 记 $\|\cdot\|$ 是矩阵的某种模,若 $\|B\|<1$,则 $I\pm B$ 为非奇异矩阵,且

$$\|(I\pm B)^{-1}\| \leqslant \frac{1}{1-\|B\|}.$$

**证明** 用反证法.若 $I-B$ 为奇异矩阵,$|I-B|=0$,则存在非零向量 $x$,使得

$$(I-B)x = 0,$$

即

$$x = Bx.$$

两边取模,有

$$\|x\| = \|Bx\| \leqslant \|B\|\cdot\|x\|.$$

由于 $x\neq 0$,又按题设 $\|B\|<1$,故上式不可能成立,于是就反证得 $I-B$ 是非奇

异矩阵.

又由
$$(\boldsymbol{I}-\boldsymbol{B})(\boldsymbol{I}-\boldsymbol{B})^{-1}=\boldsymbol{I},$$
有
$$(\boldsymbol{I}-\boldsymbol{B})^{-1}=\boldsymbol{I}+\boldsymbol{B}(\boldsymbol{I}-\boldsymbol{B})^{-1},$$
两边取模，有
$$\|(\boldsymbol{I}-\boldsymbol{B})^{-1}\|\leqslant\|\boldsymbol{I}\|+\|\boldsymbol{B}\|\,\|(\boldsymbol{I}-\boldsymbol{B})^{-1}\|,$$
从而证得
$$\|(\boldsymbol{I}-\boldsymbol{B})^{-1}\|\leqslant\frac{1}{1-\|\boldsymbol{B}\|}.$$

在数值计算的有关分析中，经常用到**矩阵特征值**的概念，$\boldsymbol{A}$ 的特征值 $\lambda$ 是下述**特征多项式方程的根**：
$$|\boldsymbol{A}-\lambda\boldsymbol{I}|=0.$$

谱半径 $\rho(\boldsymbol{A})$ 的概念很重要，也经常用到.

**定义 5.2.1**　设 $\{\lambda_i\}$ 是 $\boldsymbol{A}$ 的特征值，$\rho(\boldsymbol{A})=\max\limits_{1\leqslant i\leqslant n}|\lambda_i|$ 称为矩阵 $\boldsymbol{A}$ 的**谱半径**.

**定理 5.2.4**　矩阵谱半径和矩阵的模有如下关系：

(1) **若 $\boldsymbol{A}$ 是一般方阵，则 $\rho(\boldsymbol{A})$ 不能作为矩阵的模；**

(2) **若 $\boldsymbol{A}$ 是一般方阵，则谱半径不超过任意一种矩阵的模**，即
$$\rho(\boldsymbol{A})\leqslant\|\boldsymbol{A}\|;$$

(3) **若 $\boldsymbol{A}$ 为实对称矩阵，则谱半径可作矩阵的模**，此时有 $\rho(\boldsymbol{A})=\|\boldsymbol{A}\|_2$.

事实上，设 $\lambda$ 是 $\boldsymbol{A}$ 的特征值，$\boldsymbol{x}$ 是其相应的特征向量，则
$$\boldsymbol{Ax}=\lambda\boldsymbol{x},$$
$$\|\boldsymbol{Ax}\|=|\lambda|\,\|\boldsymbol{x}\|\leqslant\|\boldsymbol{A}\|\cdot\|\boldsymbol{x}\|,$$
于是得
$$|\lambda|\leqslant\|\boldsymbol{A}\|,\quad\rho(\boldsymbol{A})\leqslant\|\boldsymbol{A}\|.$$
当 $\boldsymbol{A}$ 为一般矩阵时，其特征值可能是正值，也可能是负值，可能是实数，也可能是复数；但 $\boldsymbol{A}$ 为实对称矩阵时，$\boldsymbol{A}$ 的特征值都是实数，$\lambda(\boldsymbol{A}^{\mathrm{T}}\boldsymbol{A})=\lambda(\boldsymbol{AA})=\lambda^2(\boldsymbol{A})$，所以此时会有 $\rho(\boldsymbol{A})=\|\boldsymbol{A}\|_2$.

**例 5.2.3**　已知对称实矩阵 $\boldsymbol{A}=\begin{pmatrix}2&-1&0\\-1&2&-1\\0&-1&2\end{pmatrix}$，求 $\lambda(\boldsymbol{A})$，$\rho(\boldsymbol{A})$，$\lambda(\boldsymbol{A}^{\mathrm{T}}\boldsymbol{A})$，$\|\boldsymbol{A}\|_2$.

**解**　$\boldsymbol{A}$ 的特征多项式为
$$|\boldsymbol{A}-\lambda\boldsymbol{I}|=\begin{vmatrix}2-\lambda&-1&0\\-1&2-\lambda&-1\\0&-1&2-\lambda\end{vmatrix}=(2-\lambda)^3-(2-\lambda)-(2-\lambda)$$
$$=(2-\lambda)(\lambda^2-4\lambda+2),$$
所以由 $|\boldsymbol{A}-\lambda\boldsymbol{I}|=0$ 解得 $\boldsymbol{A}$ 的三个特征值为
$$\lambda_1=2,\quad\lambda_2=2-\sqrt{2},\quad\lambda_3=2+\sqrt{2},$$

因此
$$\rho(\boldsymbol{A}) = 2+\sqrt{2}.$$

另外,因为

$$\boldsymbol{A}^{\mathrm{T}}\boldsymbol{A} = \begin{pmatrix} 2 & -1 & 0 \\ -1 & 2 & -1 \\ 0 & -1 & 2 \end{pmatrix}\begin{pmatrix} 2 & -1 & 0 \\ -1 & 2 & -1 \\ 0 & -1 & 2 \end{pmatrix} = \begin{pmatrix} 5 & -4 & 1 \\ -4 & 6 & -4 \\ 1 & -4 & 5 \end{pmatrix},$$

$$\begin{aligned}|\boldsymbol{A}^{\mathrm{T}}\boldsymbol{A}-\lambda\boldsymbol{I}| &= \begin{vmatrix} 5-\lambda & -4 & 1 \\ -4 & 6-\lambda & -4 \\ 1 & -4 & 5-\lambda \end{vmatrix} \\ &= (5-\lambda)^2(6-\lambda)+16+16-(6-\lambda)-16(5-\lambda)-16(5-\lambda) \\ &= 16-52\lambda+16\lambda^2-\lambda^3 = (4-\lambda)(\lambda^2-12\lambda+4) \\ &= (4-\lambda)(\lambda-6-4\sqrt{2})(\lambda-6+4\sqrt{2}),\end{aligned}$$

所以由 $|\boldsymbol{A}^{\mathrm{T}}\boldsymbol{A}-\lambda\boldsymbol{I}|=0$ 解得矩阵 $\boldsymbol{A}^{\mathrm{T}}\boldsymbol{A}$ 的三个特征值为

$$\lambda_1 = 4,\quad \lambda_2 = 6-4\sqrt{2},\quad \lambda_3 = 6+4\sqrt{2}.$$

$\|\boldsymbol{A}\|_2$ 可以按定义算出,此时

$$\|\boldsymbol{A}\|_2 = [\lambda_{\max}(\boldsymbol{A}^{\mathrm{T}}\boldsymbol{A})]^{1/2} = (6+4\sqrt{2})^{1/2} = 2+\sqrt{2}.$$

因为 $\boldsymbol{A}$ 是实对称矩阵,所以可以用谱半径作为矩阵的模,此时

$$\rho(\boldsymbol{A}) = \|\boldsymbol{A}\|_2 = 2+\sqrt{2}.$$

**例 5.2.4** 已知非对称实矩阵 $\boldsymbol{A} = \begin{pmatrix} 1 & 2 & 0 \\ -1 & 2 & -1 \\ 0 & 1 & 1 \end{pmatrix}$,求 $\lambda(\boldsymbol{A})$,$\rho(\boldsymbol{A})$,$\lambda(\boldsymbol{A}^{\mathrm{T}}\boldsymbol{A})$,$\|\boldsymbol{A}\|_2$.

**解** $\boldsymbol{A}$ 的特征多项式为

$$\begin{aligned}|\boldsymbol{A}-\lambda\boldsymbol{I}| &= \begin{vmatrix} 1-\lambda & 2 & 0 \\ -1 & 2-\lambda & -1 \\ 0 & 1 & 1-\lambda \end{vmatrix} = (1-\lambda)^2(2-\lambda)+(1-\lambda)+2(1-\lambda) \\ &= (1-\lambda)(\lambda^2-3\lambda+5),\end{aligned}$$

所以由 $|\boldsymbol{A}-\lambda\boldsymbol{I}|=0$ 求得 $\boldsymbol{A}$ 的三个特征值为

$$\lambda_1 = 1,\quad \lambda_2 = \frac{3}{2}-\frac{\mathrm{i}}{2}\sqrt{11},\quad \lambda_3 = \frac{3}{2}+\frac{\mathrm{i}}{2}\sqrt{11}.$$

其中有两个是复的特征值. 谱半径为

$$\rho(\boldsymbol{A}) = |\lambda_{2,3}| = \sqrt{\left(\frac{3}{2}\right)^2+\left(\frac{\sqrt{11}}{2}\right)^2} = \sqrt{5}.$$

另外,因为

$$A^{T}A=\begin{pmatrix}1&-1&0\\2&2&1\\0&-1&1\end{pmatrix}\begin{pmatrix}1&2&0\\-1&2&-1\\0&1&1\end{pmatrix}=\begin{pmatrix}2&0&1\\0&9&-1\\1&-1&2\end{pmatrix},$$

$$|A^{T}A-\lambda I|=\begin{vmatrix}2-\lambda&0&1\\0&9-\lambda&-1\\1&-1&2-\lambda\end{vmatrix}=\lambda^3-13\lambda^2+38\lambda-25=0,$$

所以由 $|A^{T}A-\lambda I|=0$ 解得 $A^{T}A$ 的三个特征值为

$$\lambda_1=9.1428,\quad \lambda_2=2.9211,\quad \lambda_3=0.9361.$$

再按谱模定义算出

$$\|A\|_2=\sqrt{9.1428}\approx 3.0237.$$

## 5.3　线性方程组基本迭代法的收敛性

本节先讨论方程组迭代法收敛的普遍适用的判据，再具体讨论 Jacobi 方法和 Gauss-Seidel 方法的敛散性.

正如 5.1 节所述那样，将方程组

$$Ax=b$$

恒等变形为

$$x=Bx+g, \tag{5.3.1}$$

再由此构造出迭代格式

$$x^{(k+1)}=Bx^{(k)}+g, \tag{5.3.2}$$

其中，$B$ 称为**迭代矩阵**. 这种简捷构造迭代的方法可统称为求解线性方程组的基本迭代法.

基本迭代格式(5.3.2)怎样才能保证其收敛性，这是人们共同关注的问题.

**定理 5.3.1**　基本迭代格式(5.3.1)**收敛的充要条件**是

$$\rho(B)<1.$$

**证明**　由式(5.3.1)和式(5.3.2)，有

$$x^{(k+1)}-x=B(x^{(k)}-x),$$

$$\|x^{(k+1)}-x\|\leqslant\|B\|\,\|x^{(k)}-x\|, \tag{5.3.3}$$

$$\|x^{(k+1)}-x\|\leqslant\|B\|^{k}\,\|x^{(0)}-x\|=\|B^{k}\|\,\|x^{(0)}-x\|. \tag{5.3.4}$$

若迭代收敛，则由式(5.3.3)，可要求 $\|B\|<1$；因为 $\rho(B)\leqslant\|B\|$，所以若迭代收敛必有 $\rho(B)<1$ 成立.

若 $\rho(B)<1$，则可证明(过程略去)$B^{k}\to O$，$\|B^{k}\|\to 0$，由式(5.3.4)说明此时 $\|x^{(k+1)}-x\|\to 0$，即 $x^{(k)}\to x$，迭代过程收敛.

定理 5.3.1 表明，对于方程组的某种迭代方法，可按基本迭代形式写出其迭代矩阵 $B$；若用某种矩阵的模时有 $\|B\|<1$，则说明此迭代法是收敛的；若用矩阵的

模不能表明 $\|\boldsymbol{B}\|<1$,但能验证 $\rho(\boldsymbol{B})<1$,则也说明此迭代法是收敛的.

对线性方程组施行基本迭代,迭代到什么程度,近似解 $\boldsymbol{x}^{(k)}$ 才能满足精度要求 $\|\boldsymbol{x}^{(k)}-\boldsymbol{x}\|<\varepsilon$ 呢?

**定理 5.3.2**　设基本迭代的迭代矩阵 $\|\boldsymbol{B}\|=q<1$,若 $\|\boldsymbol{x}^{(k+1)}-\boldsymbol{x}^{(k)}\|\leqslant\varepsilon$,则 $\|\boldsymbol{x}^{(k)}-\boldsymbol{x}\|\leqslant\dfrac{\varepsilon}{1-q}$.

**证明**　因为在基本迭代中,关系式

$$\|\boldsymbol{x}^{(k+1)}-\boldsymbol{x}\|\leqslant q\|\boldsymbol{x}^{(k)}-\boldsymbol{x}\|$$

成立,于是

$$\begin{aligned}\|\boldsymbol{x}^{(k+1)}-\boldsymbol{x}^{(k)}\| &= \|(\boldsymbol{x}^{(k)}-\boldsymbol{x})-(\boldsymbol{x}^{(k+1)}-\boldsymbol{x})\| \\ &\geqslant \|\boldsymbol{x}^{(k)}-\boldsymbol{x}\|-\|\boldsymbol{x}^{(k+1)}-\boldsymbol{x}\| \\ &\geqslant (1-q)\|\boldsymbol{x}^{(k)}-\boldsymbol{x}\|,\end{aligned}$$

所以

$$\|\boldsymbol{x}^{(k)}-\boldsymbol{x}\|\leqslant\frac{1}{1-q}\|\boldsymbol{x}^{(k+1)}-\boldsymbol{x}^{(k)}\|.$$

这样,当 $\|\boldsymbol{x}^{(k+1)}-\boldsymbol{x}^{(k)}\|\leqslant\varepsilon$ 时,就证得 $\|\boldsymbol{x}^{(k)}-\boldsymbol{x}\|\leqslant\dfrac{\varepsilon}{1-q}$.

在迭代矩阵的模 $\|\boldsymbol{B}\|=q$ 已知的情况下,定理 5.3.2 可作为迭代收敛过程中保证近似解 $\boldsymbol{x}^{(k)}$ 达到所需精度的控制标准.

**例 5.3.1**　设有基本迭代格式

$$\boldsymbol{x}^{(k+1)}=\boldsymbol{B}\boldsymbol{x}^{(k)}+\boldsymbol{g},$$

其中

$$\boldsymbol{B}=\begin{pmatrix}0.9 & 0\\ 0.3 & 0.8\end{pmatrix},\quad \boldsymbol{g}=\begin{pmatrix}1\\2\end{pmatrix},$$

试求 $\|\boldsymbol{B}\|_1$,$\|\boldsymbol{B}\|_\infty$,$\lambda(\boldsymbol{B})$,$\rho(\boldsymbol{B})$,并判别基本迭代法的敛散性.

**解**　$\|\boldsymbol{B}\|_1=\max\{1.2,\ 0.8\}=1.2$,　$\|\boldsymbol{B}\|_\infty=\max\{0.9,\ 1.1\}=1.1$.
由 $|\boldsymbol{B}-\lambda\boldsymbol{I}|=0$,解得

$$\lambda_1=0.9,\quad \lambda_2=0.8,\quad \rho(\boldsymbol{B})=0.9.$$

由定理 5.3.1,因 $\rho(\boldsymbol{B})<1$,所以本题的基本迭代是收敛的.

**例 5.3.2**　已知线性方程组

$$\begin{cases}x_1+2x_2-2x_3=1,\\ x_1+x_2+x_3=1,\\ 2x_1+2x_2+x_3=1.\end{cases}$$

用 Jacobi 方法和 Gauss-Seidel 方法求解,并就这两种方法分别写出其迭代矩阵,并判别其敛散性.

**解**　(1) 讨论 Jacobi 方法.迭代矩阵

$$\boldsymbol{B}=-\boldsymbol{D}^{-1}(\boldsymbol{L}+\boldsymbol{U})$$

$$=-\begin{pmatrix}1&0&0\\0&1&0\\0&0&1\end{pmatrix}\left(\begin{pmatrix}0&0&0\\1&0&0\\2&2&0\end{pmatrix}+\begin{pmatrix}0&2&-2\\0&0&1\\0&0&0\end{pmatrix}\right)=-\begin{pmatrix}0&2&-2\\1&0&1\\2&2&0\end{pmatrix},$$

$$|\boldsymbol{B}-\lambda\boldsymbol{I}|=\begin{vmatrix}-\lambda&2&-2\\1&-\lambda&1\\2&2&-\lambda\end{vmatrix}=-\lambda^3=0,$$

$$\rho(\boldsymbol{B})=0<1,$$

故 Jacobi 迭代法收敛.

(2) 讨论 Gauss-Seidel 方法. 迭代矩阵

$$\boldsymbol{B}=-(\boldsymbol{D}+\boldsymbol{L})^{-1}U=-\begin{pmatrix}1&0&0\\1&1&0\\2&2&1\end{pmatrix}^{-1}\begin{pmatrix}0&2&-2\\0&0&1\\0&0&0\end{pmatrix}=-\begin{pmatrix}0&2&-2\\0&-2&3\\0&0&-2\end{pmatrix},$$

$$|\boldsymbol{B}-\lambda\boldsymbol{I}|=\lambda(\lambda+2)^2=0,$$

$$\rho(\boldsymbol{B})=2>1,$$

故 Gauss-Seidel 迭代法发散.

## 5.4　Jacobi 方法和 Gauss-Seidel 方法的敛散性

Jacobi 方法和 Gauss-Seidel 方法都可归类于基本迭代法,若用迭代矩阵谱半径小于 1 的办法判别它们的敛散性,当矩阵规模较大时则会太麻烦. 下面根据方程组系数矩阵 $\boldsymbol{A}$ 的性态,介绍关于这两种迭代法敛散性的判别方法.

**1. 系数矩阵是对角占优矩阵和不可约矩阵的情形**

**定义 5.4.1**　设系数矩阵 $\boldsymbol{A}=(a_{ij})_{n\times n}$,如果各行满足

$$|a_{ii}|\geqslant\sum_{\substack{j=1\\j\neq i}}^{n}|a_{ij}|,\quad 1\leqslant i\leqslant n,$$

且**至少有一行满足严格大于的关系**,则称 $\boldsymbol{A}$ 是**对角占优矩阵**. 如果各行都满足严格大于的关系,即

$$|a_{ii}|>\sum_{\substack{j=1\\j\neq i}}^{n}|a_{ij}|,\quad 1\leqslant i\leqslant n,$$

则称 $\boldsymbol{A}$ 是**强对角占优矩阵**.

例如,矩阵

$$\boldsymbol{A}_1=\begin{pmatrix}2&-1&0\\-1&2&-1\\0&-1&2\end{pmatrix},\quad \boldsymbol{A}_2=\begin{pmatrix}4&-1&0\\-1&4&-1\\0&-1&4\end{pmatrix}$$

分别是对角占优矩阵和强对角占优矩阵.

**定义5.4.2**　若系数矩阵 $A_{n\times n}$ 可通过**行交换**和**列交换**变为 $\left(\begin{array}{c:c} \boldsymbol{F} & \boldsymbol{O} \\ \hdashline \boldsymbol{G} & \boldsymbol{H} \end{array}\right)$ 形式，其中 $\boldsymbol{F}$ 和 $\boldsymbol{H}$ 是**方阵**，$\boldsymbol{O}$ 是零矩阵，则称 $\boldsymbol{A}$ 是**可约矩阵**(或称为**可分矩阵**)，否则称 $\boldsymbol{A}$ 是**不可约矩阵**(或称为**不可分矩阵**).

例如，矩阵 $\boldsymbol{B}_1 = \left(\begin{array}{cc:c} 1 & 1 & 0 \\ 1 & 1 & 0 \\ \hdashline 0 & 1 & 2 \end{array}\right)$ 和 $\boldsymbol{B}_2 = \left(\begin{array}{c:cc} 2 & 1 & 0 \\ \hdashline 0 & 1 & 1 \\ 0 & 1 & 1 \end{array}\right)$ 都是可约矩阵. 又例如，$\boldsymbol{B}_3 = \begin{pmatrix} 2 & 0 & 1 & 0 \\ 8 & 6 & 7 & 5 \\ 4 & 2 & 3 & 1 \\ 4 & 0 & 3 & 0 \end{pmatrix}$ 可变为 $\left(\begin{array}{cc:cc} 1 & 2 & 3 & 4 \\ 5 & 6 & 7 & 8 \\ \hdashline 0 & 0 & 1 & 2 \\ 0 & 0 & 3 & 4 \end{array}\right)$，这是第1列和第4列交换、第1行和第3行交换的结果，$\boldsymbol{B}_3$ 是可约矩阵.

可约矩阵作为线性方程组系数矩阵时，原方程组可分解为两个小规模的方程组，使方程组求解变得简单(这不是本章讨论的对象). 不可约矩阵是不能将原方程组分解为小规模方程组的.

例如，矩阵

$$\boldsymbol{C}_1 = \begin{pmatrix} 2 & -1 & & & \\ -1 & 2 & -1 & & \\ & \ddots & \ddots & \ddots & \\ & & -1 & 2 & -1 \\ & & & -1 & 2 \end{pmatrix} \tag{5.4.1}$$

和

$$\boldsymbol{C}_2 = \begin{pmatrix} 4 & -1 & 0 & 0 & -1 & & & & & & \\ -1 & 4 & -1 & 0 & 0 & -1 & & & & & \\ 0 & -1 & 4 & -1 & 0 & 0 & -1 & & & & \\ 0 & 0 & -1 & 4 & -1 & 0 & 0 & -1 & & & \\ -1 & 0 & 0 & -1 & 4 & -1 & 0 & 0 & -1 & & \\ & \ddots & \ddots & \ddots & \ddots & \ddots & \ddots & \ddots & \ddots & \ddots & \\ & & -1 & 0 & 0 & -1 & 4 & -1 & 0 & 0 & -1 \\ & & & -1 & 0 & 0 & -1 & 4 & -1 & 0 & 0 \\ & & & & -1 & 0 & 0 & -1 & 4 & -1 & 0 \\ & & & & & -1 & 0 & 0 & -1 & 4 & -1 \\ & & & & & & -1 & 0 & 0 & -1 & 4 \end{pmatrix} \tag{5.4.2}$$

都是不可约矩阵，且是对角占优矩阵.

**定理5.4.1**　若线性方程组系数矩阵 $\boldsymbol{A}$ 是强对角占优矩阵，或者，若 $\boldsymbol{A}$ 是不可约矩阵且是对角占优矩阵，则解线性方程组用 Jacobi 迭代法或 Gauss-Seidel 迭代法都是收敛的.

定理 5.4.1 的证明略去. 该定理的应用面还是比较大的，例如，对于以上给出的两类系数矩阵 $\boldsymbol{C}_1,\boldsymbol{C}_2$ 来说，它们在数值求解常微边值问题和偏微边值问题中就经常遇到，求解这样的线性方程组，用 Jacobi 迭代法或 Gauss-Seidel 迭代法都是收敛的.

**2. 系数矩阵是对称正定矩阵的情形**

**定义 5.4.3**　记矩阵 $\boldsymbol{A}_{n\times n}$，向量 $\boldsymbol{v}_{n\times 1}$，向量内积为

$$(\boldsymbol{a},\boldsymbol{b}) = \sum_{i=1}^{n} a_i b_i.$$

若对于任意的非零向量 $\boldsymbol{v}$，都有

$$(\boldsymbol{A}\boldsymbol{v},\boldsymbol{v}) > 0,$$

则称 $\boldsymbol{A}$ 是**正定矩阵**；若 $\boldsymbol{A}$ 既对称又正定，则称 $\boldsymbol{A}$ 为**对称正定矩阵**.

正定矩阵如何判别呢?在线性代数中已有相关知识可用. 例如，当全部特征值 $\lambda(\boldsymbol{A}) > 0$ 时，$\boldsymbol{A}$ 就是正定矩阵；$\boldsymbol{A}$ 的所有顺序主子式都大于零时，$\boldsymbol{A}$ 就是正定矩阵. 不过这些判别办法在实施时显得很麻烦. 经研究发现：**对角元素为正实数的强对角占优矩阵和不可约对角占优矩阵都是正定矩阵.**

**定理 5.4.2**　若线性方程组系数矩阵 $\boldsymbol{A}$ 是对称正定矩阵，则用 Jacobi 迭代法或 Gauss-Seidel 迭代法都是收敛的.

式(5.4.1)和式(5.4.2)所给出的两类矩阵 $\boldsymbol{C}_1$ 和 $\boldsymbol{C}_2$ 在微分方程数值求解中是经常遇到的，它们都是对称正定矩阵. 它们作为线性方程组系数矩阵时，用 Jacobi 迭代法或 Gauss-Seidel 迭代法都是收敛的.

## 5.5　SOR 方法

SOR 方法是超松弛迭代(successive over-relaxation，SOR)方法的简写形式.

为了对工程技术问题作数值分析，人们常利用离散化手段将其转化为线性方程组的求解问题，方程组系数矩阵 $\boldsymbol{A}$ 常常是大型的(行、列数目较大)，也常常是稀疏的(非零的元素较少). 对于大型方程组用 Jacobi 迭代法或 Gauss-Seidel 迭代法，其收敛速度较慢. 如何加快迭代收敛速度，提高计算效率是人们共同关注的问题. 本节介绍的 SOR **方法就是一种实用的、收敛速度快的迭代方法**.

**1. SOR 迭代公式的构造**

松弛迭代实际上是对 Gauss-Seidel 迭代的一种加速方法，它将前一步的结果 $\boldsymbol{x}^{(k)}$ 与 Gauss-Seidel 的迭代值 $\tilde{\boldsymbol{x}}^{(k+1)}$ 适当加权平均，期望获得更好的近似值 $\boldsymbol{x}^{(k+1)}$. 用矩阵形式写出松弛迭代求解 $\boldsymbol{A}\boldsymbol{x} = \boldsymbol{b}$ 的含义，有

$$\begin{cases} \text{Gauss-Seidel 迭代} & (\boldsymbol{L}+\boldsymbol{D})\tilde{\boldsymbol{x}}^{(k+1)}+\boldsymbol{U}\boldsymbol{x}^{(k)}=\boldsymbol{b}, \\ \text{松弛加速} & \boldsymbol{x}^{(k+1)}=\omega\tilde{\boldsymbol{x}}^{(k+1)}+(1-\omega)\boldsymbol{x}^{(k)}. \end{cases} \tag{5.5.1}$$

具体的松弛迭代计算公式为

$$x_i^{(k+1)}=(1-\omega)x_i^{(k)}+\frac{\omega}{a_{ii}}\Big(b_i-\sum_{j=1}^{i-1}a_{ij}x_j^{(k+1)}-\sum_{j=i+1}^{n}a_{ij}x_j^{(k)}\Big), \tag{5.5.2}$$

其中,参数 $\omega$ 称为**松弛因子**. 可以证明,为了保证迭代过程收敛,必须要求 $0<\omega<2$. 另外,当 $\omega=1$ 时,式(5.5.1) 迭代就是 Gauss-Seidel 迭代;当 $0<\omega<1$ 时,式(5.5.1) 迭代称为**低松弛迭代**;当 $1<\omega<2$ 时,式(5.5.1) 迭代中加大了 $\tilde{\boldsymbol{x}}^{(k+1)}$ 的比重,称为**超松弛迭代**.

在实际求解线性方程组时,超松弛迭代比低松弛迭代收敛得快,所以常用 SOR 方法. SOR 方法对哪些类型的线性方程组是迭代收敛的呢?研究表明:

(1) **当系数矩阵 $\boldsymbol{A}$ 为强对角占优矩阵时,SOR 方法收敛;**

(2) **当系数矩阵 $\boldsymbol{A}$ 为不可约对角占优矩阵时,SOR 方法收敛;**

(3) **当系数矩阵 $\boldsymbol{A}$ 为对称正定矩阵时,SOR 方法收敛.**

值得强调的是,在具体应用 SOR 方法求解方程组时,不需要采用式(5.5.2) 这种复杂算式,而是采用式(5.5.1) 这种简单算式. SOR 方法可由两个简单步骤来实现:第一,对已知近似解 $\boldsymbol{x}^{(k)}$ 作 Gauss-Seidel 迭代,得到另一个近似解 $\tilde{\boldsymbol{x}}^{(k+1)}$;第二,将这两个近似解 $\boldsymbol{x}^{(k)}$ 和 $\tilde{\boldsymbol{x}}^{(k+1)}$ 作加权平均,得到新的近似值 $\boldsymbol{x}^{(k+1)}$. 可见,SOR 方法实施容易.

**2. 最佳松弛因子 $\omega_{\text{opt}}$ 及其实用选择**

为了研究松弛迭代式(5.5.1) 迭代效果与松弛因子 $\omega$ 的关系,就得分析相应迭代矩阵 $\boldsymbol{B}$ 的谱半径 $\rho(\boldsymbol{B})$ 与 $\omega$ 的关系,分析结果如图 5.5.1 所示.

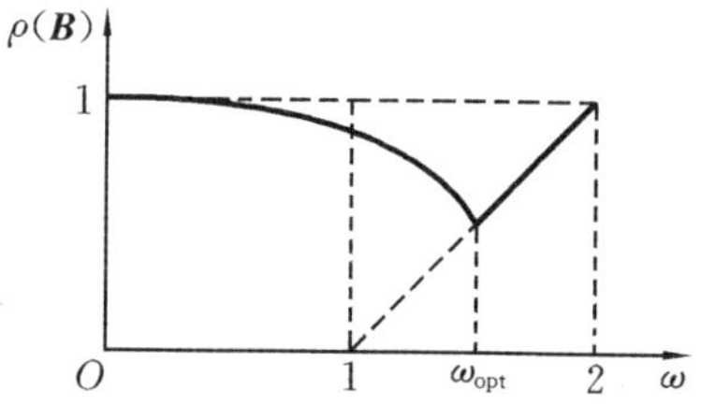


**图 5.5.1　松弛迭代 $\rho(\boldsymbol{B})$ 与 $\omega$ 的相互关系**

由图可知,$\rho(\boldsymbol{B})$ 关于参数 $\omega$ 变化的曲线有着明显的特点:当 $0<\omega<1$ 时 $\rho(\boldsymbol{B})$ 偏大,当 $1<\omega<2$ 时 $\rho(\boldsymbol{B})$ 偏小,所以超松弛迭代比低松弛迭代的收敛性好;存在着最佳松弛因子 $\omega_{\text{opt}}$, $1<\omega_{\text{opt}}<2$,此时的 $\rho(\boldsymbol{B})$ 值最小,采用 $\omega_{\text{opt}}$ 的 SOR 方法收敛最快;$\omega_{\text{opt}}$ 右边的 $\rho(\boldsymbol{B})$ 是变化较平缓的直线,左边则是变动较快的曲线.

可惜的是,$\omega_{\text{opt}}$ 常常无法准确求得,只能估算,下面给出两种估算方法.

**方法 1**　先用 $\omega=1$ 算得 $\boldsymbol{x}^{(1)}$ 和 $\boldsymbol{x}^{(2)}$,再用 $\omega=1.1$ 算得 $\tilde{\boldsymbol{x}}^{(1)}$ 和 $\tilde{\boldsymbol{x}}^{(2)}$;比较 $\|\boldsymbol{x}^{(1)}-\boldsymbol{x}^{(2)}\|$ 和 $\|\tilde{\boldsymbol{x}}^{(1)}-\tilde{\boldsymbol{x}}^{(2)}\|$ 的大小,量值 $\|\tilde{\boldsymbol{x}}^{(1)}-\tilde{\boldsymbol{x}}^{(2)}\|$ 较大说明取 $\omega=1.1$ 时迭代收敛快;继续选 $\omega=1.2$ 计算且与 $\omega=1.1$ 的情形比较,不断改进 $\omega$ 的值直到接近 $\omega_{\text{opt}}$ 为止.

**方法2**　用$\omega=1.9$和$\omega=1.8$计算，判断比较相应松弛迭代收敛的快慢表现；不断改进参数$\omega$的取值，在$\omega_{\text{opt}}$附近还可作些适当的微调处理.

一般经验是，若系数矩阵规模比较小，宜采用方法1；若系数矩阵规模比较大，特别是大型稀疏矩阵情形，宜采用方法2.

SOR方法的计算效果如何呢?下面看一个简单的算例.对于线性方程组

$$\begin{pmatrix}4 & 3 & 0\\ 3 & 4 & -1\\ 0 & -1 & 4\end{pmatrix}\begin{pmatrix}x_1\\ x_2\\ x_3\end{pmatrix}=\begin{pmatrix}24\\ 30\\ -24\end{pmatrix},$$

用$\omega=1$的Gauss-Seidel迭代法求解，初值取为$\boldsymbol{x}^{(0)}=(1,1,1)^{\mathrm{T}}$需迭代34次才能达到控制精度

$$\|\boldsymbol{x}^{(k+1)}-\boldsymbol{x}^{(k)}\|_{\infty}<\frac{1}{2}\times 10^{-7}.$$

当用$\omega=1.25$的SOR方法求解时，取同样的初值和同样的控制精度，仅需14次迭代就可以了.

**SOR方法比Jacobi方法和Gauss-Seidel方法收敛快，对大型稀疏矩阵的方程组求解问题，SOR方法的效果将更显著些.**

## 习　题　5

**【5.1】**　设$\boldsymbol{A}=\begin{pmatrix}0.6 & 0.5\\ 0.1 & 0.3\end{pmatrix}$，试计算$\|\boldsymbol{A}\|_1$，$\|\boldsymbol{A}\|_{\infty}$，$\rho(\boldsymbol{A})$，$\rho(\boldsymbol{A}^{\mathrm{T}}\boldsymbol{A})$和$\|\boldsymbol{A}\|_2$.

**【5.2】**　设

$$\boldsymbol{A}_1=\begin{pmatrix}4 & 0 & 4 & 0 & 2 & 3\\ 1 & 0 & 3 & 0 & 4 & 5\\ 2 & 3 & 1 & 2 & 3 & 1\\ 3 & 0 & 3 & 0 & 3 & 4\\ 8 & 0 & 6 & 0 & 5 & 6\\ 5 & 4 & 3 & 2 & 1 & 8\end{pmatrix},\quad \boldsymbol{A}_2=\begin{pmatrix}4 & 0 & 4 & 0 & 2 & 3\\ 1 & 0 & 3 & 0 & 4 & 5\\ 2 & 3 & 1 & 2 & 3 & 1\\ 3 & 4 & 3 & 4 & 3 & 4\\ 0 & 8 & 0 & 6 & 5 & 6\\ 5 & 4 & 3 & 2 & 1 & 8\end{pmatrix},$$

$\boldsymbol{A}_1$和$\boldsymbol{A}_2$是否为可约矩阵?

**【5.3】**　设　$\boldsymbol{A}_1=\begin{pmatrix}3 & 0 & 0\\ 2 & 2 & 0\\ 3 & 0 & 12\end{pmatrix}$，$\boldsymbol{A}_2=\begin{pmatrix}2 & -1 & 0\\ -1 & 2 & -1\\ 0 & -1 & 2\end{pmatrix}$，

求$\lambda(\boldsymbol{A}_1)$和$\lambda(\boldsymbol{A}_2)$，判断$\boldsymbol{A}_1$和$\boldsymbol{A}_2$是否为正定矩阵；试用顺序主子式的办法判断$\boldsymbol{A}_1$和$\boldsymbol{A}_2$是否为对称正定矩阵.

**【5.4】**　设有线性方程组

$$\begin{pmatrix} 8 & -2 & 0 \\ -2 & 8 & -2 \\ 0 & -2 & 8 \end{pmatrix} \begin{pmatrix} x_1 \\ x_2 \\ x_3 \end{pmatrix} = \begin{pmatrix} 1 \\ 2 \\ 1 \end{pmatrix},$$

试分别按照式(5.1.5)和式(5.1.10)的形式写出 Jacobi 迭代式和 Gauss-Seidel 迭代式. 对初值 $\boldsymbol{x}^{(0)} = (1,1,1)^{\mathrm{T}}$,手工计算 Jacobi 迭代近似值 $\boldsymbol{x}^{(1)}$ 和 $\boldsymbol{x}^{(2)}$;手工计算 Gauss-Seidel 迭代近似值 $\boldsymbol{x}^{(1)}$ 和 $\boldsymbol{x}^{(2)}$.

**【5.5】** 设有线性方程组

$$\begin{cases} x_1 + 5x_2 - 3x_3 = 2, \\ 5x_1 - 2x_2 + x_3 = 4, \\ 2x_1 + x_2 + 5x_3 = 11, \end{cases}$$

用 Jacobi 迭代和 Gauss-Seidel 迭代收敛吗?能否调换方程的顺序来判别这两种迭代法的敛散性?

**【5.6】** 已知 $\boldsymbol{A} = \begin{pmatrix} a & 1 & 3 \\ 1 & a & 1 \\ -3 & 1 & a \end{pmatrix}$,写出相应的 Jacobi 迭代矩阵和 Gauss-Seidel 迭代矩阵,$a > 0$ 取何值时这两种迭代法都收敛?

**【5.7】** 设 $\boldsymbol{A} = \begin{pmatrix} 10 & a & 0 \\ a & 10 & a \\ 0 & a & 5 \end{pmatrix}$, $|\boldsymbol{A}| \neq 0$, $a$ 取何值时,相应的 Jacobi 迭代和 Gauss-Seidel 迭代都收敛?

**【5.8】** 设 $\boldsymbol{A}_{n\times n}$ 是形如式(5.4.1)、式(5.4.2)给出的不可约矩阵 $\boldsymbol{C}_1$ 和 $\boldsymbol{C}_2$, $n = 10$, $\boldsymbol{b}_{10\times 1} = (1.9,\ 0.2,\ \cdots,\ 0.2,\ 2.9)$,试用 SOR 方法求解相应的 $\boldsymbol{Ax} = \boldsymbol{b}$,选择 $\omega_{\mathrm{opt}}$,要求近似解准确到小数点后第四位. 要求用 Matlab 编程实现.

# 第 6 章　解线性方程组的直接法

**解线性方程组的另一类重要方法是直接法**，以消去法为基础的各种算法统称为直接法. **直接法**仅需有限步骤就能**直接求出方程组的解**. 这种解可能是准确解，但**一般是近似解，解的误差主要来源于消去过程中的舍入误差的积累**.

本章不仅介绍几种常用的直接法，也讨论舍入误差影响解误差的分析方法.

## 6.1　直接消去法

消去法是一种古老而实用的方法，经过简单修改，它仍可用来求解大型的线性方程组.

**1.** Gauss **消去法的基本思想**

设线性方程组 $\boldsymbol{Ax}=\boldsymbol{b}$，$\boldsymbol{A}$ 为非奇异矩阵，对增广矩阵 $(\boldsymbol{A}\vdots\boldsymbol{b})$ 作行变换（行与行之间的运算）. 第一次行变换的目的是将第 1 列中对角元以下的所有元素变为零元素，第二次行变换的目的是将第 2 列中对角元以下的所有元素变为零元素…… 第 $n-1$ 次行变换的目的是将第 $n-1$ 列中对角元以下的元素变为零元素. 具体过程简示如下：

$$(\boldsymbol{A}\vdots\boldsymbol{b})=\left(\begin{array}{cccc:c} a_{11} & a_{12} & \cdots & a_{1n} & b_1 \\ a_{21} & a_{22} & \cdots & a_{2n} & b_2 \\ \vdots & \vdots & & \vdots & \vdots \\ a_{n1} & a_{n2} & \cdots & a_{nn} & b_n \end{array}\right) \to \left(\begin{array}{cc:c} a_{11}^{(1)} & a_{12}^{(1)} \ \cdots \ a_{1n}^{(1)} & b_1^{(1)} \\ 0 & & \\ \vdots & \boxed{\quad a_{ij}^{(1)} \quad} & \boxed{b_j^{(1)}} \\ 0 & & \end{array}\right)$$

$$\to \left(\begin{array}{ccc:c} a_{11}^{(1)} & a_{12}^{(1)} & a_{13}^{(1)} \ \cdots \ a_{1n}^{(1)} & b_1^{(1)} \\ 0 & a_{22}^{(2)} & a_{23}^{(2)} \ \cdots \ a_{2n}^{(2)} & b_2^{(2)} \\ 0 & 0 & & \\ \vdots & \vdots & \boxed{\quad a_{ij}^{(2)} \quad} & \boxed{b_j^{(2)}} \\ 0 & 0 & & \end{array}\right) \to \cdots$$

$$\to \left(\begin{array}{ccccc:c} a_{11}^{(1)} & a_{12}^{(1)} & a_{13}^{(1)} & \cdots & a_{1n}^{(1)} & b_1^{(1)} \\ & a_{22}^{(2)} & a_{23}^{(2)} & \cdots & a_{2n}^{(2)} & b_2^{(2)} \\ & & \ddots & \ddots & \vdots & \vdots \\ & & & \ddots & a_{n-1\,n}^{(n-1)} & b_{n-1}^{(n-1)} \\ & 0 & & & a_{nn}^{(n)} & b_n^{(n)} \end{array}\right),$$

其中，$\boxed{a_{ij}^{(p)}}$ 和 $\boxed{b_j^{(p)}}$ 分别表示经第 $p$ 次行变换后在相应位置处的子矩阵和子右端列向量的元素. 若上述 $n-1$ 次行变换成功,则最后得到同解的但形式特殊的线性方程组,其系数矩阵的下三角部分全为零元素.

回代求解过程很容易. 由最后一个方程,即 $a_{nn}^{(n)}x_n=b_n^{(n)}$ 求出 $x_n$;由倒数第二个方程,即

$$a_{n-1\,n-1}^{(n-1)}x_{n-1}+a_{n-1\,n}^{(n-1)}x_n=b_n^{(n-1)},$$

可求出 $x_{n-1}$…… 这样可求得全部解分量.

**2.** Gauss **消去法的特点和问题**

1) Gauss **消去法的特点如下:**

(1) **算法简单直接,求解计算量**(仅计算乘除法的运算次数) **约为** $\frac{1}{3}n^3$,简记为 $O(n^3)$,其中 $n$ 表示方程组未知数的个数.

(2) **可用于计算行列式的值**,即

$$|\boldsymbol{A}|=a_{11}^{(1)}a_{22}^{(2)}\cdots a_{n-1\,n-1}^{(n-1)}a_{nn}^{(n)},$$

这是因为消去的结果是同解方程,相应的系数矩阵下三角部分全为零元素.

2) Gauss 消去法存在的问题如下:

(1) 在消去过程中,例如将第 1 列对角元以下的列元素全部变为零元素的消去过程中,都涉及除以 $a_{11}$ 的运算;同样,第二次消去过程中都涉及除以 $a_{22}^{(1)}$ 的运算 …… 这些除数不能为零,否则消去过程就不能继续. 这些除数不能太小,否则舍入误差就太大,解精度会受到严重影响. 解决这个问题的办法就是选主元并作 Gauss 消去. 这个解决办法的实施过程将在下面用一个例子来说明.

(2) 在消去过程中存在着舍入误差的积累问题. 消去法为了达到矩阵下三角部分全为零的目的,增广矩阵的元素在消去过程中一次又一次地变更,于是舍入误差一次又一次地积累;解误差完全依赖于增广矩阵元素的误差积累. 关于消去法解误差的分析及改进解精度的办法将在 6.3 节中解决.

**3. 选主元** Gauss **消去法**

这里仅用一个简例来介绍选主元 Gauss 消去法的实施过程.

**例 6.1.1**　分别用 Gauss 消去法和列主元 Gauss 消去法求解线性方程组

$$\begin{pmatrix}10^{-8} & 2 & 3\\ -1 & 3.712 & 4.623\\ -2 & 1.072 & 5.643\end{pmatrix}\begin{pmatrix}x_1\\ x_2\\ x_3\end{pmatrix}=\begin{pmatrix}1\\ 2\\ 3\end{pmatrix},$$

用 8 位十进制浮点计算.

**解**　(1) 经两步 Gauss 消去法,方程组增广矩阵的改变情况为

$$(\boldsymbol{A}\,\vdots\,\boldsymbol{b})=\left(\begin{array}{ccc:c}10^{-8} & 2 & 3 & 1\\ -1 & 3.712 & 4.623 & 2\\ -2 & 1.072 & 5.643 & 3\end{array}\right)\to\left(\begin{array}{ccc:c}10^{-8} & 2 & 3 & 1\\ 0 & 0.2\times10^9 & 0.3\times10^9 & 0.1\times10^9\\ 0 & 0.4\times10^9 & 0.6\times10^9 & 0.2\times10^9\end{array}\right)$$

$$\rightarrow\left(\begin{array}{ccc:c}10^{-8} & 2 & 3 & 1\\ 0 & 0.2\times 10^{9} & 0.3\times 10^{9} & 0.1\times 10^{9}\\ 0 & 0 & 0 & 0\end{array}\right).$$

下面再无法进行消去过程，计算机上将出现“无唯一解”的信息. 究其原因，对角元素 $10^{-8}$ 太小，消去过程出现较多的过小的值，8 位字长将其记为零，矩阵表现奇异.

(2) 用列主元 Gauss 消去法求解. 为此在 $10^{-8}$ 所在的第 1 列中选出大元素，作行交换，消去过程如下：

$$(\boldsymbol{A}\vdots\boldsymbol{b})=\left(\begin{array}{ccc:c}10^{-8} & 2 & 3 & 1\\ -1 & 3.712 & 4.623 & 2\\ -2 & 1.072 & 5.643 & 3\end{array}\right)\rightarrow\left(\begin{array}{ccc:c}-2 & 1.072 & 5.643 & 3\\ -1 & 3.712 & 4.623 & 2\\ 10^{-8} & 2 & 3 & 1\end{array}\right)$$

$$\rightarrow\left(\begin{array}{ccc:c}-2 & 1.072 & 5.643 & 3\\ 0 & 0.3176\times 10^{1} & 0.18015\times 10^{1} & 0.5\\ 0 & 0.2\times 10^{1} & 0.3\times 10^{1} & 0.1\times 10^{1}\end{array}\right)$$

$$\rightarrow\left(\begin{array}{ccc:c}-2 & 1.072 & 5.643 & 3\\ 0 & 0.3176\times 10^{1} & 0.18015\times 10^{1} & 0.5\\ 0 & 0 & 0.18655541\times 10^{1} & 0.68513854\end{array}\right),$$

回代解得

$$\tilde{\boldsymbol{x}}=(-0.49105820,\ -0.05088607,\ 0.36725739)^{\mathrm{T}},$$

再与原方程组的准确解

$$\boldsymbol{x}=(-0.491058227,\ -0.050886075,\ 0.367257384)^{\mathrm{T}}$$

比较，可见用列主元 Gauss 消去法得到了一个高精度的近似解.

根据选主元办法的不同，有**列主元 Gauss 消去法**、**行主元 Gauss 消去法**、**全主元 Gauss 消去法，它们都是实用的.**

**4. Gauss-Jordan 消去法**

在选主元 Gauss 消去法的基础上，不作回代求解，而是再作行变换消元，把系数矩阵化为对角矩阵，这种办法称为 Gauss-Jordan 消去法，其实现过程简示如下：

$$(\boldsymbol{A}\vdots\boldsymbol{b})=\left(\begin{array}{cccc:c}a_{11} & a_{12} & \cdots & a_{1n} & b_1\\ a_{21} & a_{22} & \cdots & a_{2n} & b_2\\ \vdots & \vdots & & \vdots & \vdots\\ a_{n1} & a_{n2} & \cdots & a_{nn} & b_n\end{array}\right)\rightarrow\left(\begin{array}{cccc:c}a_{11}^{(1)} & a_{12}^{(1)} & \cdots & a_{1n}^{(1)} & b_1^{(1)}\\ & a_{22}^{(2)} & \cdots & a_{2n}^{(2)} & b_2^{(2)}\\ & & \ddots & \vdots & \vdots\\ & & & a_{nn}^{(n-1)} & b_n^{(n-1)}\end{array}\right)$$

$$\rightarrow\left(\begin{array}{ccccc:c}a_{11}^{(1)} & a_{12}^{(1)} & \cdots & a_{1\,n-1}^{(1)} & a_{1n}^{(1)} & b_1^{(1)}\\ & a_{22}^{(2)} & \cdots & a_{2\,n-1}^{(2)} & a_{2n}^{(2)} & b_2^{(2)}\\ & & \ddots & \vdots & \vdots & \vdots\\ & & & a_{n-1\,n-1}^{(n-1)} & a_{n-1\,n}^{(n-1)} & b_{n-1}^{(n-1)}\\ & & & & 1 & b_n^{(n)}\end{array}\right)$$

$$\rightarrow\left(\begin{array}{ccccc:c}1 & & & & & b_1^{(2n)} \\ & 1 & & & & b_2^{(2n-1)} \\ & & \ddots & & & \vdots \\ & & & 1 & & b_{n-1}^{(n+2)} \\ & & & & 1 & b_n^{(n+1)}\end{array}\right).$$

由于系数矩阵经行变换变为对角矩阵,则右端向量相应地经行变换变为近似解向量.

Gauss-Jordan **消去法的特点如下:**

(1) **算法简单直接,求解计算量**(仅计算乘除法的运算次数)**约为** $\frac{1}{2}n^3$,计算量比 Gauss 消去法略多,仍可简记为 $O(n^3)$.

(2) **可用于计算** $\boldsymbol{A}^{-1}$. 事实上,由线性代数知识

$$(\boldsymbol{A} \vdots \boldsymbol{I}) \xrightarrow{\text{行变换}} (\boldsymbol{I} \vdots \boldsymbol{A}^{-1}),$$

只要将 $\boldsymbol{A}$ 和同等规模的单位矩阵一起组成增广矩阵,施行 Gauss-Jordan 消去法,原先的单位矩阵就会演变为 $\boldsymbol{A}^{-1}$.

**例 6.1.2** 用列主元 Gauss-Jordan 消去法求矩阵 $\boldsymbol{A}^{-1}$,其中 $\boldsymbol{A}=\begin{pmatrix}1 & 2 & 3\\ 2 & 4 & 5\\ 3 & 5 & 6\end{pmatrix}$.

**解** $$(\boldsymbol{A} \vdots \boldsymbol{I})=\left(\begin{array}{ccc:ccc}1 & 2 & 3 & 1 & 0 & 0\\ 2 & 4 & 5 & 0 & 1 & 0\\ 3 & 5 & 6 & 0 & 0 & 1\end{array}\right) \xrightarrow[\text{交换}]{\text{第 1、第 3 行}} \left(\begin{array}{ccc:ccc}3 & 5 & 6 & 0 & 0 & 1\\ 2 & 4 & 5 & 0 & 1 & 0\\ 1 & 2 & 3 & 1 & 0 & 0\end{array}\right)$$

$$\xrightarrow{\text{第一次消去}} \left(\begin{array}{ccc:ccc}1 & 5/3 & 2 & 0 & 0 & 1/3\\ 0 & 2/3 & 1 & 0 & 1 & -2/3\\ 0 & 1/3 & 1 & 1 & 0 & -1/3\end{array}\right)$$

$$\xrightarrow{\text{第二次消去}} \left(\begin{array}{ccc:ccc}1 & 0 & -1/2 & 0 & -5/2 & 2\\ 0 & 1 & 3/2 & 0 & 3/2 & -1\\ 0 & 0 & 1/2 & 1 & -1/2 & 0\end{array}\right)$$

$$\xrightarrow{\text{第三次消去}} \left(\begin{array}{ccc:ccc}1 & 0 & 0 & 1 & -3 & 2\\ 0 & 1 & 0 & -3 & 3 & -1\\ 0 & 0 & 1 & 2 & -1 & 0\end{array}\right)=(\boldsymbol{I} \vdots \boldsymbol{A}^{-1}).$$

## 6.2 矩阵分解法

本节介绍的几种算法是以矩阵分解定理和矩阵乘法规则为基础得出的,其分解形式 $\boldsymbol{A}=\boldsymbol{LU}$ 为求解线性方程组带来方便. 这些算法也是在有限步内直接求出近似解,是消去法的变形,也属于直接解法.

**1. 矩阵的 LU 分解**

**定理 6.2.1**　若线性方程组系数矩阵 $\boldsymbol{A}$ 的各阶顺序主子式都不为零，则一定存在唯一的矩阵分解关系

$$\boldsymbol{A} = \boldsymbol{LU},$$

其中，$\boldsymbol{L}$ 和 $\boldsymbol{U}$ 分别为下三角矩阵和上三角矩阵，它们的形式为

$$\boldsymbol{L} = \begin{pmatrix} 1 & & & \\ l_{21} & 1 & & \\ \vdots & \ddots & \ddots & \\ l_{n1} & \cdots & l_{n\,n-1} & 1 \end{pmatrix}, \quad \boldsymbol{U} = \begin{pmatrix} u_{11} & u_{12} & \cdots & u_{1n} \\ & u_{22} & \cdots & u_{2n} \\ & & \ddots & \vdots \\ & & & u_{nn} \end{pmatrix}.$$

定理6.2.1的证明过程略去. 应该说明的是，这里仅强调一种LU分解的形式；$\boldsymbol{L}$ 的对角线元素全为1，下三角部分非零；$\boldsymbol{U}$ 的对角线元素是一般值，上三角部分非零. 这种特殊的分解形式称为**矩阵的 Doolittle 分解**.

因为 $\boldsymbol{A} = \boldsymbol{LU}$ 的分解形式及其相应的线性方程组解法都是有相应程序可应用的，所以本书不强调矩阵 $\boldsymbol{L}$ 和 $\boldsymbol{U}$ 的元素的通用递推计算公式，仅强调这种分解形式和求解线性方程组的特点.

**若线性方程组 $\boldsymbol{Ax} = \boldsymbol{b}$ 的 $\boldsymbol{A} = \boldsymbol{LU}$**，则线性方程组可变形为

$$(\boldsymbol{LU})\boldsymbol{x} = \boldsymbol{b}.$$

令 $\boldsymbol{Ux} = \boldsymbol{y}$，则 $\boldsymbol{Ax} = \boldsymbol{b}$ **可分裂为两个等价的方程组**

$$\begin{cases} \boldsymbol{Ly} = \boldsymbol{b}, \\ \boldsymbol{Ux} = \boldsymbol{y}. \end{cases}$$

由于 $\boldsymbol{L}$ 和 $\boldsymbol{U}$ 都是三角矩阵，这两个方程组都可以通过简单的回代过程求解. 可见，系数矩阵 $\boldsymbol{A} = \boldsymbol{LU}$ 分解为求解线性方程组带来可行性和方便.

矩阵 $\boldsymbol{A} = \boldsymbol{LU}$ 分解的计算量约为 $n^3/3$，与 Gauss 消去法的计算量差不多.

下面用一个例子来说明 LU 分解条件、分解元素的简单操作办法和方程组的求解过程.

**例 6.2.1**　用 LU 分解法求解线性方程组

$$\begin{pmatrix} 2 & 4 & 2 & 6 \\ 4 & 9 & 6 & 15 \\ 2 & 6 & 9 & 18 \\ 6 & 15 & 18 & 40 \end{pmatrix} \begin{pmatrix} x_1 \\ x_2 \\ x_3 \\ x_4 \end{pmatrix} = \begin{pmatrix} 9 \\ 23 \\ 22 \\ 47 \end{pmatrix}.$$

**解**　(1) 关于矩阵的 LU 分解的条件. 由于 $\boldsymbol{A}$ 的各阶主子式

$$2 \neq 0, \quad \begin{vmatrix} 2 & 4 \\ 4 & 9 \end{vmatrix} \neq 0, \quad \begin{vmatrix} 2 & 4 & 2 \\ 4 & 9 & 6 \\ 2 & 6 & 9 \end{vmatrix} \neq 0, \quad \begin{vmatrix} 2 & 4 & 2 & 6 \\ 4 & 9 & 6 & 15 \\ 2 & 6 & 9 & 18 \\ 6 & 15 & 18 & 40 \end{vmatrix} \neq 0,$$

所以 $\boldsymbol{A}$ 存在着唯一的分解关系 $\boldsymbol{A}=\boldsymbol{LU}$.

(2) 关于 $\boldsymbol{L}$ 和 $\boldsymbol{U}$ 的计算.假设分解关系为

$$\begin{pmatrix}1&&&\\a&1&&\\b&c&1&\\d&e&f&1\end{pmatrix}\begin{pmatrix}g&h&i&j\\&k&l&m\\&&n&o\\&&&p\end{pmatrix}=\begin{pmatrix}2&4&2&6\\4&9&6&15\\2&6&9&18\\6&15&18&40\end{pmatrix},$$

利用矩阵乘法规则和矩阵相等的规则,有

$$\boldsymbol{L}=\begin{pmatrix}1&&&\\2&1&&\\1&2&1&\\3&3&2&1\end{pmatrix},\quad \boldsymbol{U}=\begin{pmatrix}2&4&2&6\\&1&2&3\\&&3&6\\&&&1\end{pmatrix}.$$

(3) 关于分解后的两个特殊方程组形式

$$\begin{pmatrix}1&&&\\2&1&&\\1&2&1&\\3&3&2&1\end{pmatrix}\begin{pmatrix}y_1\\y_2\\y_3\\y_4\end{pmatrix}=\begin{pmatrix}9\\23\\22\\47\end{pmatrix},\quad \begin{pmatrix}2&4&2&6\\&1&2&3\\&&3&6\\&&&1\end{pmatrix}\begin{pmatrix}x_1\\x_2\\x_3\\x_4\end{pmatrix}=\begin{pmatrix}y_1\\y_2\\y_3\\y_4\end{pmatrix}.$$

(4) 回代求得原方程的解.上述两个方程组的解为

$$\boldsymbol{y}=(9,5,3,-1)^{\mathrm{T}},\quad \boldsymbol{x}=(1/2,2,3,-1)^{\mathrm{T}},$$

所以原方程组的解为

$$\boldsymbol{x}=(1/2,2,3,-1)^{\mathrm{T}}.$$

**2. 对称正定矩阵的分解**

**定理 6.2.2**　若线性方程组系数矩阵 $\boldsymbol{A}$ 是对称正定的,则 $\boldsymbol{A}$ 有唯一的矩阵分解关系

$$\boldsymbol{A}=\boldsymbol{LDL}^{\mathrm{T}},$$

其中,$\boldsymbol{L}$ 为下三角矩阵,$\boldsymbol{D}$ 为对角矩阵,它们的形式为

$$\boldsymbol{L}=\begin{pmatrix}1&&&\\l_{21}&1&&\\\vdots&\ddots&\ddots&\\l_{n1}&\cdots&l_{n\,n-1}&1\end{pmatrix},\ \boldsymbol{D}=\begin{pmatrix}d_1&&&\\&d_2&&\\&&\ddots&\\&&&d_n\end{pmatrix},\ \boldsymbol{L}^{\mathrm{T}}=\begin{pmatrix}1&l_{21}&\cdots&l_{n1}\\&1&\ddots&\vdots\\&&\ddots&l_{n\,n-1}\\&&&1\end{pmatrix}.$$

于是求解 $\boldsymbol{Ax}=\boldsymbol{b}$ 的过程可分解为

$$\begin{cases}\boldsymbol{Ly}=\boldsymbol{b},\\\boldsymbol{DL}^{\mathrm{T}}\boldsymbol{x}=\boldsymbol{y}.\end{cases}$$

对称正定矩阵在工程计算中是经常遇到的,它的分解具有特殊性.一种分解形式为 $\boldsymbol{A}=\widetilde{\boldsymbol{L}}\widetilde{\boldsymbol{L}}^{\mathrm{T}}$,此时要对 $\widetilde{\boldsymbol{L}}$ 下三角矩阵的对角元素作开方运算,这种分解形式求解线性方程组称为**平方根法**;另一种分解形式为 $\boldsymbol{A}=\boldsymbol{LDL}^{\mathrm{T}}$,此时不要对 $\boldsymbol{L}$ 下三角矩

阵的对角元素作开方运算，这种分解形式求解线性方程组称为**改进的平方根法**.

**无论是平方根法还是改进的平方根法，它们的计算量都与 Gauss 消去法计算量相当，约为** $\frac{1}{3}n^3$.

**例 6.2.2**　已知矩阵 $\boldsymbol{A}=\begin{pmatrix}2&1&1\\1&3&2\\1&2&2\end{pmatrix}$，试验证 $\boldsymbol{A}$ 是对称正定矩阵，并作 $\boldsymbol{A}=\boldsymbol{LDL}^{\mathrm{T}}$ 分解.

**解**　验证 $\boldsymbol{A}$ 是正定矩阵是比较容易的，可用各阶顺序主子式都大于零的办法，也可用所有特征值都大于零的办法.

设 $\boldsymbol{A}=\boldsymbol{LDL}^{\mathrm{T}}$ 的分解形式为

$$\begin{pmatrix}2&1&1\\1&3&2\\1&2&2\end{pmatrix}=\begin{pmatrix}1&&\\a&1&\\b&c&1\end{pmatrix}\begin{pmatrix}d_1&&\\&d_2&\\&&d_3\end{pmatrix}\begin{pmatrix}1&a&b\\&1&c\\&&1\end{pmatrix}.$$

直接用矩阵的乘法规则和两个矩阵相等的规则，有

$$\boldsymbol{A}=\begin{pmatrix}1&&\\1/2&1&\\1/2&3/3&1\end{pmatrix}\begin{pmatrix}2&&\\&5/2&\\&&3/5\end{pmatrix}\begin{pmatrix}1&1/2&1/2\\&1&3/5\\&&1\end{pmatrix}.$$

**3. 三对角方程组的追赶法**

在工程计算中常常会遇到**三对角方程组**

$$\begin{pmatrix}b_1&c_1&&&\\a_2&b_2&c_2&&\\&\ddots&\ddots&\ddots&\\&&a_{n-1}&b_{n-1}&c_{n-1}\\&&&a_n&b_n\end{pmatrix}\begin{pmatrix}x_1\\x_2\\\vdots\\x_{n-1}\\x_n\end{pmatrix}=\begin{pmatrix}d_1\\d_2\\\vdots\\d_{n-1}\\d_n\end{pmatrix}.$$

**系数矩阵 $\boldsymbol{A}$ 常常是对角占优的，有时是对称正定的**(见式(5.4.1) 给出的三对角矩阵 $\boldsymbol{C}_1$)，于是 $\boldsymbol{A}$ 可作 LU 分解如下：

$$\begin{pmatrix}b_1&c_1&&&\\a_2&b_2&c_2&&\\&\ddots&\ddots&\ddots&\\&&a_{n-1}&b_{n-1}&c_{n-1}\\&&&a_n&b_n\end{pmatrix}=\begin{pmatrix}1&&&&\\l_{21}&1&&&\\&\ddots&\ddots&&\\&&l_{n-1\,n-1}&1&\\&&&l_{n\,n-1}&1\end{pmatrix}\begin{pmatrix}\mu_1&\lambda_1&&&\\&\mu_2&\lambda_2&&\\&&\ddots&\ddots&\\&&&\mu_{n-1}&\lambda_{n-1}\\&&&&\mu_n\end{pmatrix}.$$

**这种矩阵分解求三对角方程组的办法称为追赶法.**

值得强调的是，**追赶法的计算量为 $O(n)$**，其中 $n$ 为方程组个数；**追赶法的计算量是最佳的**，例如 $10^4$ 个变元的三对角方程组，其求解计算量仅需几万次乘除运

算,求解速度非常快.

## 6.3 直接法的误差分析

直接法求解线性方程组 $\boldsymbol{Ax}=\boldsymbol{b}$ 时,由于舍入误差积累的影响,$\boldsymbol{A}$ 变为 $\boldsymbol{A}+\delta\boldsymbol{A}$,$\boldsymbol{b}$ 变为 $\boldsymbol{b}+\delta\boldsymbol{b}$,当然所求得的解为 $\boldsymbol{x}+\delta\boldsymbol{x}$ 就会有一定误差.分析解的误差的大小就是要分析线性方程组 $\boldsymbol{Ax}=\boldsymbol{b}$ 中当 $\boldsymbol{A}$ 和 $\boldsymbol{b}$ 有微小扰动时解的扰动量大小.

**1. 仅当右端项有扰动的情形**

为了使分析直接法解误差能够简单化,这里仅假设右端项 $\boldsymbol{b}$ 有微小扰动 $\delta\boldsymbol{b}$,于是解 $\boldsymbol{x}$ 也会有扰动量 $\delta\boldsymbol{x}$,此时要分析的解误差为 $\|\delta\boldsymbol{x}\|$ 或 $\|\delta\boldsymbol{x}\|/\|\boldsymbol{x}\|$.

由于仅有右端项有扰动,所以扰动和解误差满足的线性方程组为

$$\boldsymbol{A}(\boldsymbol{x}+\delta\boldsymbol{x})=\boldsymbol{b}+\delta\boldsymbol{b},$$

从中消去 $\boldsymbol{Ax}=\boldsymbol{b}$,有

$$\boldsymbol{A}\delta\boldsymbol{x}=\delta\boldsymbol{b},$$

解的绝对误差可表示为

$$\|\delta\boldsymbol{x}\|=\|\boldsymbol{A}^{-1}\delta\boldsymbol{b}\|\leqslant\|\boldsymbol{A}^{-1}\|\ \|\delta\boldsymbol{b}\|,$$

且有

$$\frac{\|\delta\boldsymbol{x}\|}{\|\boldsymbol{x}\|}\leqslant\|\boldsymbol{A}^{-1}\|\ \frac{\|\delta\boldsymbol{b}\|}{\|\boldsymbol{x}\|}.$$

另一方面,由 $\|\boldsymbol{Ax}\|\leqslant\|\boldsymbol{A}\|\ \|\boldsymbol{x}\|$ 推知

$$\|\boldsymbol{x}\|\geqslant\frac{\|\boldsymbol{Ax}\|}{\|\boldsymbol{A}\|}=\frac{\|\boldsymbol{b}\|}{\|\boldsymbol{A}\|},$$

因此解的相对误差为

$$\frac{\|\delta\boldsymbol{x}\|}{\|\boldsymbol{x}\|}\leqslant\|\boldsymbol{A}\|\ \|\boldsymbol{A}^{-1}\|\ \frac{\|\delta\boldsymbol{b}\|}{\|\boldsymbol{b}\|}. \tag{6.3.1}$$

**2. 仅当矩阵有扰动的情形**

仅假设 $\boldsymbol{A}$ 有小扰动 $\delta\boldsymbol{A}$,解 $\boldsymbol{x}$ 也会产生相应的扰动 $\delta\boldsymbol{x}$,此时扰动量和解误差满足的线性方程组为

$$(\boldsymbol{A}+\delta\boldsymbol{A})(\boldsymbol{x}+\delta\boldsymbol{x})=\boldsymbol{b}.$$

从中消去 $\boldsymbol{Ax}=\boldsymbol{b}$,有

$$\boldsymbol{A}\delta\boldsymbol{x}+\delta\boldsymbol{A}(\boldsymbol{x}+\delta\boldsymbol{x})=\boldsymbol{0},$$

解的绝对误差可表示为

$$\|\delta\boldsymbol{x}\|=\|\boldsymbol{A}^{-1}\delta\boldsymbol{A}(\boldsymbol{x}+\delta\boldsymbol{x})\|\leqslant\|\boldsymbol{A}^{-1}\|\ \|\delta\boldsymbol{A}\|(\|\boldsymbol{x}\|+\|\delta\boldsymbol{x}\|).$$

为获得解的相对误差表示,先在上式两边同除以 $\|\boldsymbol{x}\|$,有

$$\frac{\|\delta\boldsymbol{x}\|}{\|\boldsymbol{x}\|}\leqslant\|\boldsymbol{A}^{-1}\|\ \|\delta\boldsymbol{A}\|\left(1+\frac{\|\delta\boldsymbol{x}\|}{\|\boldsymbol{x}\|}\right),$$

再合并关于 $\|\delta\boldsymbol{x}\|/\|\boldsymbol{x}\|$ 的项,上式变形为

$$\frac{\|\delta \boldsymbol{x}\|}{\|\boldsymbol{x}\|} \leqslant \frac{\|\boldsymbol{A}^{-1}\| \|\delta \boldsymbol{A}\|}{1-\|\boldsymbol{A}^{-1}\| \|\delta \boldsymbol{A}\|}.$$

为了保证相对误差大于零，不妨假定 $\|\boldsymbol{A}^{-1}\| \|\delta \boldsymbol{A}\| < 1$. 最后将其表示为更能说明问题的形式

$$\frac{\|\delta \boldsymbol{x}\|}{\|\boldsymbol{x}\|} \leqslant \frac{\|\boldsymbol{A}^{-1}\| \|\boldsymbol{A}\| \dfrac{\|\delta \boldsymbol{A}\|}{\|\boldsymbol{A}\|}}{1-\|\boldsymbol{A}^{-1}\| \|\boldsymbol{A}\| \dfrac{\|\delta \boldsymbol{A}\|}{\|\boldsymbol{A}\|}}. \tag{6.3.2}$$

**3. 矩阵 $\boldsymbol{A}$ 的条件数**

在前面的误差分析中，用解的绝对误差关系说明问题不够明显，而用解的相对误差关系式(6.3.1)和式(6.3.2)却能非常显著地表明，当解方程组存在小扰动时，解误差强烈地依赖于量值 $\|\boldsymbol{A}^{-1}\| \|\boldsymbol{A}\|$.

**定义 6.3.1**　矩阵 $\boldsymbol{A}$ 的条件数为

$$\mathrm{cond}(\boldsymbol{A}) = \|\boldsymbol{A}^{-1}\| \|\boldsymbol{A}\|. \tag{6.3.3}$$

**显然，cond($\boldsymbol{A}$) 愈大，扰动对解的影响愈大，cond($\boldsymbol{A}$) 刻画了方程组性态的好坏. cond($\boldsymbol{A}$) 很大，称方程组是“病态”的，直接法求解病态方程组的效果不好.**

**例 6.3.1**　考察下面两个方程组的解的差别：

$$\begin{cases} x_1 + x_2 = 2, \\ x_1 + 1.0001x_2 = 2, \end{cases} \quad \begin{cases} x_1 + x_2 = 2, \\ x_1 + 1.0001x_2 = 2.0001. \end{cases}$$

并用 cond($\boldsymbol{A}$) 解释原因.

**解**　第一个方程组的求解结果为 $\begin{cases} x_1 = 2, \\ x_2 = 0; \end{cases}$ 第二个方程组可看做右端项有 $10^{-4}$ 的小扰动的情形，其求解结果为 $\begin{cases} x_1 = 1, \\ x_2 = 1. \end{cases}$ 比较这两个方程组的解发现，右端项的小扰动引起了解的大误差.

下面考察 cond($\boldsymbol{A}$)，因为

$$\boldsymbol{A} = \begin{pmatrix} 1 & 1 \\ 1 & 1+10^{-4} \end{pmatrix}, \quad \boldsymbol{A}^{-1} = \begin{bmatrix} 1+10^4 & -10^4 \\ -10^4 & 10^4 \end{bmatrix},$$

所以当按 $\|\cdot\|_\infty$ 计算时，有

$$\mathrm{cond}(\boldsymbol{A}) = \|\boldsymbol{A}^{-1}\|_\infty \|\boldsymbol{A}\|_\infty \approx 4 \times 10^4.$$

这说明题中所给方程组是病态方程组，所以右端项的小扰动引起了解的大误差.

**例 6.3.2**　对例 6.3.1 中的 $\boldsymbol{A}$，用谱模表示 cond($\boldsymbol{A}$).

**解**　据定义

$$\mathrm{cond}(\boldsymbol{A}) = \|\boldsymbol{A}\|_2 \|\boldsymbol{A}^{-1}\|_2 = \sqrt{\frac{\lambda_{\max}(\boldsymbol{A}^{\mathrm{T}}\boldsymbol{A})}{\lambda_{\min}(\boldsymbol{A}^{\mathrm{T}}\boldsymbol{A})}},$$

由于例 6.3.1 中的 $\boldsymbol{A}$ 是对称矩阵，$\boldsymbol{A}^{\mathrm{T}} = \boldsymbol{A}$，所以

$$\mathrm{cond}(\boldsymbol{A}) = \frac{|\lambda|_{\max}}{|\lambda|_{\min}}.$$

由 $\boldsymbol{A}$ 的特征方程

$$\begin{vmatrix} 1-\lambda & 1 \\ 1 & 1+10^{-4}-\lambda \end{vmatrix} = 0,$$

可解得 $\lambda_1 = 2 + \frac{1}{2} \times 10^{-4} + 1.24 \times 10^{-8}$, $\lambda_2 = \frac{1}{2} \times 10^{-4} - 1.24 \times 10^{-8}$,

于是 $$\mathrm{cond}(\boldsymbol{A}) \approx 4 \times 10^4.$$

**例 6.3.3** 用 $\|\cdot\|_\infty$ 和谱模计算 $\boldsymbol{A} = \begin{pmatrix} 1 & 2 \\ 2 & 1 \end{pmatrix}$ 的条件数.

**解** 先求出 $\boldsymbol{A}^{-1} = \begin{pmatrix} -1/3 & 2/3 \\ 2/3 & -1/3 \end{pmatrix}$,再用 $\|\cdot\|_\infty$ 计算

$$\mathrm{cond}(\boldsymbol{A}) = \|\boldsymbol{A}^{-1}\|_\infty \|\boldsymbol{A}\|_\infty = 3.$$

因为 $\boldsymbol{A}$ 是对称矩阵,$\boldsymbol{A}$ 的两个特征值为 $\lambda_1 = 3, \lambda_2 = -1$,所以

$$\mathrm{cond}(\boldsymbol{A}) = \|\boldsymbol{A}^{-1}\|_2 \|\boldsymbol{A}\|_2 = \frac{|\lambda|_{\max}}{|\lambda|_{\min}} = 3.$$

**条件数不大时方程组是良态的,对于求解过程中的小的数据扰动,其解不会受到太大的影响.**

**4. 病态方程组的简单判别**

由于矩阵条件数事先难以知道,实际计算时可通过一些现象来判断矩阵是否是病态的.

1) 矩阵两行元素几乎对应成比例,此时矩阵接近奇异,$|\lambda|_{\min}$ 很小,$\|\boldsymbol{A}^{-1}\|$ 很大,cond($\boldsymbol{A}$) 很大.

2) 矩阵元素间的数量级差别很大,大数量级元素分布没有一定的规律,不能用行、列交换的办法将大数量级元素集中在对角线上或对角线附近.具有这种表现的矩阵其 $|\lambda|_{\max}/|\lambda|_{\min}$ 往往会很大,cond($\boldsymbol{A}$) 会很大.

3) 将矩阵元素或右端项作小的改动后再求解一次,其解发生很大的变化.

**5. 病态方程组求解方法的改进**

对病态方程组求解,最好的办法是将其改造为良态方程组求解,有以下两种办法可供参考:

1) 对原病态方程组的物理背景进行分析,修正数学模型,纠正对问题处理不当的部分,使新的方程组性态较好.

2) 对病态方程组作预处理.希望能选择到非奇异矩阵 $\boldsymbol{G}$ 和 $\boldsymbol{H}$,将 $\boldsymbol{Ax} = \boldsymbol{b}$ 同解变形为

$$\boldsymbol{GAH}^{-1}(\boldsymbol{Hx}) = \boldsymbol{Gb}.$$

令 $\boldsymbol{Hx} = \boldsymbol{y}$,记 $\boldsymbol{M} = \boldsymbol{GAH}^{-1}$,若 $\boldsymbol{M}$ 的条件数较好,先求解

$$My = Gb,$$

再求解
$$Hx = y,$$

则求解效果是理想的. 然而该方法中矩阵 $G$ 和 $H$ 的选择是不容易的,要依靠经验.

对于病态不太严重的方程组,可用减小舍入误差积累的办法来减小解的误差. 可用双字长求解. 也可先用单字长求解 $Ax = b$,得 $\tilde{x}$,用双字长计算 $r = b - A\tilde{x}$,再用双字长求解 $A\varepsilon = r$;最后有 $x = \tilde{x} + \varepsilon$. 这样的处理效果也还是可以的.

## 习　题　6

**【6.1】**　用选主元 Gauss 消去法求解方程组

$$\begin{pmatrix} 1 & 2 & 1 & -2 \\ 2 & 5 & 3 & -2 \\ -2 & -2 & 3 & 5 \\ 1 & 3 & 2 & 5 \end{pmatrix}\begin{pmatrix} x_1 \\ x_2 \\ x_3 \\ x_4 \end{pmatrix} = \begin{pmatrix} -1 \\ 3 \\ 15 \\ 9 \end{pmatrix}.$$

**【6.2】**　给定矩阵 $A = \begin{pmatrix} 10 & 7 & 8 \\ 7 & 8 & 6 \\ 8 & 6 & 10 \end{pmatrix}$,验证 $A$ 是对称正定的,求 $A = LL^{\mathrm{T}}$ 分解式和 $A = LU$ 分解式.

**【6.3】**　设 $A = \begin{pmatrix} 100 & 99 \\ 99 & 98 \end{pmatrix}$,计算 $\mathrm{cond}(A) = \| A^{-1} \|_{\infty} \| A \|_{\infty}$ 和 $\mathrm{cond}(A) = \| A^{-1} \|_2 \| A \|_2$.

**【6.4】**　设 $A = \begin{pmatrix} 4 & -1 & & & \\ -1 & 4 & -1 & & \\ & -1 & 4 & -1 & \\ & & -1 & 4 & -1 \\ & & & -1 & 4 \end{pmatrix}$,计算:

(1) $A^{-1}$;　(2) $\mathrm{cond}(A) = \| A^{-1} \|_{\infty} \| A \|_{\infty}$.

**【6.5】**　证明:

(1) 设 $A$ 非奇异,则 $\mathrm{cond}(A) \geqslant 1$;

(2) 若 $A$ 是实对称矩阵且是正交矩阵,则 $\mathrm{cond}(A) = \| A^{-1} \|_2 \| A \|_2 = 1$;

(3) 若 $k$ 是实常数,则 $\mathrm{cond}(kA) = \mathrm{cond}(A)$;

(4) 若 $|A| \neq 0$, $|B| \neq 0$,则 $\mathrm{cond}(AB) \leqslant \mathrm{cond}(A) \cdot \mathrm{cond}(B)$.

**【6.6】**　设 $A = \begin{pmatrix} 2 & 1 & 0 \\ 1 & 2 & a \\ 0 & a & 2 \end{pmatrix}$,为使 $A = LL^{\mathrm{T}}$,$a$ 的取值范围应为多少?

**【6.7】**　某一装置的运动轨迹为一圆锥曲线

$$x^2 + bxy + cy^2 + dx + ey + f = 0,$$

在运动轨迹上测得五个不同的点

$$P_1 = (14.38, 3.94), \quad P_2 = (11.38, 2.79), \quad P_3 = (7.42, 3.07),$$

$$P_4 = (6.38, 5.11), \quad P_5 = (8.81, 2.59),$$

试形成关于 $b,c,d,e,f$ 的线性方程组,用选主元 Gauss 消去法求解方程组并绘制所求的圆锥曲线.要求用 Matlab 实现.

# 第 7 章　解常微分方程的差分方法

常微分方程在数学建模和科技计算中是经常出现的.常见的常微分方程应用问题可归为三类:第一,一阶常微分方程初值问题(简称常微初值问题);第二,二阶常微分方程边值问题(简称常微边值问题);第三,二阶常微分方程特征值问题(简称常微特征值问题).本章以学习一阶常微初值问题的差分方法为主,对二阶常微边值问题和特征值问题的差分方法仅作一般性介绍.

## 7.1　一阶常微初值问题及其差分方法

许多科学技术研究,例如,天文学中研究星体的运动,空间技术中研究物体的飞行,自动控制系统中研究控制量的发展变化,化学中研究物质扩散而引起的浓度变化,温控技术中研究热量的传导,等等,都需要求解一阶常微初值问题,即

$$\begin{cases} y'(x) = f(x,y), & x \in [a,b], \\ y(a) = y_0. \end{cases} \tag{7.1.1}$$

从形式上看,式(7.1.1)的解 $y(x)$ 是经过初始点$(a, y_0)$的一条曲线,曲线可能定义在有限区段$[a,b]$上,也可能定义在$[a,+\infty)$上,这条解曲线的变化率 $y'(x)$ 是按照 $f(x,y)$ 规律变化的. $f(x,y)$ **的函数关系可能是复杂的**,因此解曲线 $y(x)$ 一般不能写出明显的表达式,然而**用数值方法可以获得具有足够精度的数值解,可利用数值解近似研究** $y(x)$ **的性态**.

根据常微初值问题几何方面和物理方面的含义可知,若初值发生微小扰动,解曲线就会变化.记初值 $y_0$ 发生扰动后变为 $y_0+\varepsilon_0$,解曲线由原来的 $y(x)$ 改变为 $y(x)+\varepsilon(x)$,其中 $\varepsilon(x)$ 是 $\varepsilon_0$ 传播发展的表现.显然,若经过充分的发展过程,$x\to+\infty$,误差量$\varepsilon(x)$仍可被控制,只有这样,常微初值问题(7.1.1)才有求解价值,其解才是稳定的.

下面分析误差函数 $\varepsilon(x)$ 的传播发展规律.一方面,在没有初值扰动时,$y(x)$ 满足常微分方程

$$y' = f(x,y).$$

另一方面,存在初值扰动时,解变化为 $y(x)+\varepsilon(x)$ 且满足

$$(y+\varepsilon)' = f(x, y+\varepsilon),$$

根据二元函数的 Taylor 展开关系,有

$$y'(x) + \varepsilon'(x) = f(x,y) + f'_y(x,\xi)\varepsilon(x), \quad \xi \in (y, y+\varepsilon).$$

于是误差函数 $\varepsilon(x)$ 满足的常微分方程为

$$\varepsilon'(x) = \lambda\varepsilon(x), \quad \lambda = f'_y, \tag{7.1.2}$$

误差函数 $\varepsilon(x)$ 的解析表达式为

$$\varepsilon(x) = e^{\lambda x}.$$

由此可知,若 $\lambda > 0$,则微小的初始扰动会按指数增长规律传播和发展,当 $x \to +\infty$ 时,$\varepsilon(x) \to +\infty$. 此种表现说明式(7.1.1)的解是不稳定的. 若 $\lambda < 0$,则微小初始扰动的传播和发展是指数衰减的,当 $x \to +\infty$ 时,误差及其积累都是有界量,是可控制的,这种表现说明式(7.1.1)的解是稳定的.

总之,**对于** $x \in [a, +\infty)$,**当**

$$\lambda = f'_y \leqslant 0, \quad |f'_y| = L < +\infty \tag{7.1.3}$$

**时,常微初值问题**(7.1.1)**这个数学模型的提法才是合理的,其解是稳定的,用数值方法求其近似解才是有意义的.**

为了离散求解初值问题式(7.1.1),需将求解区间$[a,b]$离散化,还需将常微分方程离散化.

区间$[a,b]$可作等距离散,将$[a,b]$作 $N$ 等分,节点记为$\{x_n\}_{k=0}^N$,节点间距(即步长)记为 $h$,即有

$$x_n = x_0 + nh, \quad x_0 = a, \quad n = 1,2,\cdots,N.$$

一阶常微分方程有多种离散化方法,这里先介绍直接用差商代替微商的差分方法. 由 Taylor 展式,有

$$y(x_{n+1}) = y(x_n) + hy'(x_n) + \frac{h^2}{2}y''(\xi), \quad \xi \in [x_n, x_{n+1}],$$

$$y'(x_n) = \frac{y(x_{n+1}) - y(x_n)}{h} + \frac{h}{2}y''(\xi).$$

若记

$$y_n \approx y(x_n), \quad f(x_n, y_n) \approx f(x_n, y(x_n)),$$

且舍弃相应的微小余量$\frac{h}{2}y''(\xi)$,就可得到关于微分方程的离散化形式

$$\frac{y_{n+1} - y_n}{h} = f(x_n, y_n), \quad n = 0,1,\cdots, \tag{7.1.4}$$

即

$$y_{n+1} = y_n + hf(x_n, y_n), \quad n = 0,1,\cdots. \tag{7.1.5}$$

由式(7.1.4)可以看出,基于 Taylor 展式的离散一阶常微分方程的直接效果是用一阶差商$(y_{n+1} - y_n)/h$ 近似代替 $y'(x)$ 的结果,这种用差商近似代替微商的离散化方法称为**差分方法**. 差分方法的结果是**差分方程**. 由于式(7.1.4)或式(7.1.5)表明了从$(x_n, y_n)$出发计算$(x_{n+1}, y_{n+1})$的一种统一的计算过程,所以一般称其为**差分格式**.

一阶常微分方程的离散化方法还可以从数值积分的角度来理解. 事实上,将式(7.1.1)中的微分方程两边在$[x_n, x_{n+1}]$上积分,有

$$y(x_{n+1}) = y(x_n) + \int_{x_n}^{x_{n+1}} f(\xi, y)\mathrm{d}\xi, \tag{7.1.6}$$

式(7.1.6) 右边是积分项. 若$\int_{x_n}^{x_{n+1}} f(\xi, y)\mathrm{d}\xi$采用不同的数值公式,则会得到不同的差分格式. 此积分若用左矩形积分公式替代,即

$$\int_{x_n}^{x_{n+1}} f(\xi, y)\mathrm{d}\xi = hf(x_n, y_n),$$

则式(7.1.6) 的计算式就是式(7.1.5).

总之,利用差分格式(7.1.5),可从 $y_0$ 出发计算出 $y_1$,每次计算跨一个步长 $h$,这样计算下去可获得$\{x_n, y_n\}_{n=1}^{N}$,这些离散点近似地表述了解曲线 $y(x)$.

现在看来,数值求解常微初值问题(7.1.1) 的离散化方法是简易直观的,采用某种离散化方法就会得到一种确定的差分格式,差分格式实用效果才是人们应该关注的问题.

## 7.2　Euler 方法

Euler **格式为**

$$y_{n+1} = y_n + hf(x_n, y_n), \quad n = 0, 1, \cdots. \tag{7.2.1}$$

**1. 算法思想和计算过程**

观察式(7.1.4) 和式(7.1.1) 的对比表现,可知 Euler 格式是用一阶向前差商$(y_{n+1} - y_n)/h$ 代替微商 $y'(x)$,且在 $f(x_n, y(x_n))$ 中用 $y_n$ 代替 $y(x_n)$ 的结果. Euler 格式是一种显式差分格式,利用$(x_n, y_n)$ 可显式地计算出$(x_{n+1}, y_{n+1})$,计算过程简单,计算量小. Euler 格式计算过程的几何表现如图 7.2.1 所示,它从 $y_n$ 出发,跨出一个步长 $h$ 且按斜率 $f(x_n, y_n)$ 直线增长到 $y_{n+1}$,每一次跨步长计算都会产生误差.

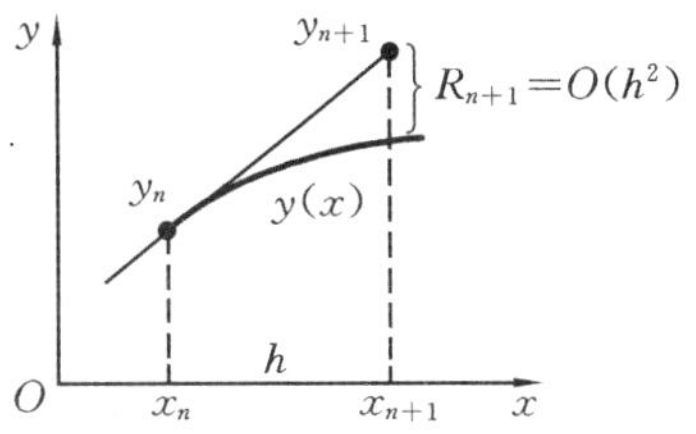


**图 7.2.1**　Euler **格式计算过程示意图**

**2. 局部截断误差**

在每一次跨步长计算中,**假设** $y_n$ **是准确的,准确解** $y(x_{n+1})$ **和离散解** $y_{n+1}$ **之间的误差称为局部截断误差**,记为

$$R_{n+1} = y(x_{n+1}) - y_{n+1}.$$

由于**在估计局部截断误差时总假设** $y_n = y(x_n)$,所以可将 Euler 格式(7.2.1) 改写为

$$y_{n+1} = y(x_n) + hf(x_n, y(x_n)),$$

再与相应的 Taylor 展式

$$y(x_{n+1}) = y(x_n) + hy'(x_n) + O(h^2) = y(x_n) + hf(x_n, y(x_n)) + O(h^2)$$

比较,即知 Euler 格式(7.2.1) 的局部截断误差为

$$R_{n+1} = O(h^2). \tag{7.2.2}$$

**3. 整体截断误差**

局部截断误差只是经一个步长所产生的离散化误差,然而每一步都会产生误差,经若干步后会产生误差积累. 对于整体截断误差,要分析的是在若干步后,在逐步误差积累的情况下,真解 $y(x_{n+1})$ 与差分解 $y_{n+1}$ 之间的误差.

设用 Euler 格式(7.2.1)求解常微初值问题(7.1.1),其中求解区间 $[a,b]$ 被分成 $N$ 等份,步长 $h=(b-a)/N$,还假设 $y(x)$ 二阶连续可微,$f(x,y)$ 关于 $y$ 满足式(7.1.3). 由 Taylor 展式,有

$$y(x_{n+1})=y(x_n)+y'(x_n)h+R_{n+1}=y(x_n)+hf(x_n,y(x_n))+R_{n+1},$$

其中,$R_{n+1}=y''(\xi)h^2/2=O(h^2)$. 将上式与 Euler 格式

$$y_{n+1}=y_n+hf(x_n,y_n)$$

相减,则有

$$\begin{aligned}|y(x_{n+1})-y_{n+1}|&\leqslant|y(x_n)-y_n|+h|f(x_n,y(x_n))-f(x_n,y_n)|+|R_{n+1}|\\&\leqslant|y(x_n)-y_n|+hL|y(x_n)-y_n|+|R_{n+1}|.\end{aligned}$$

在误差有积累的情况下用 $E_n$ 表示 $x_n$ 处的整体截断误差,还记

$$R=\max\{|R_i|\}=O(h^2),$$

则有

$$\begin{aligned}|E_{n+1}|&\leqslant(1+hL)|E_n|+R\\&\leqslant(1+hL)^2|E_{n-1}|+(1+hL)R+R\\&\leqslant\cdots\\&\leqslant(1+hL)^{n+1}|E_0|+R\sum_{k=0}^{n}(1+hL)^k.\end{aligned}$$

由于

$$E_0=y(x_0)-y_0=0,$$

所以

$$|E_{n+1}|\leqslant R\sum_{k=0}^{n}(1+hL)^k=\frac{R}{hL}[(1+hL)^{n+1}-1].$$

利用公式

$$1+x\leqslant1+x+\frac{x^2}{2!}+\cdots=\mathrm{e}^x,\quad x>0,$$

则有

$$|E_{n+1}|\leqslant\frac{R}{hL}[\mathrm{e}^{hL(n+1)}-1].$$

由 $(n+1)h\leqslant b-a$,有

$$|E_{n+1}|\leqslant\frac{R}{hL}[\mathrm{e}^{L(b-a)}-1]=O\left(\frac{R}{h}\right)=O(h).\tag{7.2.3}$$

总之,Euler 格式在前面 $n$ 步有局部误差积累的情况下,其**整体截断误差**为 $O(h)$,**比局部截断误差低一阶**.

**4. 差分格式的精度阶**

由于整体截断误差是在若干步误差积累情形下的差分解误差,所以整体截断误差能反映差分格式的整体精度,能反映某种离散化方法的整体精度,故可用整体截断误差阶定义离散化方法的精度阶. 据此,可得到结论:**若某种差分格式的局部截断误差为 $O(h^{p+1})$,则称该差分格式是 $p$ 阶精度的,称相应的离散化方法是 $p$ 阶**

**方法**.具体到 Euler 格式可知,Euler **方法是一阶方法**.

**例 7.2.1**　对于常微初值问题

$$\begin{cases} y' = 1, & x \in [0,10], \\ y(0) = 0, \end{cases}$$

试用显式 Euler 格式求解.

**解**　本题常微初值问题的解析解为 $y = x$,用于数值求解的显式 Euler 格式为

$$(y_{n+1} - y_n)/h = 1,$$

该情形时的差分格式是对 $y' = 1$ 的准确模拟.从图 7.2.1 也可看出,当 $y(x)$ 是直线时,该情形时的差分格式每一步都可以准确计算解的离散值 $y_{n+1} = y(x_{n+1})$.

由例 7.2.1 不难看出,若常微初值问题的解 $y(x)$ 是一次多项式,则一阶精度的 Euler 格式是可准确求解的,若 $y(x)$ 是任意函数,则**一阶精度的差分格式**(Euler **格式)所确定的差分解能对解析解"准确到"一次多项式的程度**.

读者以后将会明白,$p$ **阶精度的差分格式所确定的差分解能对解析解"准确到"**$p$ **次多项式的程度**.

用多项式函数近似待描述的函数,这是在计算方法中被经常使用的.例如用 $n$ 次多项式插值函数 $P_n(x)$ 近似 $f(x)$,$x \in [a,b]$,可以说 $P_n(x)$ 在$[a,b]$上对 $f(x)$ 准确到 $n$ 次多项式的程度;例如 $p$ 次代数精度的数值积分公式可以看做某个多项式的积分公式,该多项式对被积函数 $f(x)$ 准确到 $p$ 次多项式的程度;又例如在数值求解常微初值问题时,$p$ 阶精度差分格式的差分解 $y_{n+1}$ 在$[a,b]$范围内能对解析解 $y(x)$ 准确到 $p$ 次多项式的程度.

**例 7.2.2**　求解初值问题

$$\begin{cases} y' = y - \dfrac{2x}{y}, & 0 < x \leqslant 1, \\ y(0) = 1. \end{cases} \tag{7.2.4}$$

采用步长 $h = 0.1$ 的显式 Euler 格式

$$y_{n+1} = y_n + h\left(y_n - \frac{2x_n}{y_n}\right),$$

并将计算结果与准确解 $y = \sqrt{1 + 2x}$ 的节点值 $y(x_n)$ 作比较,用以观察数值解的精度.

**解**　将 $x_n$ 处的准确值 $y(x_n)$ 和计算值 $y_n$ 一同列于表 7.2.1 中作比较,不难看出,一阶精度的 Euler 格式的计算精度较低.

**表 7.2.1　显式 Euler 格式的算例**

| $x_n$ | $y_n$ | $y(x_n)$ | $x_n$ | $y_n$ | $y(x_n)$ |
|---|---|---|---|---|---|
| 0.1 | 1.100 0 | 1.095 4 | 0.6 | 1.509 0 | 1.483 2 |
| 0.2 | 1.191 8 | 1.183 2 | 0.7 | 1.580 3 | 1.549 2 |
| 0.3 | 1.277 4 | 1.264 9 | 0.8 | 1.649 8 | 1.612 5 |
| 0.4 | 1.358 2 | 1.341 6 | 0.9 | 1.717 8 | 1.673 3 |
| 0.5 | 1.435 1 | 1.414 2 | 1.0 | 1.784 8 | 1.732 1 |

## 7.3　梯形方法

**梯形差分格式**(简称**梯形格式**)为

$$y_{n+1}=y_n+\frac{h}{2}[f(x_n,y_n)+f(x_{n+1},y_{n+1})],\quad n=0,1,\cdots. \tag{7.3.1}$$

**1. 算法思想**

梯形格式以 $y_n$ 为出发点,按斜率

$$k=\frac{1}{2}[f(x_n,y_n)+f(x_{n+1},y_{n+1})]$$

跨一个步长,直线增长到 $y_{n+1}$(见图7.3.1).采用这种斜率计算是为了提高计算精度.在式(7.1.6)所示的离散化方法中,梯形格式采用了梯形积分公式,它比采用左矩形积分公式的Euler格式的精度会有所提高.

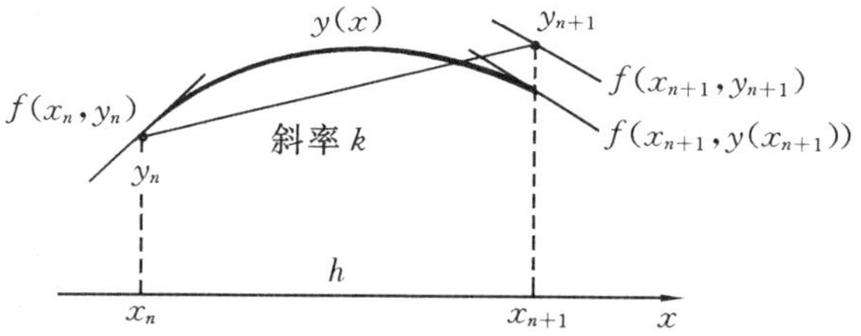


**图7.3.1　梯形格式的算法思想**

**2. 计算过程**

梯形格式中含有 $f(x_{n+1},y_{n+1})$,梯形格式是一种隐格式,它是不能显式计算的.为了算得 $y_{n+1}$,梯形格式必须采用第4章中所介绍的迭代方法,具体的迭代公式为

$$y_{n+1}^{(k+1)}=y_n+\frac{h}{2}[f(x_n,y_n)+f(x_{n+1},y_{n+1}^{(k)})],\quad k=0,1,\cdots,$$

其中,上标 $k$ 表示迭代次数.给定 $y_{n+1}^{(0)}$ 可计算出 $y_{n+1}^{(1)}$,再由迭代式计算出 $y_{n+1}^{(2)}$,当迭代收敛时,有

$$y_{n+1}^{(*)}=y_n+\frac{h}{2}[f(x_n,y_n)+f(x_{n+1},y_{n+1}^{(*)})],$$

其收敛值 $y_{n+1}^{*}$ 就是梯形格式所确定的 $y_{n+1}$.

**3. 局部截断误差**

由Taylor展式,有

$$y(x_{n+1})=y(x_n)+hy'(x_n)+\frac{h^2}{2}y''(x_n)+O(h^3),$$

$$y(x_n)=y(x_{n+1})-hy'(x_{n+1})+\frac{h^2}{2}y''(x_{n+1})+O(h^3),$$

两式相减即有

$$\begin{cases} y(x_{n+1}) = y(x_n) + \dfrac{h}{2}[f(x_n, y(x_n)) + f(x_{n+1}, y(x_{n+1}))] + R_{n+1}, \\ R_{n+1} = \dfrac{h^2}{4}[y''(x_n) - y''(x_{n+1})] + O(h^3) = O(h^3). \end{cases}$$

由此可见，上式中略去 $R_{n+1}$ 就得到梯形格式(7.3.1)。这不仅说明梯形格式的局部截断误差为 $O(h^3)$，也说明为了构造较高阶截断误差的差分格式，人们可采用 Taylor 展式构造差分格式的办法.

**4. 梯形格式的精度阶**

在 Euler 格式的误差分析中，关于局部截断误差、整体截断误差和差分格式精度阶这三者之间的关系是普遍成立的，所以由梯形格式的局部截断误差可知，**梯形格式是二阶精度的差分格式**，或者说，**梯形方法是二阶方法**.

**例 7.3.1**　对于常微初值问题

$$\begin{cases} y' = 2x, \quad x \in [0,10], \\ y(0) = 0, \end{cases}$$

可知其解析解为 $y(x) = x^2$. 在用梯形格式数值求解时，已知 $h = 0.1, y_0 = 0$，试求 $y_{10}$.

**解**　梯形格式为

$$y_{n+1} = y_n + \frac{h}{2}(2x_n + 2x_{n+1}),$$

本例中常微分方程的右端项 $f(x,y)$ 是简单表现的，所以很容易计算出 $y_1 = 0.01$，$y_2 = 0.04$，直接看到差分解等于准确解的效果，所以 $y_{10} = (10h)^2 = 1$.

例(7.3.1) 说明了这样一个事实，**二阶精度差分格式（如梯形格式）的差分解能对解析解准确到二次多项式的程度**.

## 7.4　Runge-Kutta 方法

在常微初值问题的差分格式中有几个名词是经常遇到的：一是**单步法**和**多步法**，二是**显格式**和**隐格式**. 所谓单步法，是指计算 $y_{n+1}$ 时仅用到前面一个步长 $h$ 处的有关信息，如 $y_n, f(x_n, y_n)$ 等的差分方法. 所谓多步法，是指计算 $y_{n+1}$ 时要用到前面多个步长处的有关信息，如 $y_{n-m}, \cdots, y_n; f(x_{n-m}, y_{n-m}), \cdots, f(x_n, y_n)$ 等的差分方法. 所谓显格式，就是显式差分格式，在这种差分格式中，仅通过简单直接的计算就可获得 $y_{n+1}$. 所谓隐格式，就是隐式差分格式，要计算的 $y_{n+1}$ 被隐含在差分格式中，不能直接算出，必须利用其它方法（例如迭代法）才能计算出 $y_{n+1}$.

前面介绍的 Euler 格式(7.2.1) 是单步法的显格式，也可简称为单步显格式；梯形格式(7.3.1) 是单步法的隐格式，也可简称为单步隐格式.

本节将要介绍的二阶、三阶、四阶 Runge-Kutta 方法都是单步显格式.

**1. 二阶 Runge-Kutta 方法的设计思想**

Euler 格式精度低，但显式计算方便且计算量小；梯形格式精度较高，但隐式迭代麻烦且计算量大. 因此,**求解常微初值问题好的差分格式主要体现在格式精度高和计算过程方便且计算量小这两个方面.**

人们很自然地想到,把 Euler 格式和梯形格式结合起来,可形成下述预测 - 校正格式:

预测　　$\bar{y}_{n+1} = y_n + hf(x_n, y_n)$,

校正　　$y_{n+1} = y_n + \frac{h}{2}[f(x_n, y_n) + f(x_{n+1}, \bar{y}_{n+1})]$.

该格式的精度肯定比 Euler 格式的高,虽然在感觉上它比梯形格式的精度可能略低些,但它避免了迭代过程. 该格式是显式计算的,计算方便且计算量小.

预测 - 校正格式还可改写为如下**嵌套校正形式**:

$$\begin{cases} y_{n+1} = y_n + h\left(\frac{1}{2}k_1 + \frac{1}{2}k_2\right), \\ k_1 = f(x_n, y_n), \\ k_2 = f(x_{n+1}, y_n + hk_1). \end{cases} \tag{7.4.1}$$

该形式表明,$k_1$ 值被嵌套用于计算 $k_2$ 的值,$k_1$ 和 $k_2$ 被组合校正为 $k^* = \frac{1}{2}k_1 + \frac{1}{2}k_2$,再单步长计算 $y_{n+1} = y_n + hk^*$,这样计算会达到较满意的结果. 这个处理过程还启示人们,如果在$[x_n, x_{n+1}]$内选择几个点处的斜率值,然后将它们加权平均作为平均斜率 $k^*$,则有可能构造出更高精度的计算格式. 这就是 Runge-Kutta 方法的设计思想.

**2. 二阶 Runge-Kutta 方法**

首先对式(7.4.1) 的形式作简单推广,在区间$[x_n, x_{n+1}]$上寻找一点

$$x_{n+p} = x_n + ph, \quad 0 < p \leqslant 1,$$

希望用 $x_n$ 和 $x_{n+p}$ 处的斜率值 $k_1$ 和 $k_2$ 加权平均得到平均斜率

$$k^* = (1-\lambda)k_1 + \lambda k_2,$$

再用 $k^*$ 计算

$$y_{n+1} = y_n + hk^*.$$

算法的具体形式为

$$\begin{cases} y_{n+1} = y_n + h[(1-\lambda)k_1 + \lambda k_2], \\ k_1 = f(x_n, y_n), \\ k_2 = f(x_{n+p}, y_n + phk_1), \end{cases} \tag{7.4.2}$$

其中含有两个待定参数 $\lambda$ 和 $p$,希望适当选取这两个参数值,使数值解 $y_{n+1}$ 具有较高的精度. 相应的计算过程如图 7.4.1 所示.

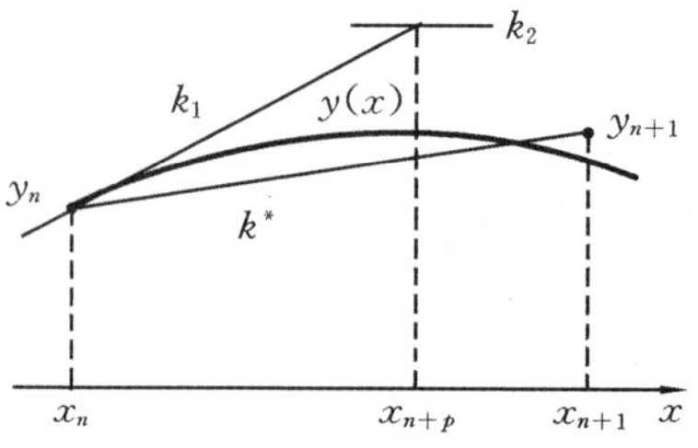


**图 7.4.1　二阶 Runge-Kutta 方法计算过程**

下面仔细分析式(7.4.2) 的局部截断误

差. 仍然假定 $y_n = y(x_n)$，分别将 $k_1$ 和 $k_2$ 作 Taylor 展开，注意在二元展开时，有

$$
\begin{aligned}
& f(x_n + h_1, y_n + h_2) \\
&= f(x_n, y_n) + [f_x(x_n, y_n)h_1 + f_y(x_n, y_n)h_2] \\
&\quad + \frac{1}{2}[f_{xx}(x_n, y_n)h_1^2 + 2f_{xy}(x_n, y_n)h_1h_2 + f_{yy}(x_n, y_n)h_2^2] + O(h_1^3, h_2^3),
\end{aligned}
$$

还注意 $y'$ 是关于 $x$ 和 $y$ 的二元函数，此时

$$\frac{\mathrm{d}^2 y}{\mathrm{d}x^2} = \frac{\mathrm{d}y'}{\mathrm{d}x} = \frac{\mathrm{d}f(x,y)}{\mathrm{d}x} = f_x(x,y) + f_y(x,y)\frac{\mathrm{d}y}{\mathrm{d}x}.$$

于是有

$$k_1 = f(x_n, y_n) = y'(x_n),$$

$$
\begin{aligned}
k_2 &= f(x_{n+p}, y_n + phk_1) \\
&= f(x_n, y_n) + ph[f_x(x_n, y_n) + f(x_n, y_n)f_y(x_n, y_n)] + O(h^2) \\
&= y'(x_n) + phy''(x_n) + O(h^2),
\end{aligned}
$$

代入式(7.4.2)得

$$y_{n+1} = y(x_n) + hy'(x_n) + \lambda ph^2 y''(x_n) + O(h^3).$$

再和 Taylor 展式

$$y(x_{n+1}) = y(x_n) + hy'(x_n) + \frac{h^2}{2}y''(x_n) + O(h^3)$$

比较系数，即有

$$|y(x_{n+1}) - y_{n+1}| = O(h^3), \quad 当 \lambda p = 1/2 时. \tag{7.4.3}$$

由此可知，只要适当选择参数 $\lambda$ 和 $p$，使其满足 $\lambda p = 1/2$，则由式(7.4.2)所确定的差分方法就是**二阶精度**的. 统称这种方法为**二阶 Runge-Kutta 方法**.

特别地，取 $p = 1, \lambda = 1/2$，则二阶 Runge-Kutta 方法就是式(7.4.1).

如果取 $p = 1/2, \lambda = 1$，这时的二阶 Runge-Kutta 方法为

$$
\begin{cases}
y_{n+1} = y_n + hk_2, \\
k_1 = f(x_n, y_n), \\
k_2 = f\left(x_{n+1/2}, y_n + \dfrac{h}{2}k_1\right).
\end{cases} \tag{7.4.4}
$$

**二阶 Runge-Kutta 方法是一种方便实用的显式单步方法.**

**3. 三阶 Runge-Kutta 方法**

三阶 Runge-Kutta 方法的一般形式为

$$
\begin{cases}
y_{n+1} = y_n + h[(1-\lambda-\mu)k_1 + \lambda k_2 + \mu k_3], \\
k_1 = f(x_n, y_n), \\
k_2 = f(x_{n+p}, y_n + phk_1), \\
k_3 = f(x_{n+q}, y_n + qh[(1-\alpha)k_1 + \alpha k_2]),
\end{cases}
$$

其中，$0 < p < q \leqslant 1$. 显然，这里涉及三个点 $x_n, x_{n+p}, x_{n+q}$，这些点处的斜率值分别为 $k_1, k_2, k_3$. 算法中用 $k_1$ 去计算 $k_2$，用 $k_1$ 和 $k_2$ 去计算 $k_3$，用 $k_1, k_2$ 和 $k_3$ 作加权平

均而获得平均斜率 $k^* = (1-\lambda-\mu)k_1 + \lambda k_2 + \mu k_3$，最后用此平均斜率简单计算数值解 $y_{n+1} = y_n + hk^*$. 运用 Taylor 展开方法选择参数 $p, q, \lambda, \mu, \alpha$，可使该算法具有**三阶精度**. 这类格式统称为**三阶 Runge-Kutta 格式**.

下面是三阶 Runge-Kutta 格式中的一种：

$$\begin{cases} y_{n+1} = y_n + \dfrac{h}{6}(k_1 + 4k_2 + k_3), \\ k_1 = f(x_n, y_n), \\ k_2 = f\left(x_{n+1/2}, y_n + \dfrac{h}{2}k_1\right), \\ k_3 = f(x_{n+1}, y_n + h(-k_1 + 2k_2)). \end{cases} \tag{7.4.5}$$

**三阶 Runge-Kutta 方法是一种方便实用的显式单步方法.**

**4. 四阶 Runge-Kutta 方法**

用同样的推证方法可导出四阶 Runge-Kutta 格式，下面是常用的一种：

$$\begin{cases} y_{n+1} = y_n + \dfrac{h}{6}(k_1 + 2k_2 + 2k_3 + k_4), \\ k_1 = f(x_n, y_n), \\ k_2 = f\left(x_{n+1/2}, y_n + \dfrac{h}{2}k_1\right), \\ k_3 = f\left(x_{n+1/2}, y_n + \dfrac{h}{2}k_2\right), \\ k_4 = f(x_{n+1}, y_n + hk_3). \end{cases} \tag{7.4.6}$$

**这种四阶 Runge-Kutta 格式具有四阶精度，也是一种方便实用的显式单步方法.**

**5. 算例**

**例 7.4.1** 如图 7.4.2 所示的电路，包括电动势 $E$、电感 $L$ 和非线性电阻 $R$，电阻与电流的关系为

$$R = \alpha + \beta I^2,$$

其中，$\alpha, \beta$ 为常数. 讨论开关闭合后电路中电流的变化规律.

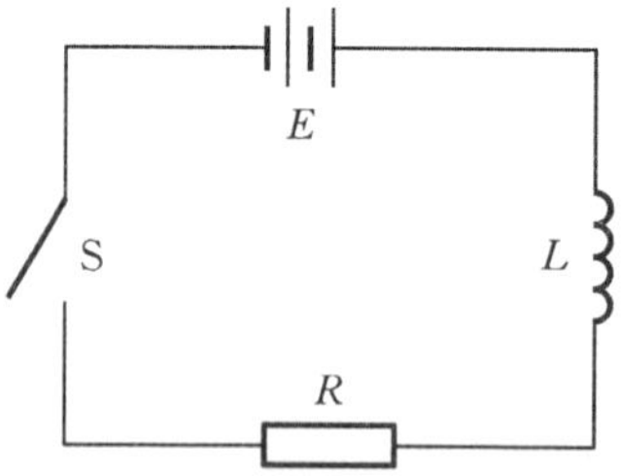


**图 7.4.2 *RL* 电路中的电流变化规律**

**解** 根据 Kirch hoff 定律，电路中压降的代数和为零，所以该电路中的电流变化规律为

$$E - L\frac{\mathrm{d}I}{\mathrm{d}t} - (\alpha + \beta I^2)I = 0,$$

整理后可得一阶常微初值问题，即

$$\begin{cases} \dfrac{\mathrm{d}I}{\mathrm{d}t} = \dfrac{E}{L} - \dfrac{\beta}{L}I^3 - \dfrac{\alpha}{L}I, \\ I(0) = 0. \end{cases}$$

给定参数 $E = 200\ \text{V}$, $L = 3\ \text{H}$, $\alpha = 100\ \Omega$, $\beta = 50\ \Omega/\text{A}^2$，试用四阶 Runge-Kutta 格式(7.4.6) 计算关于电流随时间变化规律的数值解.

取时间的间隔步长 $h = 0.002$，按四阶 Runge-Kutta 格式(7.4.6) 共计算 23 步，数值解 $\{I(t_n)\}$ 列于表 7.4.1 中，从这些数值解中可观察出 $RL$ 电路中电流的渐变过程.

**表 7.4.1　$RL$ 电路中电流渐变过程的数值解**

| $t_n$ | $I(t_n)$ | $t_n$ | $I(t_n)$ | $t_n$ | $I(t_n)$ | $t_n$ | $I(t_n)$ |
|---|---|---|---|---|---|---|---|
| 0.000 | 0.000 000 | 0.012 | 0.654 099 | 0.024 | 0.986 584 | 0.036 | 1.118 797 |
| 0.002 | 0.128 968 | 0.014 | 0.722 095 | 0.026 | 1.019 337 | 0.038 | 1.129 772 |
| 0.004 | 0.249 391 | 0.016 | 0.790 473 | 0.028 | 1.046 959 | 0.040 | 1.138 810 |
| 0.006 | 0.361 332 | 0.018 | 0.850 575 | 0.030 | 1.070 120 | 0.042 | 1.146 237 |
| 0.008 | 0.464 686 | 0.020 | 0.902 886 | 0.032 | 1.089 445 | 0.044 | 1.152 330 |
| 0.010 | 0.559 306 | 0.022 | 0.948 000 | 0.034 | 1.105 502 | 0.046 | 1.157 321 |

## 7.5　显式单步方法的稳定性问题

常微初值问题是一种描述发展和传播过程的数学模型. **解在发展和传播过程中，解误差在不断地积累.** 前面就其差分格式讨论过整体截断误差，这是**局部截断误差的积累问题，局部截断误差是随着 $h$ 的减小而减小的.** 局部截断误差为 $O(h^{p+1})$ 时，**它的积累是有限的**，整体截断误差仍可达到 $O(h^p)$. 然而，实际计算过程中还存在着舍入误差，**舍入误差可能随着 $h$ 的减小而增大，舍入误差的积累可能会对解的精度产生很大的影响.** 因此，某种差分格式要能够用于实际计算，还必须讨论其实际计算的稳定性问题. 下面将分析和总结关于计算稳定性判别方法和有关结论.

**1. 常微初值问题(7.1.1) 的稳定性等价于相应模型问题的稳定性**

在 7.1 节中曾讨论过式(7.1.1) 中的常微分方程

$$y' = f(x, y)$$

的稳定性问题，当初始值产生误差时，其解也产生误差，误差函数 $\varepsilon(x)$ 满足式(7.1.2)，即

$$\varepsilon'(x) = \lambda\varepsilon(x), \quad \lambda = f'_y.$$

由于 $\varepsilon(x) = e^{\lambda x}$，所以常微初值问题(7.1.1) 解稳定的充要条件是式(7.1.3)，即

$$\lambda = f'_y \leqslant 0, \quad |f'_y| = L < +\infty.$$

现给定与式(7.1.1) 相应的模型问题

$$y' = \lambda y, \quad \lambda = f'_y \leqslant 0, \quad |f'_y| = L < +\infty, \tag{7.5.1}$$

并讨论其稳定性. 当解的初始值存在误差时，解 $y(x)$ 会改变为 $y(x) + \varepsilon(x)$，将其代入模型问题(7.5.1)，有

$$(y + \varepsilon)' = \lambda(y + \varepsilon) \Rightarrow \varepsilon'(x) = \lambda\varepsilon(x). \tag{7.5.2}$$

由此可见,模型问题(7.5.1)的误差传播规律完全同于原问题(7.1.1)的误差传播规律,模型问题(7.5.1)的稳定性等价于原问题(7.1.1)的稳定性.

今后在讨论形式复杂的常微初值问题稳定性时都用形式简单的、相应的模型问题作替代讨论.

**2. 实际计算时,计算解的稳定性不能被忽略**

对于给定的常微初值问题,通常是先利用某种差分方法得到相应的差分方程,再用计算机求解差分方程.这里有三个数值必须加以区别:第一,$x=x_n$ 处的准确解 $y(x_n)$,它通常是未知的;第二,$x=x_n$ 处的差分解 $y_n$,这是用某种 $p$ 阶精度的差分方法得到的,在理论上 $y(x_n)-y_n=O(h^{p+1})$;第三,$x=x_n$ 处的实际计算解 $\tilde{y}_n$,它是求解差分方程得到的,在求解过程中难免存在舍入误差.

若要求计算解 $\tilde{y}_n$ 是计算稳定的,即要求经过充分多的计算步骤后,有

$$|y(x_n)-\tilde{y}_n|\leqslant\eta,$$

其中,$\eta$ 为指定要求的计算精度.由不等式

$$|y(x_n)-\tilde{y}_n|\leqslant|y(x_n)-y_n|+|y_n-\tilde{y}_n|$$

可知,只有在计算精度

$$|y(x_n)-y_n|\leqslant\eta/2,\quad |y_n-\tilde{y}_n|\leqslant\eta/2$$

都满足时,计算结果 $\tilde{y}_n$ 才能稳定地收敛于 $y(x_n)$.

可以看出,$|y(x_n)-y_n|$ 反映了差分解和准确解的关系,这也是差分格式的局部截断误差.对于 $p$ 阶精度的差分格式而言,因其局部截断误差为 $O(h^{p+1})$,所以对较小的 $h$,容易满足 $|y(x_n)-y_n|\leqslant\eta/2$ 的精度要求.

可以看出,$|\tilde{y}_n-y_n|$ 反映了计算解和差分解的关系.实际用于求解的差分方程是对常微初值问题的模拟,它们对误差都具有传播发展的机制,计算过程中总存在着舍入误差,这些舍入误差不仅会传播和发展,而且会积累.只有在计算过程中压制误差积累,保证 $|\tilde{y}_n-y_n|\leqslant\eta/2$ 的计算精度,才能保证 $\tilde{y}_n$ 是计算稳定的,才能保证 $\tilde{y}_n\to y_n$.所以常微初值问题的计算稳定性不能被忽略.

**3. 模型问题单步差分格式的统一表示**

首先应该看到,差分方程是对常微分方程的模拟,计算差分方程时舍入误差的传播发展机制就是常微初值问题关于扰动误差的传播发展机制,因此,对某一个差分方法而言,若它对模型问题(7.5.1)是计算稳定的,则它对相应的常微初值问题(7.1.1)也是计算稳定的.根据这个道理,**下面在讨论某个差分方法的计算稳定性时,仅需讨论该差分方法离散相应模型问题的差分格式的计算稳定性.**

其次应该看到,本章介绍的几种实用的差分方法都是单步法.单步法不利用 $x_n$ 左边的信息仅利用 $x_n$ 处的信息去计算 $y_{n+1}$.**模型问题(7.5.1)单步法的差分格式都有统一的表示形式**

$$y_{n+1}=Gy_n,\tag{7.5.3}$$

其中，$G$ 称为**传播因子**. 例如，梯形方法、Euler 方法、二阶 Runge-Kutta 方法在离散模型问题(7.5.1) 时所得到的单步差分格式可分别参见下面的例 7.5.1、例7.5.2 和例 7.5.3.

**4. 单步差分格式计算稳定的充要条件**

单步差分格式(7.5.3) 的计算稳定性如何定义呢?仿照理论解的稳定性讨论，设 $y_n$ 处存在着计算误差 $\varepsilon_n$，它可能是舍入误差等计算过程中产生的误差，用单步法计算，应满足

$$y_{n+1}+\varepsilon_{n+1}=G(y_n+\varepsilon_n),$$

再与式(7.5.3) 相减，就有

$$\varepsilon_{n+1}=G\varepsilon_n.$$

当 $n\to+\infty$ 时，计算过程稳定，计算误差得以控制的**充要条件**为

$$|\varepsilon_{n+1}|\leqslant|\varepsilon_n|, \tag{7.5.4}$$

即

$$|G|\leqslant 1. \tag{7.5.5}$$

上述充要条件可作为单步差分格式稳定的定义，$|G|\leqslant 1$ **可作为单步差分格式稳定的条件和判据. 同样也应看到，计算不稳定的差分格式是不能实际应用的.**

综合前面的分析可**总结出关于某种单步差分格式稳定性判别的方法，即用该差分方法直接对相应的模型问题式**(7.5.1) **作离散化处理，将获得的单步差分方程改写成式**(7.5.3) **的形式，再用式**(7.5.5) **作为判别其稳定性的条件.**

**5. 单步差分格式稳定性分析和有关结论**

单步差分格式可分为隐式的和显式的，显式单步差分格式中有一些是可以用式(7.5.3) 直接表示的，而有一些是难以用式(7.5.3) 直接表示的. 下面将分几种情形讨论单步差分格式的稳定性.

1) **所有隐式单步法都是无条件稳定的，所有显式单步法都是条件稳定的.**

有关证明略去，这里仅用隐式梯形格式(7.3.1) 来简单说明隐格式关于计算稳定性的普遍结论.

**例 7.5.1**　讨论隐式梯形格式(7.3.1) 的稳定性.

**解**　因为对于模型问题 $y'=\lambda y$，其相应的梯形格式为

$$y_{n+1}=y_n+\frac{h}{2}(\lambda y_n+\lambda y_{n+1}),$$

将其改写为式(7.5.3) 的形式，有

$$y_{n+1}=\frac{1+\lambda h/2}{1-\lambda h/2}y_n,$$

就可得到传播因子

$$G=\frac{1+\lambda h/2}{1-\lambda h/2}.$$

由于 $\lambda\leqslant 0$，所以 $|G|\leqslant 1$ 对于任意的 $h$ 是成立的，故知隐式梯形格式是无条件稳

定的.

所有隐格式都是无条件稳定的,在数值计算中步长 $h$ 是不受限制的,计算过程始终是稳定的.然而应该看到,要由隐格式用已知的 $y_n$ 计算 $y_{n+1}$ 要花费相当多的工作量,由隐格式算得 $y_{n+1}$ 的精度也是与 $h$ 关联的.

2) **简单的显式单步法可根据模型问题和计算稳定性定义直接判别其稳定性.**

**例 7.5.2**　讨论显式 Euler 格式(7.2.1)的稳定性.

**解**　因为对于模型问题 $y' = \lambda y$,其相应的显式 Euler 格式为

$$y_{n+1} = y_n + \lambda h y_n,$$

将其改写为式(7.5.3)的形式,有

$$y_{n+1} = (1 + \lambda h) y_n,$$

就可得到传播因子

$$G = 1 + \lambda h.$$

根据式(7.5.5)可知,当 $|1 + \lambda h| \leqslant 1$,即当 $-2 \leqslant \lambda h \leqslant 0$ 时,显式 Euler 格式才是计算稳定的.

**例 7.5.3**　讨论二阶 Runge-Kutta 方法,式(7.4.4)的稳定性.

**解**　待讨论的二阶 Runge-Kutta 公式为

$$\begin{cases} y_{n+1} = y_n + hk_2, \\ k_1 = f(x_n, y_n), \\ k_2 = f\left(x_n + \dfrac{1}{2}h, y_n + \dfrac{h}{2}k_1\right). \end{cases}$$

将其作用到模型方程 $y' = \lambda y$ 上,此时 $f(x, y) = \lambda y$,于是有

$$\begin{cases} y_{n+1} = y_n + hk_2, \\ k_1 = \lambda y_n, \\ k_2 = \lambda\left(y_n + \dfrac{h}{2}k_1\right), \end{cases}$$

就有

$$y_{n+1} = \left(1 + \lambda h + \frac{\lambda^2 h^2}{2}\right) y_n,$$

所以

$$G = 1 + \lambda h + \frac{\lambda^2 h^2}{2}.$$

根据式(7.5.5)可知,当 $|G| \leqslant 1$ 时,即当

$$-2 \leqslant \lambda h + \frac{\lambda^2 h^2}{2} \leqslant 0$$

时,二阶 Runge-Kutta 方法是计算稳定的.

3) **复杂形式的显式单步法可根据模型问题和计算稳定性定义间接地判别其稳定性.**

对于复杂形式的显式单步法,要将其改写为式(7.5.3)的形式有时是较麻烦

的,此时可用构造差分格式的一般概念来确定其传播因子 $G$,再作稳定性分析.

具体地,一方面,对模型问题(7.5.1)来说,其解可表述为

$$y(x_{n+1}) = e^{\lambda x_{n+1}} = e^{\lambda(x_n+h)} = e^{\lambda h}y(x_n)$$
$$= \left[1+\lambda h+\frac{(\lambda h)^2}{2}+\frac{(\lambda h)^3}{3!}+\frac{(\lambda h)^4}{4!}+\cdots\right]y(x_n); \qquad (7.5.6)$$

若该显式单步法具有 $p$ 阶精度,则在差分格式构造时,在式(7.5.6)中应保留 $1+\lambda h+\cdots+\frac{(\lambda h)^p}{p!}$,略去 $\frac{(\lambda h)^{p+1}}{(p+1)!}$ 及以后的各项,这样得到的显式单步差分格式

$$y_{n+1} = \left[1+\lambda h+\cdots+\frac{(\lambda h)^p}{p!}\right]y_n \qquad (7.5.7)$$

就是具有 $p$ 阶精度的.

另一方面,显式单步法可表述为

$$y_{n+1} = Gy_n.$$

据此可知,关于模型问题(7.5.1)的 $p$ 阶精度的显式单步差分格式的传播因子为

$$G = 1+\lambda h+\cdots+\frac{(\lambda h)^p}{p!}, \qquad (7.5.8)$$

这样便可利用计算稳定性判据 $|G|\leqslant 1$ 来分析相应的显式单步法的稳定性条件了.

**例 7.5.4**　据 $p$ 阶精度显式单步差分格式(7.5.7)确定显式 Euler 格式的稳定性条件.

**解**　显式 Euler 格式(7.2.1)是一阶精度的差分格式,由式(7.5.7)可知该差分格式一定可表示为

$$y_{n+1} = (1+\lambda h)y_n,$$

故知

$$G = 1+\lambda h.$$

于是由 $|G|\leqslant 1$ 求得其稳定性条件为

$$-2\leqslant \lambda h\leqslant 0.$$

**例 7.5.5**　据 $p$ 阶精度显式单步差分格式(7.5.7)确定二阶 Runge-Kutta 方法的稳定性条件.

**解**　二阶 Runge-Kutta 方法是二阶方法,在式(7.5.7)中取 $p=2$,有

$$y_{n+1} = \left[1+\lambda h+\frac{(\lambda h)^2}{2}\right]y_n,$$

故知

$$G = 1+\lambda h+\frac{(\lambda h)^2}{2},$$

于是由 $|G|\leqslant 1$ 求得其稳定性条件为

$$-2\leqslant \lambda h+\frac{\lambda^2h^2}{2}\leqslant 0.$$

**例 7.5.6**　据 $p$ 阶精度显式单步差分格式(7.5.7)确定三阶 Runge-Kutta 方

法的稳定性条件.

**解** 三阶 Runge-Kutta 方法是三阶的显式单步法,在式(7.5.7) 中取 $p=3$,有

$$y_{n+1}=\left[1+\lambda h+\frac{(\lambda h)^2}{2}+\frac{(\lambda h)^3}{3!}\right]y_n,$$

故知

$$G=1+\lambda h+\frac{(\lambda h)^2}{2}+\frac{(\lambda h)^3}{3!}.$$

于是由 $|G|\leqslant 1$ 确定其稳定性条件为

$$-2.51\leqslant \lambda h\leqslant 0.$$

**例 7.5.7** 确定四阶 Runge-Kutta 方法的稳定性条件.

**解** 四阶 Runge-Kutta 方法是四阶的显式单步法,在式(7.5.7) 中取 $p=4$,有

$$y_{n+1}=\left[1+\lambda h+\cdots+\frac{(\lambda h)^4}{4!}\right]y_n,$$

故知

$$G=1+\lambda h+\cdots+\frac{(\lambda h)^4}{4!}.$$

于是由 $|G|\leqslant 1$ 确定其稳定性条件为

$$-2.785\leqslant \lambda h\leqslant 0.$$

显式单步法的计算过程比较简单,计算工作量小,但步长 $h$ 要受稳定性条件限制.下面举例说明这个事实.

**例 7.5.8** 对常微初值问题

$$\begin{cases}y'=-y+x-\mathrm{e}^{-1},\\ y(1)=0,\end{cases}$$

其准确解为 $y(x)=\mathrm{e}^{-x}+x-1-\mathrm{e}^{-1}$,分别用 $h=1,2,4$ 的四阶 Runge-Kutta 方法计算,观察并分析其数值解的稳定性.

**解** 按本例要求将不同步长的计算结果 $y_n$ 和准确值 $y(x_n)$ 列于表 7.5.1 中.可见,当 $h=1$ 和 $h=2$ 时计算过程稳定,当 $h=4$ 时计算过程不稳定.

**表 7.5.1 不同步长时的计算结果**

| $x_n$ | $h=1$ 的数值解 | $h=2$ 的数值解 | $h=4$ 的数值解 | 准确解 |
|---|---|---|---|---|
| 1 | 0 | 0 | 0 | 0 |
| 3 | 1.683 9 | 1.754 7 | | 1.681 9 |
| 5 | 3.639 4 | 3.673 0 | 5.471 5 | 3.638 9 |
| 7 | 5.633 1 | 5.645 7 | | 5.633 0 |
| 9 | 7.632 3 | 7.636 7 | 16.829 1 | 7.632 2 |
| 11 | 9.632 1 | 9.633 6 | | 9.632 1 |
| 13 | 11.632 1 | 11.632 6 | 57.617 1 | 11.632 1 |

分析这些不同稳定性表现的原因.因为四阶 Runge-Kutta 方法的稳定性条件为 $-2.785\leqslant\lambda h\leqslant 0$,本题中 $\lambda=f_y=-1$,所以当 $h=1$ 和 $h=2$ 时符合稳定性条件,计算结果稳定;当 $h=4$ 时不符合稳定性条件,计算结果不稳定.

## *7.6 Adams 多步方法

Runge-Kutta 方法是一类实用的显式单步方法.这类算法由 $y_n$ 计算 $y_{n+1}$ 时,要在$[x_n, x_{n+1}]$上取几个值 $x_{n+p}$, $0 \leqslant p \leqslant 1$,先预测出这些点处的斜率值,再计算 $y_{n+1}$;这类算法每一步的计算量较大,且已经计算出来的节点值 $y_{n-1}, y_{n-2}, \cdots$ 都没有被利用. Adams 方法试图利用这些已有信息,来减少数值求解的计算量.

**1. 二阶 Adams 显格式**

设利用已有信息 $y_{n-1}$ 和 $y_n$ 设计的差分格式为

$$y_{n+1} = y_n + h[\alpha y'_n + \beta y'_{n-1}], \tag{7.6.1}$$

其中

$$\begin{cases} y'_n = f(x_n, y_n), \\ y'_{n-1} = f(x_{n-1}, y_{n-1}). \end{cases}$$

希望调整参数 $\alpha$ 和 $\beta$ 使式(7.6.1)具有尽可能高的精度,即希望 $y(x_{n+1}) - y_{n+1}$ 具有尽可能高的局部截断误差阶.

为了推导式(7.6.1)的局部截断误差,设 $x_{n-1}$ 和 $x_n$ 处的计算结果是准确的,即

$$y_{n-1} = y(x_{n-1}), \quad y'_{n-1} = y'(x_{n-1}),$$
$$y_n = y(x_n), \quad y'_n = y'(x_n),$$

注意到

$$y'_{n-1} = y'(x_{n-1}) = y'(x_n) - hy''(x_n) + \frac{h^2}{2}y'''(x_n) + \cdots,$$

将其代入式(7.6.1),有

$$y_{n+1} = y(x_n) + h(\alpha + \beta)y'(x_n) + h^2(-\beta)y''(x_n) + O(h^3),$$

再与 $y(x_{n+1})$ 的 Taylor 展式

$$y(x_{n+1}) = y(x_n) + hy'(x_n) + \frac{h^2}{2}y''(x_n) + O(h^3)$$

比照可知,要使 $y(x_{n+1}) - y_{n+1}$ 具有尽可能高的局部截断误差阶,应满足下述条件:

$$\begin{cases} \alpha + \beta = 1, \\ -\beta = 1/2, \end{cases}$$

解得

$$\begin{cases} \alpha = 3/2, \\ \beta = -1/2. \end{cases}$$

于是,就得到计算格式

$$y_{n+1} = y_n + \frac{h}{2}(3y'_n - y'_{n-1}). \tag{7.6.2}$$

称式(7.6.2)为**二阶 Adams 显格式**.其**局部截断误差**为 $O(h^3)$,也可仔细地表示为

$$R = \frac{-1}{4}h^3 y'''(x_n) + O(h^4).$$

**2. 三阶和四阶 Adams 显格式**

设利用已有信息 $y_{n-2}, y_{n-1}$ 和 $y_n$ 设计的差分格式为

$$y_{n+1} = y_n + h[\alpha y'_n + \beta y'_{n-1} + \gamma y'_{n-2}], \tag{7.6.3}$$

其中
$$\begin{cases} y'_n = f(x_n, y_n), \\ y'_{n-1} = f(x_{n-1}, y_{n-1}), \\ y'_{n-2} = f(x_{n-2}, y_{n-2}). \end{cases}$$

希望调整参数 $\alpha,\beta,\gamma$,使式(7.6.3)具有尽可能高的精度,即希望 $y(x_{n+1}) - y_{n+1}$ 具有尽可能高的局部截断误差阶.

仍假设前面几步的计算是准确的,即设

$$y_{n-2} = y(x_{n-2}), \quad y'_{n-2} = y'(x_{n-2}),$$
$$y_{n-1} = y(x_{n-1}), \quad y'_{n-1} = y'(x_{n-1}),$$
$$y_n = y(x_n), \quad y'_n = y'(x_n),$$

注意到
$$y'_{n-1} = y'(x_{n-1}) = y'(x_n) - hy''(x_n) + \frac{h^2}{2}y'''(x_n) + \cdots,$$
$$y'_{n-2} = y'(x_{n-2}) = y'(x_n) - 2hy''(x_n) + 2h^2 y'''(x_n) + \cdots,$$

将它们代入式(7.6.3),有

$$y_{n+1} = y(x_n) + h(\alpha + \beta + \gamma)y'(x_n) + h^2(-\beta - 2\gamma)y''(x_n) + h^3\left(\frac{1}{2}\beta + 2\gamma\right)y'''(x_n) + \cdots,$$

再与 $y(x_{n+1})$ 的 Taylor 展式

$$y(x_{n+1}) = y(x_n) + hy'(x_n) + \frac{h^2}{2}y''(x_n) + \frac{h^3}{6}y'''(x_n) + \cdots$$

比照可知,要使 $y(x_{n+1}) - y_{n+1}$ 具有尽可能高的局部截断误差阶,应满足下述条件:

$$\begin{cases} \alpha + \beta + \gamma = 1, \\ -\beta - 2\gamma = 1/2, \\ \beta/2 + 2\gamma = 1/6, \end{cases}$$

解得
$$\begin{cases} \alpha = 23/12, \\ \beta = -4/3, \\ \gamma = 5/12. \end{cases}$$

于是就得到计算格式

$$y_{n+1} = y_n + \frac{h}{12}(23y'_n - 16y'_{n-1} + 5y'_{n-2}), \tag{7.6.4}$$

称式(7.6.4)为**三阶** Adams **显格式**. **其局部截断误差**为 $O(h^4)$,也可仔细地表示为

$$R = \frac{1}{3}h^4 y^{(4)}(x_n) + O(h^5).$$

同理可推导出**四阶** Adams **显格式**为

$$y_{n+1} = y_n + \frac{h}{24}(55y'_n - 59y'_{n-1} + 37y'_{n-2} - 9y'_{n-3}). \tag{7.6.5}$$

其局部截断误差为 $O(h^5)$，也可仔细地表示为

$$R=\frac{251}{720}h^5y^{(5)}(x_n)+O(h^6).$$

**3. 二阶 Adams 隐格式**

这里要设计的隐格式的形式为

$$y_{n+1}=y_n+h[\alpha y'_{n+1}+\beta y'_n]. \tag{7.6.6}$$

希望该差分格式具有尽可能高的精度，即希望 $y(x_{n+1})-y_{n+1}$ 具有尽可能高的局部截断误差阶.

在此隐格式推导截断误差中，假设

$$y'_n=y'(x_n),\quad y'_{n+1}=y'(x_{n+1}),$$

注意到
$$y'_{n+1}=y'(x_{n+1})=y'(x_n)+hy''(x_n)+\cdots,$$

将其代入式(7.6.6)，有

$$y_{n+1}=y(x_n)+h(\alpha+\beta)y'(x_n)+h^2\alpha y''(x_n)+\cdots,$$

再与 $y(x_{n+1})$ 的 Taylor 展式

$$y(x_{n+1})=y(x_n)+hy'(x_n)+\frac{h^2}{2}y''(x_n)+\cdots$$

比照可知，要使 $y(x_{n+1})-y_{n+1}$ 具有尽可能高的局部截断误差阶，应要求

$$\begin{cases}\alpha+\beta=1,\\ \alpha=1/2,\end{cases}$$

从而有**二阶** Adams **隐格式**

$$y_{n+1}=y_n+\frac{h}{2}(y'_{n+1}+y'_n). \tag{7.6.7}$$

这实际上是梯形格式. **其局部截断误差**为 $O(h^3)$，也可仔细地表示为

$$R=\frac{1}{4}h^3y'''(x_n)+O(h^4).$$

**4. 三阶和四阶 Adams 隐格式**

设用多个已知信息构造隐格式

$$y_{n+1}=y_n+h(\alpha y'_{n+1}+\beta y'_n+\gamma y'_{n-1}), \tag{7.6.8}$$

希望调整参数 $\alpha,\beta,\gamma$，使该格式具有尽可能高的局部截断误差阶.

在此隐格式推导局部截断误差时，假设

$$y_n=y(x_n),\quad y'_n=y'(x_n),$$
$$y_{n-1}=y(x_{n-1}),\quad y'_{n-1}=y'(x_{n-1}),$$
$$y'_{n+1}=y'(x_{n+1});$$

还要用到以下展式

$$y'_{n+1}=y'(x_{n+1})=y'(x_n)+hy''(x_n)+\frac{h^2}{2}y'''(x_n)+\cdots,$$

$$y'_{n-1}=y'(x_{n-1})=y'(x_n)-hy''(x_n)+\frac{h^2}{2}y'''(x_n)+\cdots.$$

将它们代入式(7.6.8),有

$$y_{n+1}=y(x_n)+h(\alpha+\beta+\gamma)y'(x_n)+h^2(\alpha-\gamma)y''(x_n)$$
$$+h^3\left(\frac{1}{2}\alpha+\frac{1}{2}\gamma\right)y'''(x_n)+\cdots.$$

再与 $y(x_{n+1})$ 的 Taylor 展式

$$y(x_{n+1})=y(x_n)+hy'(x_n)+\frac{h^2}{2}y''(x_n)+\frac{h^3}{6}y'''(x_n)+\cdots$$

比照可知,要使 $y(x_{n+1})-y_{n+1}$ 具有尽可能高的截断误差阶,应要求

$$\begin{cases}\alpha+\beta+\gamma=1,\\ \alpha-\gamma=1/2,\\ \alpha+\gamma=1/3.\end{cases}$$

解得

$$\begin{cases}\alpha=5/12,\\ \beta=2/3,\\ \gamma=-1/12.\end{cases}$$

从而有**三阶** Adams **隐格式**

$$y_{n+1}=y_n+\frac{h}{12}(5y'_{n+1}+8y'_n-y'_{n-1}). \tag{7.6.9}$$

**其局部截断误差**为 $O(h^4)$,也可仔细地表示为

$$R=\frac{1}{12}h^4y^{(4)}(x_n)+O(h^5).$$

同理可推得**四阶** Adams **隐格式**

$$y_{n+1}=y_n+\frac{h}{24}(9y'_{n+1}+19y'_n-5y'_{n-1}+y'_{n-2}). \tag{7.6.10}$$

**其局部截断误差**为 $O(h^5)$,也可仔细地表示为

$$R=-\frac{19}{720}h^5y^{(5)}(x_n)+O(h^6).$$

**5. 对 Adams 多步格式的理解**

1) 从插值函数的角度理解 Adams 多步方法的精度阶.

对于二阶 Adams 显格式(7.6.2)来说,格式中应用三个数据 $y_n,y'_n,y'_{n-1}$ 来计算 $y_{n+1}$,这可理解为用这三个数据在 $[x_{n-1},x_n]$ 上构造出某个二次插值多项式 $P_2(x)$. 对 $P_2(x)$ **作外插值计算**,用 $P_2(x_{n+1})$ 作为 $y(x)$ 在 $x_{n+1}$ 处的近似值 $y_{n+1}$,当然在 $h$ 较小时,$y(x_{n+1})-y_{n+1}$ 至多具有 $O(h^3)$ 的局部截断误差,式(7.6.2)是二阶差分格式.

对于二阶 Adams 隐格式(7.6.7)来说,格式中应用三个数据 $y_n,y'_n,y'_{n+1}$(如果

$y'_{n+1}$ 是已知的）来计算 $y_{n+1}$，这也可理解为用这三个数据在 $[x_n, x_{n+1}]$ 上构造出某个二次插值多项式 $P_2(x)$. 对 $P_2(x)$ 作**内插值计算**，用 $P_2(x_{n+1}) = y_{n+1} \approx y(x_{n+1})$，此时 $y(x_{n+1}) - y_{n+1}$ 也具有 $O(h^3)$ 的局部截断误差，式(7.6.7) 也是二阶差分格式.

同样地，对三阶 Adams 显格式(7.6.4) 来说，它可理解为用 $y_n, y'_n, y'_{n-1}, y'_{n-2}$ 在 $[x_{n-2}, x_n]$ 上作三次插值多项式，再作外插值计算 $y_{n+1}$，误差 $y(x_{n+1}) - y_{n+1}$ 应为 $O(h^4)$. 对三阶 Adams 隐格式(7.6.9) 来说，它可理解为用 $y_n, y'_n, y'_{n+1}, y'_{n-1}$ 在 $[x_{n-1}, x_{n+1}]$ 上作三次插值多项式，再作内插值计算 $y_{n+1}$，误差 $y(x_{n+1}) - y_{n+1}$ 也应为 $O(h^4)$.

自然地，**内插值计算的精度要比同阶次的外插值计算的精度略高些**.

2) 从计算工作量和计算稳定性角度来理解多步方法.

多步显格式由于用到了前面几步的已知信息，所以其计算量是较小的，计算是方便的. 然而也应该看到，若一直用多步显格式计算下去，则计算稳定是有条件的. 多步显格式的稳定性本书不作讨论.

多步隐格式需要反复迭代才能计算出 $y_{n+1}$，所以每前进一个步长所花费的计算量都是比较大的. 然而也应该看到，若一直用多步隐格式计算下去，则计算总是稳定的.

**6. 实用的 Adams 预估 - 校正格式**

用显式公式计算出预估值，再用隐式公式进行校正处理，这样的一组计算公式称为预估 - 校正格式，一般**采用同阶的显式和隐式公式组合**.

**二阶 Adams 预估 - 校正格式为**

$$\begin{cases} \text{预估式} \quad \bar{y}_{n+1} = y_n + \dfrac{h}{2}(3y'_n - y'_{n-1}), \\ \text{校正式} \quad y_{n+1} = y_n + \dfrac{h}{2}(\bar{y}'_{n+1} + y'_n), \end{cases} \tag{7.6.11}$$

其中

$$\bar{y}'_{n+1} = f(x_{n+1}, \bar{y}_{n+1}).$$

**三阶 Adams 预估 - 校正格式为**

$$\begin{cases} \text{预估式} \quad \bar{y}_{n+1} = y_n + \dfrac{h}{12}(23y'_n - 16y'_{n-1} + 5y'_{n-2}), \\ \text{校正式} \quad y_{n+1} = y_n + \dfrac{h}{12}(5\bar{y}'_{n+1} + 8y'_n - y'_{n-1}), \end{cases} \tag{7.6.12}$$

**四阶 Adams 预估 - 校正格式为**

$$\begin{cases} \text{预估式} \quad \bar{y}_{n+1} = y_n + \dfrac{h}{24}(55y'_n - 59y'_{n-1} + 37y'_{n-2} - 9y'_{n-3}), \\ \text{校正式} \quad y_{n+1} = y_n + \dfrac{h}{24}(9\bar{y}'_{n+1} + 19y'_n - 5y'_{n-1} + y'_{n-2}). \end{cases} \tag{7.6.13}$$

下面以四阶 Adams 预估 - 校正格式为例说明几个问题：

1) 预估式和校正式都是四阶的差分格式,一般用四阶 Runge-Kutta 方法先计算出 $y_1, y_2, y_3$,然后再采用上述预估-校正格式.

2) 预估式是四阶 Adams 显格式,计算误差 $y(x_{n+1})-\bar{y}_{n+1}$ 虽具有 $O(h^5)$ 量级但精度偏低;校正式是四阶 Adams 隐格式,由于 $\bar{y}_{n+1}$ 已是 $y_{n+1}$ 的好的近似值,所以经校正式一次迭代改进得到的 $y_{n+1}$ 就已具有较满意的精度. 当然校正式也可以多次被使用,但一般仅需一两次迭代.

3) 四阶 Adams 预估-校正格式的计算花费比四阶 Runge-Kutta 方法的要小.

4) 从计算稳定性的角度来考虑. 预估式是显格式,它虽然存在着前面几步计算误差的积累,然而经过校正式这个隐格式迭代后,以前的积累误差又被缩小. 所以用预估-校正格式计算下去,计算过程是数值稳定的.

**7. 实用的 Adams 预估-校正-外推算法**

在预估-校正格式中,显式作为预估式,隐式作为校正式,这两个式子具有相同的精度阶,它们的局部截断误差也是同阶的. 那么,能否利用外推方法构造出精度更高的算法呢?

1) 二阶 Adams 预估-校正-外推算法.

对于二阶预估-校正格式(7.6.11)来说,显式和隐式都可仔细地推导出局部截断误差,它们分别为

$$y(x_{n+1})-\bar{y}_{n+1}=\frac{-1}{4}h^3y'''(x_n)+O(h^4), \tag{7.6.14}$$

$$y(x_{n+1})-y_{n+1}=\frac{1}{4}h^3y'''(x_n)+O(h^4). \tag{7.6.15}$$

两式相减,有

$$-\frac{1}{2}(y_{n+1}-\bar{y}_{n+1})=\frac{1}{4}h^3y'''(x_n)+O(h^4). \tag{7.6.16}$$

将式(7.6.16)代入式(7.6.14),有

$$y(x_{n+1})-\left[\bar{y}_{n+1}+\frac{1}{2}(y_{n+1}-\bar{y}_{n+1})\right]=O(h^4). \tag{7.6.17}$$

这说明用该式方括号中的值替代 $\bar{y}_{n+1}$ 将获得 $O(h^4)$ 的局部截断误差,外推方法可提高原预估值 $\bar{y}_{n+1}$ 的精度.

同理,将式(7.6.16)代入式(7.6.15),有

$$y(x_{n+1})-\left[y_{n+1}-\frac{1}{2}(y_{n+1}-\bar{y}_{n+1})\right]=O(h^4). \tag{7.6.18}$$

这说明用该式方括号中的值替代 $y_{n+1}$ 将获得 $O(h^4)$ 的局部截断误差,外推方法可提高原校正值 $y_{n+1}$ 的精度.

综上所述,得到**二阶 Adams 预估-校正-外推算法**:

$$\begin{cases}\text{显式预估} & \bar{y}_{n+1}^{a} = y_n + \dfrac{h}{2}(3y_n' - y_{n-1}'), \\ \text{隐式校正} & y_{n+1}^{a} = y_n + \dfrac{h}{2}[(\bar{y}_{n+1}^{a})' + y_n'], \\ \text{预估外推} & \bar{y}_{n+1}^{b} = \bar{y}_{n+1}^{a} + \dfrac{1}{2}(y_{n+1}^{a} - \bar{y}_{n+1}^{a}), \\ \text{隐式校正} & y_{n+1}^{b} = y_n + \dfrac{h}{2}[(\bar{y}_{n+1}^{b})' + y_n'], \\ \text{校正外推} & y_{n+1}^{c} = y_{n+1}^{b} - \dfrac{1}{2}(y_{n+1}^{b} - \bar{y}_{n+1}^{b}).\end{cases} \tag{7.6.19}$$

2）三阶 Adams 预估 - 校正 - 外推算法.

对于三阶 Adams 预估 - 校正格式(7.6.12)来说，显格式和隐格式的局部截断误差分别为

$$y(x_{n+1}) - \bar{y}_{n+1} = \frac{1}{3}h^4 y^{(4)}(x_n) + O(h^5), \tag{7.6.20}$$

$$y(x_{n+1}) - y_{n+1} = \frac{1}{12}h^4 y^{(4)}(x_n) + O(h^5). \tag{7.6.21}$$

两式相减，有

$$4(y_{n+1} - \bar{y}_{n+1}) = h^4 y^{(4)}(x_n) + O(h^5). \tag{7.6.22}$$

将式(7.6.22)代入式(7.6.20)，有

$$y(x_{n+1}) - \left[\bar{y}_{n+1} + \frac{4}{3}(y_{n+1} - \bar{y}_{n+1})\right] = O(h^5).$$

可见，外推计算很简单，只要在原值 $\bar{y}_{n+1}$ 的基础加上校正量$\frac{4}{3}(y_{n+1} - \bar{y}_{n+1})$就可以改进 $\bar{y}_{n+1}$ 的精度.

将式(7.6.22)代入式(7.6.20)，有

$$y(x_{n+1}) - \left[y_{n+1} + \frac{1}{3}(y_{n+1} - \bar{y}_{n+1})\right] = O(h^5),$$

方括号中的值是外推值，它可以改进原 $y_{n+1}$ 值的精度.

综上所述，得到**三阶 Adams 预估 - 校正 - 外推算法**：

$$\begin{cases}\text{显式预估} & \bar{y}_{n+1}^{a} = y_n + \dfrac{h}{12}(23y_n' - 16y_{n-1}' + 5y_{n-2}'), \\ \text{隐式校正} & y_{n+1} = y_n + \dfrac{h}{12}[(5\bar{y}_{n+1}^{a})' + 8y_n' - y_{n-1}'], \\ \text{预估外推} & \bar{y}_{n+1}^{b} = \bar{y}_{n+1}^{a} + \dfrac{4}{3}(y_{n+1}^{a} - \bar{y}_{n+1}^{a}), \\ \text{隐式校正} & y_{n+1}^{b} = y_n + \dfrac{h}{12}[(5\bar{y}_{n+1}^{b})' + 8y_n' - y_{n-1}'], \\ \text{校正外推} & y_{n+1}^{c} = y_{n+1}^{b} + \dfrac{1}{3}(y_{n+1}^{b} - \bar{y}_{n+1}^{b}).\end{cases} \tag{7.6.23}$$

**3) 四阶 Adams 预估 - 校正 - 外推算法.**

类似于前面的推导过程，首先写出关于预估值、校正值的截断误差关系式

$$y(x_{n+1}) - \bar{y}_{n+1} = \frac{251}{720}h^5 y^{(5)}(x_n) + O(h^6),$$

$$y(x_{n+1}) - y_{n+1} = -\frac{19}{720}h^5 y^{(5)}(x_n) + O(h^6).$$

两式相减，有

$$-\frac{1}{270}(\bar{y}_{n+1} - y_{n+1}) = \frac{1}{720}h^5 y^{(5)}(x_n) + O(h^6).$$

从而得到关于预估值、校正值的外推关系式

$$y(x_{n+1}) - \left[\bar{y}_{n+1} - \frac{251}{270}(y_{n+1} - \bar{y}_{n+1})\right] = O(h^6),$$

$$y(x_{n+1}) - \left[y_{n+1} + \frac{19}{270}(y_{n+1} - \bar{y}_{n+1})\right] = O(h^6).$$

这样就可构造出四阶 Adams 预估 - 校正 - 外推算法：

$$\begin{cases} \text{显式预估} & \bar{y}^a_{n+1} = y_n + \dfrac{h}{24}(55y'_n - 59y'_{n-1} + 37y'_{n-2} - 9y'_{n-3}), \\ \text{隐式校正} & y^a_{n+1} = y_n + \dfrac{h}{24}[(9\bar{y}^a_{n+1})' + 19y'_n - 5y'_{n-1} + y'_{n-2}], \\ \text{预估外推} & \bar{y}^b_{n+1} = \bar{y}^a_{n+1} - \dfrac{251}{270}(y^a_{n+1} - \bar{y}^a_{n+1}), \\ \text{隐式校正} & y^b_{n+1} = y_n + \dfrac{h}{24}[(9\bar{y}^b_{n+1})' + 19y'_n - 5y'_{n-1} + y'_{n-2}], \\ \text{校正外推} & y^c_{n+1} = y^b_{n+1} + \dfrac{19}{270}(y^b_{n+1} - \bar{y}^b_{n+1}). \end{cases} \tag{7.6.24}$$

## * 7.7　常微边值问题的差分离散化方法

常微初值问题是描述发展和传播状态的数学模型，**而常微边值问题则是描述稳定平衡状态的数学模型**，它在科技应用中是经常用到的.

**1. 两种常微边值问题**

1) 两端强制固定的均匀细长杆的受力平衡问题.

一根长 $L$、截面积为 $A$ 的细长均匀杆受到连续**分布**的载荷 $f(x)$ 的作用，杆存在着小挠度变形并达到稳定平衡状态(见图 7.7.1)，求变形后的杆的位移函数 $u(x)$.

分析杆的受力情况可知，杆在小挠度变形的情形下，杆平衡时，位移和外载力满足下面的二阶常微分方程

$$-EAu'' = f(x), \quad x \in [0, L], \tag{7.7.1}$$

其中，$E$ 和 $A$ 分别表示杆的弹性模量和截面积，$EA$ 表示杆的刚度，另外，杆的变形

始终满足**第一类边值条件**

$$u(0)=\alpha,\quad u(L)=\beta. \tag{7.7.2}$$

式(7.7.1)和式(7.7.2)一起构成**二阶常微分方程的第一边值问题**.

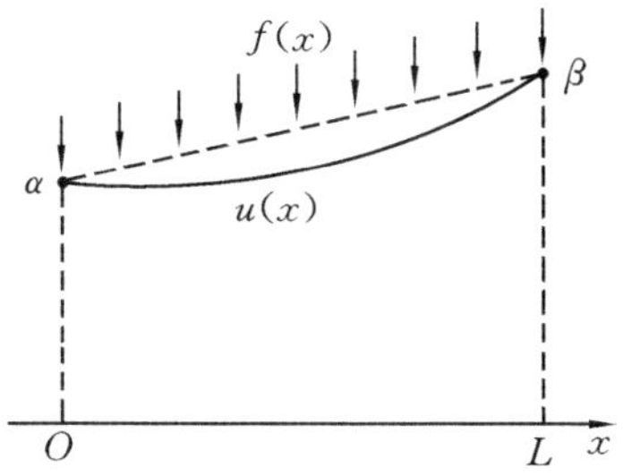


**图 7.7.1　两端固支杆的受力变形**

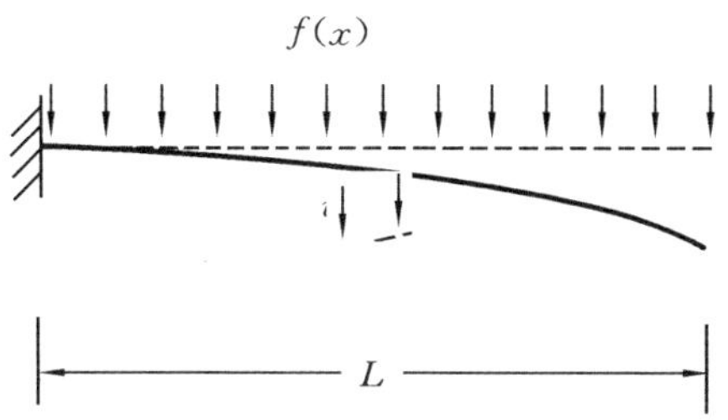


**图 7.7.2　一端固支一端自由的杆的受力变形**

2）一端固支一端自由的杆的受力平衡问题.

一根长 $L$ 的细长均匀杆受到连续分布载荷 $f(x)$ 的作用，杆存在着小挠度变形并达到稳定平衡状态(见图 7.7.2)，杆变形后的位移仍记为 $u(x)$，则它满足二阶常微分方程(7.7.1)，此时的边值条件为

$$u(0)=0,\quad u'(L)=0. \tag{7.7.3}$$

这是**第二类边值条件**. 方程(7.7.1)和边值条件式(7.7.3)一起构成**二阶常微分方程第二边值问题**.

**2. 差分离散化方法**

微分方程(7.7.1)是用连续变量描述的，为了数值求解，必须对其作离散化处理. 由 Taylor 展式

$$u(x\pm h)=u(x)\pm hu'(x)+\frac{h^2}{2}u''(x)+O(h^3)$$

可构造出二阶中心差商和一阶中心差商分别作为 $u''(x)$ 和 $u'(x)$ 的近似，即

$$u''(x)\approx\frac{u(x+h)-2u(x)+u(x-h)}{h^2},$$

$$u'(x)\approx\frac{u(x+h)-u(x-h)}{2h}.$$

设将求解区间 $[0,L]$ 作 $N$ 等分，步长 $h=L/N$，节点 $x_n=x_0+nh$，$n=0,1,\cdots,N$，在每一个节点 $x_n$ 处用差商代替微商，则微分方程(7.7.1)和边值条件式(7.7.2)被离散化为下述差分方程组：

$$\begin{cases}-EA\dfrac{u_{n+1}-2u_n+u_{n-1}}{h^2}=f_n, & n=1,2,\cdots,N-1,\\ u_0=\alpha,\quad u_N=\beta.\end{cases}$$

这个方程组中 $u_0$ 和 $u_N$ 是已知的，$u_1,u_2,\cdots,u_{N-1}$ 是未知的，将该方程组写成矩阵形

式,有

$$\begin{pmatrix} 2 & -1 & & & \\ -1 & 2 & -1 & & \\ & \ddots & \ddots & \ddots & \\ & & -1 & 2 & -1 \\ & & & -1 & 2 \end{pmatrix} \begin{pmatrix} u_1 \\ u_2 \\ \vdots \\ u_{N-2} \\ u_{N-1} \end{pmatrix} = \begin{pmatrix} \alpha + h^2 f_1/(EA) \\ h^2 f_2/(EA) \\ \vdots \\ h^2 f_{N-2}/(EA) \\ \beta + h^2 f_{N-1}/(EA) \end{pmatrix}, \tag{7.7.4}$$

这是一个线性方程组的求解问题,具体解法见第 5 章和第 6 章.

差分方法也同样可以处理微分方程(7.7.1) 和边值条件式(7.7.3),相应的差分方程组为

$$\begin{cases} -EA \dfrac{u_{n+1} - 2u_n + u_{n-1}}{h^2} = f_n, \quad n = 1,2,\cdots,N, \\ u_0 = \alpha, \quad \dfrac{u_{N+1} - u_{N-1}}{2h} = 0. \end{cases}$$

这个方程组中 $u_0$ 是已知的,$u_1,u_2,\cdots,u_N$ 是未知的,$u_{N+1}$ 必须消去,具体地,可利用上述方程组中关于节点 $N$ 处的两个方程,即

$$-EA \frac{u_{N+1} - 2u_N + u_{N-1}}{h^2} = f_N \quad 和 \quad \frac{u_{N+1} - u_{N-1}}{2h} = 0,$$

消去 $u_{N+1}$,就得 $n = N$ 处的不含 $u_{N+1}$ 的差分方程

$$-2u_{N-1} + 2u_N = h^2 f_N/(EA).$$

于是差分方程组相应的矩阵形式为

$$\begin{pmatrix} 2 & -1 & & & \\ -1 & 2 & -1 & & \\ & \ddots & \ddots & \ddots & \\ & & -1 & 2 & -1 \\ & & & -2 & 2 \end{pmatrix} \begin{pmatrix} u_1 \\ u_2 \\ \vdots \\ u_{N-1} \\ u_N \end{pmatrix} = \begin{pmatrix} \alpha + h^2 f_1/(EA) \\ h^2 f_2/(EA) \\ \vdots \\ h^2 f_{N-1}/(EA) \\ h^2 f_N/(EA) \end{pmatrix}. \tag{7.7.5}$$

这个线性方程组与式(7.7.4) 相比较,其矩阵元素和右端项元素都有所不同.

**总之,常微边值问题是描述稳定平衡状态的数学模型,它在科技中应用很广*. 常微边值问题都可以用差分方法作离散化处理,结果归结为线性方程组求解问题,求解结果 $\{u_n\}$ 是节点处的离散值,它是常微边值问题的离散近似解.**

## *7.8　常微特征值问题的差分离散化方法

前面曾介绍过关于描述发展状态的一阶常微的初值问题、关于描述稳定平衡状态的二阶常微的边值问题,下面介绍的是**关于描述振动状态的二阶常微初值问**

* 徐长发. 科技应用中的微分变分模型. 武汉:华中科技大学出版社,2004.

**题和特征值问题.**

**1. 单自由度自由振动、受迫振动的数学模型**

由单个质块(质量为 $m$) 和弹簧(劲度系数为 $k$) 组成的质量弹簧系统，如图 7.8.1 所示. 质块在平衡位置附近振动，质块离开平衡位置处于 $X(x,t)$ 处，它是关于 $x$ 和 $t$ 的函数；质块的加速度为 $\mathrm{d}^2X/\mathrm{d}t^2$，弹簧的回复力为 $-kX$. 于是**单自由度系统无阻尼自由振动的数**学模型为

$$\begin{cases} m\dfrac{\mathrm{d}^2X}{\mathrm{d}t^2}+kX=0, & t>0, \\ X=X_0, & t=0, \\ \dfrac{\mathrm{d}X}{\mathrm{d}t}=v_0, & t=0. \end{cases} \tag{7.8.1}$$

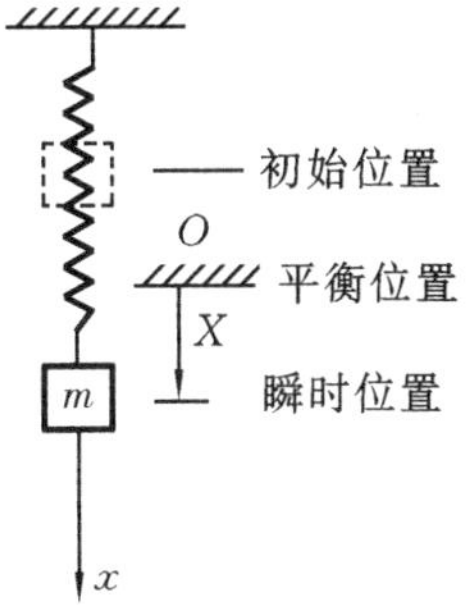


**图 7.8.1 最简单的质块弹簧系统**

这是关于**二阶常微初值问题**. 大家知道，该问题中有两个初始条件，该问题的解是一种谐波形式，即

$$X=A\sin(\omega_0 t+\theta), \tag{7.8.2}$$

其中：

简谐振幅 $A=\left[X_0^2+\left(\dfrac{v_0}{\omega_0}\right)^2\right]^{1/2}$,

初始相位 $\theta=\arctan\dfrac{\omega_0X_0}{v_0}$,

振动周期 $T=2\pi/\omega_0$,

振动频率 $\dfrac{1}{T}=\dfrac{\omega_0}{2\pi}$,

固有频率 $\omega_0=(k/m)^{1/2}$.

特别地，**固有频率** $\omega_0$ 是一个重要的技术参数，它不受初始条件的影响，仅由系统本身的质量和弹簧刚度来决定，**反映了该振动系统的固有特性**. 若 $\omega_0$ 已知，则可顺利地求出其它的技术参数.

**单自由度系统无阻尼强迫振动的数学模型**为

$$\begin{cases} m\dfrac{\mathrm{d}^2X}{\mathrm{d}t^2}+kX=f(X,t), & t>0 \\ X=X_0, & t=0, \\ \dfrac{\mathrm{d}X}{\mathrm{d}t}=v_0, & t=0, \end{cases} \tag{7.8.3}$$

其中，$f(X,t)$ 是外载力. 一种简单的情形，外载力是一种谐振外力，即

$$f(X,t)=\sin\omega t,$$

此时，外载力会对振动产生影响. 分析结果表明：

1) 当 $\dfrac{\omega}{\omega_0}\ll 1$，即当干扰力的频率远小于系统的固有频率时，受迫振动的频率

同于干扰频率 $\omega$.

2) 当$\dfrac{\omega}{\omega_0} \gg 1$,即当干扰力的频率远大于系统固有频率时,该受迫振动系统几乎静止.

3) 当 $\omega \approx \omega_0$,即当干扰力的频率和系统固有频率接近时,该系统表现为有节拍的小幅振动.

4) 当 $\omega = \omega_0$,即当干扰力的频率和系统固有频率相等时,该系统表现为共振.

拓广上述表现,若外载力由多种谐振频率组成,即

$$\omega_1 \leqslant \omega \leqslant \omega_2,$$

**要使受迫振动系统不产生节拍振动和共振,工程技术中一定要注意外载力的频率范围远离系统的固有频率.**

**2. 多自由度的无阻尼自由振动**

如图 7.8.2 所示,多个质块刚性连接,每个质块下设置一个弹簧,这些质块在平衡位置附近作自由振动,振动位移用向量

$$\boldsymbol{X}(x,t) = (X_1(x,t),\ X_2(x,t),\ \cdots,\ X_n(x,t))^{\mathrm{T}}$$

表示. 由于在振动过程中,各质块的加速度 $\mathrm{d}^2 X_k/\mathrm{d}t^2$ 及其惯性力是互相关联的,各支承弹簧的回复力也是互相关联的,所以该系统的振动方程应写成矩阵形式

$$\boldsymbol{M}\frac{\mathrm{d}^2\boldsymbol{X}}{\mathrm{d}t^2} + \boldsymbol{KX} = \boldsymbol{O}, \tag{7.8.4}$$

其中,$\boldsymbol{M}$ 和 $\boldsymbol{K}$ 分别称为关联质量矩阵和关联刚度矩阵,分别记为

$$\boldsymbol{M} = \begin{pmatrix} m_{11} & m_{12} & \cdots & m_{1n} \\ m_{21} & m_{22} & \cdots & m_{2n} \\ \vdots & \vdots & & \vdots \\ m_{n1} & m_{n2} & \cdots & m_{nn} \end{pmatrix},\quad \boldsymbol{K} = \begin{pmatrix} k_{11} & k_{12} & \cdots & k_{1n} \\ k_{21} & k_{22} & \cdots & k_{2n} \\ \vdots & \vdots & & \vdots \\ k_{n1} & k_{n2} & \cdots & k_{nn} \end{pmatrix}.$$

参照单自由度无阻尼振动解形式特点(见式(7.8.2)),可设

$$\boldsymbol{X} = (A_1\sin(\omega_1 t + \theta),\ A_2\sin(\omega_2 t + \theta),\ \cdots,\ A_n\sin(\omega_n t + \theta))^{\mathrm{T}},$$

简记为

$$\boldsymbol{X} = \boldsymbol{A}\sin(\omega t + \theta),$$

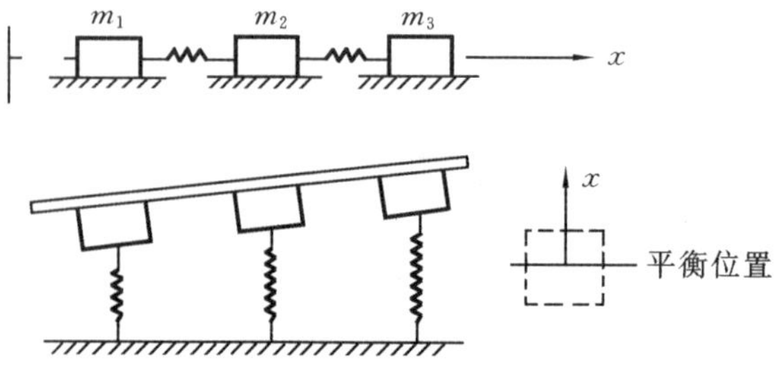


**图 7.8.2 多个质块弹簧系统的自由振动**

其中
$$A = (A_1, A_2, \cdots, A_n)^{\mathrm{T}}.$$
代入式(7.8.4)则有
$$(\boldsymbol{K} - \omega^2 \boldsymbol{M})\boldsymbol{X} = \boldsymbol{O},$$
那么,$\boldsymbol{X}$取得非零解的条件为
$$|\boldsymbol{K} - \omega^2 \boldsymbol{M}| = 0.$$
此式称为该振动系统的特征方程.从物理角度不难知道,**由特征方程解出的$n$个正的实根$\omega_i$, $i = 1,2,\cdots,n$,称为系统的固有频率.**

从数学角度看,$n$**个自由度的自由振动系统有**$n$**个固有频率**,求特征值相当于求解**矩阵广义特征值问题**
$$\boldsymbol{KX} = \omega^2 \boldsymbol{MX}. \tag{7.8.5}$$
若矩阵$\boldsymbol{M}$是对角矩阵,则上式就表现为一般的矩阵特征值问题.

**3. 弹性杆纵向振动问题**

如图7.8.3所示,两端固支的弹性细长杆,在轴向外干扰力$f(x,t)$的作用下会产生纵向振动.人们关心这种振动的固有频率,也关心振动波传播的力学性质,即分析振动应力和振动波的传播速度等.

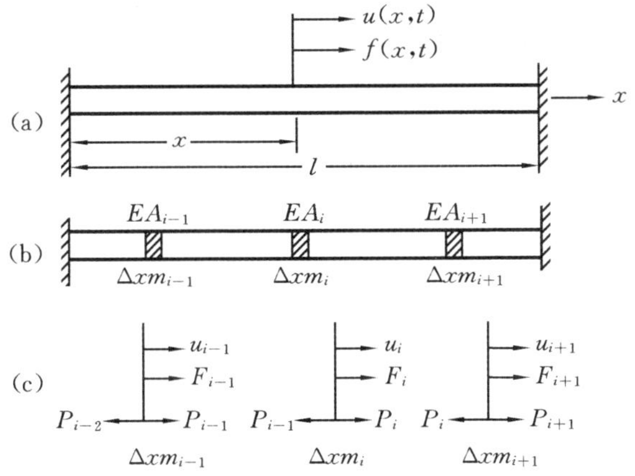


**图7.8.3　离散化处理后杆的振动受力分析**

弹性杆的纵向振动是连续介质在弹性力作用下的振动,下面**用一种离散逼近连续的办法来建立关于该振动问题的数学模型.**

设杆的质量分布为$m(x)$,横截面积为$A(x)$,轴向刚度为$EA(x)$,轴向干扰力为$f(x,t)$,杆各个质点在平衡位置附近产生的位移记为$u(x,t)$.

离散化方法很简单,假设将杆作$n$等分,每份长$\Delta x$,每段质量集中在节点处,节点之间由弹性力联系着,这样处理的结果是将连续介质振动问题设想为离散质点的弹性振动问题.下面分析任意一个质点弹性振动状态:

轴向外干扰力为

$$F_i = f(x_i, t)\Delta x;$$

与位移同向的弹性力为

$$P_i = EA_i \frac{u_{i+1} - u_i}{\Delta x};$$

与位移反向的弹性力为

$$P_{i-1} = EA_{i-1} \frac{u_i - u_{i-1}}{\Delta x}.$$

应用牛顿第二定律,有

$$P_i - P_{i-1} + F_i = m_i \Delta x \frac{\mathrm{d}^2 u_i}{\mathrm{d}t^2}, \quad i = 1, 2, \cdots, n.$$

具体写为

$$\frac{EA_i}{\Delta x} u_{i+1} - \left(\frac{EA_i}{\Delta x} + \frac{EA_{i-1}}{\Delta x}\right) u_i + \frac{EA_{i-1}}{\Delta x} u_{i-1} + f_i \Delta x = m_i \Delta x \frac{\mathrm{d}^2 u_i}{\mathrm{d}t^2},$$

即

$$\frac{EA_i}{\Delta x}(u_{i+1} - u_i) - \frac{EA_{i-1}}{\Delta x}(u_i - u_{i-1}) + f_i \Delta x = m_i \Delta x \frac{\mathrm{d}^2 u_i}{\mathrm{d}t^2},$$

再应用向前差分的记号

$$\Delta \xi_i = \xi_{i+1} - \xi_i$$

则有

$$\frac{\Delta}{\Delta x}\left(EA_i \frac{\Delta u_i}{\Delta x}\right) + f_i = m_i \frac{\mathrm{d}^2 u_i}{\mathrm{d}t^2}.$$

令 $\Delta x \to 0$,就可获得连续变量描述的振动微分方程.最后连同两端固支条件和振动初始条件,写出**两端固支杆纵向振动微分方程模型**

$$\begin{cases} \dfrac{\partial}{\partial x}\left[EA(x)\dfrac{\partial u}{\partial x}\right] + f(x,t) = m(x)\dfrac{\mathrm{d}^2 u}{\mathrm{d}t^2}, \quad t > 0, \quad 0 < x < l, \\ u(0,t) = u(l,t) = 0, \quad t \geqslant 0, \\ u(x,0) = \varphi(x), \quad \dfrac{\partial u(x,0)}{\partial t} = \psi(x), \quad 0 < x < l. \end{cases} \tag{7.8.6}$$

用微元分析法来分析杆纵向振动的表现也是很方便的,此时在 $x$ 处取微元 $\mathrm{d}x$,对此微元而言,有:

1) 微元所受的轴向外干扰力为 $f(x,t)\mathrm{d}x$;

2) 微元质量为 $m(x)\mathrm{d}x$,微元刚度为 $EA(x)$;

3) $x$ 处质点在平衡位置附近的位移为 $u(x,t)$;

4) $x$ 处的轴向形变应力为 $P(x) = EA(x)\dfrac{\partial u}{\partial x}$;

5) 微元所受的轴向弹性力为 $\left[P(x) + \dfrac{\partial P}{\partial x}\mathrm{d}x\right] - P(x)$;

6) 微元的运动方程为

$$P + \frac{\partial P}{\partial x}\mathrm{d}x - P + f\mathrm{d}x = m\mathrm{d}x \frac{\partial^2 u}{\partial t^2}.$$

最后，上式两边同除以 $\mathrm{d}x$ 并将 $P(x)$ 代入，即可得到描述弹性杆作纵向振动时的运动微分方程(7.8.6).

为了分析弹性杆纵向振动的固有特性，应分析相应的齐次方程，即

$$m(x)\frac{\partial^2 u}{\partial t^2}=\frac{\partial}{\partial x}\left[EA(x)\frac{\partial u}{\partial x}\right]. \tag{7.8.7}$$

考虑到**离散系统是对连续系统的模拟**这一事实，在离散的自由振动解形式中，例如振动解式(7.8.2)的形式中，关于固有频率的谐波振动形式是可以单独分离的，所以在连续系统振动问题的讨论中，可假设振动解具有分离变量形式，即设

$$u(x,t)=U(x)T(t). \tag{7.8.8}$$

将其代入式(7.8.7)，有

$$\frac{1}{m(x)U(x)}\frac{\mathrm{d}}{\mathrm{d}x}\left[EA(x)\frac{\mathrm{d}U(x)}{\mathrm{d}x}\right]=\frac{1}{T(t)}\frac{\mathrm{d}^2T(t)}{\mathrm{d}t^2},$$

其中，等式左边仅与 $x$ 有关，等式右边仅与 $t$ 有关；等式左、右两边只可能等于同一常数，将此常数记为 $-\omega^2$. 这样就得到两个方程，即

$$\frac{\mathrm{d}^2T(t)}{\mathrm{d}t^2}+\omega^2T(t)=0 \tag{7.8.9}$$

和

$$\begin{cases}-\dfrac{\mathrm{d}}{\mathrm{d}x}\left[EA(x)\dfrac{\mathrm{d}U(x)}{\mathrm{d}x}\right]+\omega^2m(x)U(x)=0,\\ U(0)=U(l)=0.\end{cases} \tag{7.8.10}$$

式(7.8.10)称为**常微特征值问题**，据此可解出特征值 $\omega$ 和特征向量 $U(x)$，$\omega$ 称为**固有频率**，$U(x)$ 称为**振型函数**.

式(7.8.9)表明

$$T(t)=C\sin(\omega t+\theta),$$

其中，常数 $C$ 和 $\theta$ 可具体确定，再将常数 $C$ 合并到振型函数中，即可确定出自由振动解的形式为

$$u(x,t)=U(x)\sin(\omega t+\theta).$$

**本节仅就最简单的离散系统和连续系统的振动问题，分析了系统固有频率的含义、强迫振动和自由振动的关系，所得到的结论是：外在干扰力的频率范围只有远离系统的固有频率范围时才能避免共振，系统固有频率范围的分析计算是非常重要的.**

在科技应用中需要分析计算系统固有频率范围的例子很多*，例如，两端固支梁的振动问题，一端固支一端自由梁的振动问题，包括过江索道的振动问题，高压铁塔在风中的振动问题，钢架桥梁在火车行进时的振动问题，高楼大厦在风力中的振动问题，等等. 这些问题都必须在分析计算相应的系统固有频率之后才能解决.

---

* 徐长发. 科技应用中的微分变分模型. 武汉：华中科技大学出版社. 2004.

**4. 常微特征值问题的差分离散方法**

这里仍以式(7.8.10)这个简单的特征问题为例讨论用计算机计算其特征值近似值的差分方法.

为此,先将$[0,l]$作$n$等分,离散节点为$x_k = x_0 + kh$, $k = 0,1,\cdots,n, x_0 = 0$, $x_n = l$;在节点$x_k$处记$A_k \approx A(x_k)$, $U_k \approx U(x_k)$, $m_k \approx m(x_k)$;再用二阶中心差商近似二阶导数,即

$$\frac{-U_{k-1} + 2U_k - U_{k+1}}{h^2} \approx -\left.\frac{\mathrm{d}^2 U(x)}{\mathrm{d}x^2}\right|_{x=x_k};$$

最后将$EA(x_k) \approx EA_k$看做与求导无关的常数. 经过这样的离散化处理,式(7.8.10)中的二阶微分方程在$x_k$处被离散为

$$EA_k \frac{-U_{k-1} + 2U_k - U_{k+1}}{h^2} + \omega^2 m_k U_k = 0, \quad k = 1,2,\cdots,n-1.$$

再记$\boldsymbol{U} = (U_1, U_2, \cdots, U_{n-1})^{\mathrm{T}}$,且考虑到$U_0 = U_n = 0$,就可将这个方程组写成矩阵形式

$$\boldsymbol{KU} + \omega^2 \boldsymbol{MU} = \boldsymbol{O}, \tag{7.8.11}$$

其中

$$\boldsymbol{K} = E\begin{pmatrix} 2A_1 & -A_1 & & & \\ -A_2 & 2A_2 & -A_2 & & \\ & \ddots & \ddots & \ddots & \\ & & -A_{n-2} & 2A_{n-2} & -A_{n-2} \\ & & & -A_{n-1} & 2A_{n-1} \end{pmatrix},$$

$$\boldsymbol{M} = h^2\begin{pmatrix} m_1 & & & & \\ & m_2 & & & \\ & & \ddots & & \\ & & & m_{n-2} & \\ & & & & m_{n-1} \end{pmatrix}.$$

式(7.8.11)是矩阵特征值问题,可利用相应的特征多项式

$$|\boldsymbol{K} - \omega^2 \boldsymbol{M}| = 0$$

和恰当的数值方法计算出所有特征值,将其按大小排列为

$$\omega_1 \leqslant \omega_2 \leqslant \cdots \leqslant \omega_{n-1}.$$

一般而论,$\{\omega_k\}_{k=1}^{n-1}$是式(7.8.11)的特征值近似值,当然也是关于系统固有频率的近似值. 另外,在离散化处理中的等份数$n$越大,方程组(7.8.11)的规模越大,计算出的离散特征值$\{\omega_k\}$个数也越多,也越接近特征值问题式(7.8.10)中的特征值. 然而,**对某个确定的振动系统而言,这些特征值往往是有上界和下界的,对于防止共振的要求来说,计算式(7.8.11)中的最小特征值和最大特征值往往是主要的.**

# 习　题　7

**【7.1】** 对于一阶常微分方程

$$y' = f(x,y),\quad x \in [a,b],$$

为构造单步差分格式,采用下述三种近似办法:

(1) 在 $x = x_n$ 处,有

$$y'\big|_{x=x_n} \approx \frac{y_{n+1} - y_n}{h},\quad f(x,y)\big|_{x=x_n} \approx f(x_n, y_n);$$

(2) 在 $x = x_{n+1/2}$ 处,有

$$y'\big|_{x=x_{n+1/2}} \approx \frac{y_{n+1} - y_n}{h},\quad f(x,y)\big|_{x=x_{n+1/2}} \approx \frac{1}{2}f(x_n, y_n) + \frac{1}{2}f(x_{n+1}, y_{n+1});$$

(3) 在 $x = x_{n+1}$ 处,有

$$y'\big|_{x=x_{n+1}} \approx \frac{y_{n+1} - y_n}{h},\quad f(x,y)\big|_{x=x_{n+1}} \approx f(x_{n+1}, y_{n+1}).$$

试写出这三种单步差分格式,指出它们是单步显格式还是单步隐格式;用 Taylor 展开的办法求出这三种差分格式的局部截断误差.

**【7.2】** 对于一阶常微分方程

$$y' = f(x,y),\quad x \in [a,b],$$

为构造单步差分格式,先在小区段$[x_n, x_{n+1}]$上将其改写为

$$y(x_{n+1}) = y(x_n) + \int_{x_n}^{x_{n+1}} f(\xi, y)\mathrm{d}\xi,$$

再采用下述三种近似办法:

(1)
$$y(x_{n+1}) \approx y_{n+1},\quad y(x_n) \approx y_n,$$
$$\int_{x_n}^{x_{n+1}} f(\xi, y)\mathrm{d}\xi \approx hf(x_n, y_n);$$

(2)
$$y(x_{n+1}) \approx y_{n+1},\quad y(x_n) \approx y_n,$$
$$\int_{x_n}^{x_{n+1}} f(\xi, y)\mathrm{d}\xi \approx h\left[\frac{1}{2}f(x_n, y_n) + \frac{1}{2}f(x_{n+1}, y_{n+1})\right];$$

(3)
$$y(x_{n+1}) \approx y_{n+1},\quad y(x_n) \approx y_n,$$
$$\int_{x_n}^{x_{n+1}} f(\xi, y)\mathrm{d}\xi \approx hf(x_{n+1}, y_{n+1}).$$

试写出这三种差分格式,并将它们与题【7.1】中的三种差分格式比较. 试设计另一种近似办法.

**【7.3】** 试推导二阶 Runge-Kutta 方法,总结其算法思想. 该方法的局部截断误差如何?该方法是几阶方法?方法的阶和截断误差的阶关系如何?该方法用于实际计算时步长 $h$ 受限制吗?

**【7.4】** 设用二阶 Runge-Kutta 方法求解一阶常微初值问题时,已从 $y_n$ 出发求得 $y_{n+1}$. 现将此 $y_{n+1}$ 作为初值 $y_{n+1}^{(0)}$ 代入梯形格式作迭代校正,即

$$y_{n+1}^{(m+1)} = y_n + \frac{h}{2}[f(x_n, y_n) + f(x_{n+1}, y_{n+1}^{(m)})].$$

这种迭代校正解误差 $|y_{n+1}^{(m+1)} - y(x_{n+1})|$ 是否比原二阶 Runge-Kutta 解误差 $|y_{n+1} - y(x_{n+1})|$ 具有更高的截断误差阶?

**【7.5】** 设用二阶 Runge-Kutta 方法,用步长 $h$ 已求出区间$[a,b]$上的数值解 $\{y_n^h\}_{n=0}^N$;再用步长 $h/2$ 求解一次,获得区间$[a,b]$上的另一个数值解$\{y_n^{h/2}\}_{n=0}^{2N}$. 试用$\{y_n^{h/2}\}_{n=0}^{2N}$ 和$\{y_n^h\}_{n=0}^N$ 构造外推算法,写出外推公式和外推解的精度阶;并且用一个简单例子上机计算,验证外推算法的有效性.

**【7.6】** 试写出题【7.1】中三种差分格式的稳定性条件.

**【7.7】** 设数值求解的常微初值问题为

$$\begin{cases} y' = -yx + 3, & x \in [0,5], \\ y(0) = 1, \end{cases}$$

若分别用显式 Euler 方法、二阶 Runge-Kutta 方法和四阶 Runge-Kutta 方法求解,试确定相应的稳定性条件.

**【7.8】** 试验证两步差分格式

$$y_{n+1} = \frac{1}{2}(y_n + y_{n-1}) + \frac{h}{4}(4y'_{n+1} - y'_n + 3y'_{n-1})$$

是二阶的,估计其局部截断误差.

**【7.9】** 试验证数值解公式

$$y_{n+1} = y_{n-1} + \frac{h}{3}(y'_{n+1} + 4y'_n + y'_{n-1})$$

是三阶差分格式.

**【7.10】** 设求解常微初值问题的差分格式为

$$y_{n+1} = ay_n + by_{n-1} + h[cf(x_n, y_n) + df(x_{n-1}, y_{n-1})],$$

该格式用已知的四个数据 $y_{n-1}, y_n, f(x_{n-1}, y_{n-1}), f(x_n, y_n)$ 去计算 $y_{n+1}$,试将 $y(x_{n-1}), f(x_n, y_n), f(x_{n-1}, y_{n-1})$ 在 $(x_n, y_n)$ 处作 Taylor 展开,并与 $y(x_{n+1})$ 在 $(x_n, y_n)$ 处的 Taylor 展式作比较. 为保证该差分格式具有尽可能高的精度,试确定该格式中的四个待定系数.

**【7.11】** 用插值精度的概念分析题【7.10】中差分格式至多是三阶的差分格式. 因为用四个条件 $y_{n-1}, y_n, f(x_{n-1}, y_{n-1}), f(x_n, y_n)$ 可在$[x_{n-1}, x_{n+1}]$上构造出一个至多是三次的多项式插值函数,此时截断误差为

$$y(x_{n+1}) - y_{n+1} = O(h^4),$$

所以题【7.10】中的差分格式至多是三阶的差分格式. 根据这种观点,下面的显式多步差分格式

$$y_{n+1} = \sum_{k=0}^{r} \alpha_k y_{n-k} + h\sum_{k=0}^{r} \beta_k f_{n-k}$$

至多是几阶的?

# * 第 8 章　矩阵特征值与特征向量的数值方法

很多物理、力学和工程技术问题的求解，需要计算矩阵特征值及其相应的特征向量，但不少应用问题仅需要计算按模量最大和最小的特征值.

矩阵特征值问题，即 $\boldsymbol{Ax}=\lambda\boldsymbol{x}$，在线性代数中已从理论上作了详细的讨论，例如，计算特征值的问题归结为特征多项式方程 $|\boldsymbol{A}-\lambda\boldsymbol{I}|=0$ 的求根问题. 然而，当矩阵规 模较大时，用求解行列式的办法确定这个 $n$ 次的特征多项式方程计算量太大，用非线性方程求根的办法求矩阵特征值的计算量也太大. 因此，有必要研究求矩阵特征值和特征向量的简便实用的数值方法.

对于计算矩阵特征值问题，目前在综合性的数学软件中，已有多种实用的算法及其相应的程序. **要正确地使用这些程序，需懂得它的方法原理、优缺点和适用范围. 本章仅就几个常用的方法进行讨论，以增加理性和感性认识.**

## 8.1　幂法

**幂法**仅采用矩阵相乘的手段**可求出矩阵 A 的绝对值最大的实特征值的近似值及其相应的近似特征向量.**

**1. 算法思想和实现过程**

设实矩阵 $\boldsymbol{A}_{n\times n}$ 有 $n$ 个实特征值，它们按绝对值大小排序为

$$|\lambda_1|>|\lambda_2|\geqslant\cdots\geqslant|\lambda_n|,$$

它们分别对应着 $n$ 个线性无关的特征向量 $\boldsymbol{x}_1,\boldsymbol{x}_2,\cdots,\boldsymbol{x}_n$.

记 $\boldsymbol{u}$ 是非零向量 $\boldsymbol{v}$ 的**规范化向量**，且

$$\boldsymbol{u}=\frac{\boldsymbol{v}}{\max(\boldsymbol{v})}.$$

其中，$\max(\boldsymbol{v})$ 表示向量 $\boldsymbol{v}$ 中按绝对值最大的那个分量，$\max(\boldsymbol{v})$ 称为**规范化常数**. 例如，$\boldsymbol{v}=(3,\,-4,\,1)^{\mathrm{T}}$，则 $\max(\boldsymbol{v})=-4$，于是 $\boldsymbol{u}=(-3/4,\,1,\,-1/4)^{\mathrm{T}}$.

对于任意给定的初始非零向量 $\boldsymbol{v}_0$，用矩阵 $\boldsymbol{A}$ 左乘，同时作规范化，有

$$\boldsymbol{u}_1=\frac{\boldsymbol{A}\boldsymbol{v}_0}{\max(\boldsymbol{A}\boldsymbol{v}_0)},\quad \boldsymbol{u}_k=\frac{\boldsymbol{A}^k\boldsymbol{v}_0}{\max(\boldsymbol{A}^k\boldsymbol{v}_0)}.$$

注意到，任意 $n\times 1$ 非零向量都可由线性无关的特征向量组 $\{\boldsymbol{x}_i\}_{i=1}^n$ 作线性表示，即

$$\boldsymbol{v}_0=\sum_{i=1}^n\alpha_i\boldsymbol{x}_i,$$

其中，$\alpha_i$ 是相应的组合系数；注意到特征值、特征向量的定义

$$\boldsymbol{A}\boldsymbol{x} = \lambda \boldsymbol{x}, \quad \boldsymbol{A}\boldsymbol{x}_i = \lambda_i \boldsymbol{x}_i,$$

有

$$\boldsymbol{v}_1 = \boldsymbol{A}\boldsymbol{v}_0 = \sum_{i=1}^{n} \alpha_i \lambda_i \boldsymbol{x}_i, \quad \boldsymbol{v}_k = \boldsymbol{A}^k \boldsymbol{v}_0 = \sum_{i=1}^{n} \alpha_i \lambda_i^k \boldsymbol{x}_i;$$

还注意到特征值所假设的关系

$$\lambda_1 > \lambda_i, \quad 2 \leqslant i \leqslant n,$$

于是有

$$\boldsymbol{u}_k = \frac{\boldsymbol{A}^k \boldsymbol{v}_0}{\max(\boldsymbol{A}^k \boldsymbol{v}_0)} = \frac{\lambda_1^k \left[\alpha_1 \boldsymbol{x}_1 + \sum_{i=2}^{n} \alpha_i \left(\frac{\lambda_i}{\lambda_1}\right)^k \boldsymbol{x}_i\right]}{\max\left\{\lambda_1^k \left[\alpha_1 \boldsymbol{x}_1 + \sum_{i=2}^{n} \alpha_i \left(\frac{\lambda_i}{\lambda_1}\right)^k \boldsymbol{x}_i\right]\right\}}. \tag{8.1.1}$$

随着 $k \to \infty$，$(\lambda_i/\lambda_1)^k \to 0$，式(8.1.1)的极限存在，故

$$\lim_{k\to\infty} \boldsymbol{u}_k = \lim_{k\to\infty} \frac{\boldsymbol{A}^k \boldsymbol{v}_0}{\max(\boldsymbol{A}^k \boldsymbol{v}_0)} = \frac{\boldsymbol{x}_1}{\max(\boldsymbol{x}_1)}. \tag{8.1.2}$$

这就是说，**矩阵 $\boldsymbol{A}$ 与任意的非零向量连乘，其规范化向量序列 $\{\boldsymbol{u}_k\}$ 收敛到主特征值 $\lambda_1$（即按绝对值最大的特征值）所对应的规范化特征向量.**

每个规范化向量 $\boldsymbol{u}_k$ 可由三个步骤来实现：首先使用矩阵乘法形成非零向量 $\boldsymbol{v}_k = \boldsymbol{A}\boldsymbol{u}_{k-1}$，再求规范化常数 $\max(\boldsymbol{v}_k)$，最后作简单除法形成规范化向量 $\boldsymbol{u}_k = \boldsymbol{v}_k/\max(\boldsymbol{v}_k)$.

下面观察分析规范化常数的表现.

$$\begin{aligned}\max(\boldsymbol{v}_k) = \max(\boldsymbol{A}\boldsymbol{u}_{k-1}) &= \max \boldsymbol{A} \frac{\boldsymbol{A}^{k-1} \boldsymbol{v}_0}{\max(\boldsymbol{A}^{k-1} \boldsymbol{v}_0)} \\ &= \max \frac{\lambda_1^k \left[\alpha_1 \boldsymbol{x}_1 + \sum_{i=2}^{n} \alpha_i \left(\frac{\lambda_i}{\lambda_1}\right)^k \boldsymbol{x}_i\right]}{\max\left\{\lambda^{k-1} \left[\alpha_1 \boldsymbol{x}_1 + \sum_{i=2}^{n} \alpha_i \left(\frac{\lambda_i}{\lambda_1}\right)^{k-1} \boldsymbol{x}_i\right]\right\}};\end{aligned}$$

随着 $k \to \infty$，$(\lambda_i/\lambda_1)^k \to 0$，上式的极限存在，即

$$\lim_{k\to\infty} \max(\boldsymbol{v}_k) = \lambda_1^k. \tag{8.1.3}$$

这就是说，**规范化常数序列 $\{\max(\boldsymbol{v}_k)\}$ 收敛到主特征值.**

**定理 8.1.1**　若非奇异实矩阵 $\boldsymbol{A}_{n\times n}$ 的特征值满足下述关系：

$$|\lambda_1| > |\lambda_2| \geqslant \cdots \geqslant |\lambda_n|,$$

其中，$|\lambda_1|$ 是严格大于 $|\lambda_2|$ 的，则由幂法确定的序列 $\{\boldsymbol{u}_k\}$ 和 $\{\max(\boldsymbol{v}_k)\}$ 满足下述收敛关系：

$$\max(\boldsymbol{v}_k) \to \lambda_1 \quad (\boldsymbol{A} \text{ 的按绝对值最大的特征值}),$$

$$\boldsymbol{u}_k = \frac{\boldsymbol{v}_k}{\max(\boldsymbol{v}_k)} = \frac{\boldsymbol{A}^k \boldsymbol{v}_0}{\max(\boldsymbol{A}^k \boldsymbol{v}_0)} \to \frac{\boldsymbol{x}_1}{\max(\boldsymbol{x}_1)} \quad (\text{与 } \lambda_1 \text{ 对应的规范化特征向量}).$$

**2. 幂法的算法特点和加速方法**

前面给出关于求非奇异矩阵 $\boldsymbol{A}$ 的主特征值的方法都是构造性的，都是在计算

上可实现的.

1）幂法的算法步骤如下：

（1）取初始向量 $\boldsymbol{u}_0$，例如，取 $\boldsymbol{u}_0 = (1, 1, \cdots, 1)^{\mathrm{T}}$，取主特征值的计算精度 $\varepsilon$，置 $k = 1$.

（2）计算

$$\boldsymbol{v}_k = \boldsymbol{A}\boldsymbol{u}_{k-1}, \quad m_k = \max(\boldsymbol{v}_k), \quad \boldsymbol{u}_k = \frac{\boldsymbol{v}_k}{m_k}.$$

（3）若 $|m_k - m_{k-1}| < \varepsilon$，则停止计算，输出 $m_k$ 作为主特征值 $\lambda_1$ 的近似值，输出 $\boldsymbol{u}_k$ 作为相应的近似的规范化特征向量；否则置 $k = k+1$，转步骤(2).

2）幂法的算法特点如下：

（1）**幂法对 A 的特征值有分布要求**

$$|\lambda_1| > |\lambda_2| \geqslant \cdots \geqslant |\lambda_n|.$$

**在满足这些要求时，幂法只能用于求主特征值及其对应的规范化特征向量.**

（2）当 **A** 的规模较大时，**A** 的特征值数量也很多. 若计算全部特征值，则花费太大，但当仅计算 **A** 的绝对值最大特征值能满足工程需要时，幂法就显得很简便了.

（3）一般情况下，**A** 的特征值分布情况不知道，幂法的收敛速度强烈依赖于 $|\lambda_i/\lambda_1| < 1$ 的程度，所以**当 A 的特征值范围较窄时**，幂法收敛很慢. 如遇到这种收敛慢的情形，**需采用其它的加速方法.**

3）Aitken **加速法.** 据迭代序列加速收敛的原理(参见式(4.2.10))，在求特征值时形成了迭代序列 $\max(\boldsymbol{v}_k) \to \lambda_1$，于是这个迭代序列近似符合如下关系：

$$\frac{\max(\boldsymbol{v}_{k+2}) - \lambda_1}{\max(\boldsymbol{v}_{k+1}) - \lambda_1} \approx \frac{\max(\boldsymbol{v}_{k+1}) - \lambda_1}{\max(\boldsymbol{v}_k) - \lambda_1},$$

于是演算推知

$$\lambda_1 \approx \mu_{k+2} = \frac{\max(\boldsymbol{v}_k)\max(\boldsymbol{v}_{k+2}) - (\max(\boldsymbol{v}_{k+1}))^2}{\max(\boldsymbol{v}_k) - 2\max(\boldsymbol{v}_{k+1}) + \max(\boldsymbol{v}_{k+2})}. \tag{8.1.4}$$

这就是加速公式.

**3. 算例**

**例 8.1.1**　设 $\boldsymbol{A} = \begin{pmatrix} -4 & 14 & 0 \\ -5 & 13 & 0 \\ -1 & 0 & 2 \end{pmatrix}$，试用幂法计算 **A** 的主特征值及其相应的特征向量.

**解**　任意给定一个非零的初始向量 $\boldsymbol{v}_0 = (1, 1, 1)^{\mathrm{T}}$，于是有

$$\boldsymbol{u}_0 = (1, 1, 1)^{\mathrm{T}}, \quad \boldsymbol{v}_1 = \boldsymbol{A}\boldsymbol{u}_0 = (10, 8, 1)^{\mathrm{T}},$$

$$\max(\boldsymbol{v}_1) = 10, \quad \boldsymbol{u}_1 = \frac{\boldsymbol{v}_1}{\max(\boldsymbol{v}_1)} = (1, 0.8, 0.1)^{\mathrm{T}}.$$

其它计算结果包括按式(8.1.4)计算的加速过程数据(见表 8.1.1).

**表 8.1.1　幂法的计算结果**

| $k$ | $\max(\boldsymbol{v}_k)$ | $\boldsymbol{u}_k^{\mathrm{T}}$ | $\mu_k$ |
|---|---|---|---|
| 0 | | (1, 1, 1) | |
| 1 | 10 | (1, 0.8, 0.1) | |
| 2 | 7.2 | (1, 0.75, −0.111 110) | |
| 3 | 6.5 | (1, 0.730 769, −0.188 034) | 6.266 667 |
| 4 | 6.230 769 | (1, 0.722 200, −0.220 850) | 6.062 473 |
| 5 | 6.111 000 | (1, 0.718 182, −0.235 915) | 6.015 054 |
| 6 | 6.054 546 | (1, 0.716 216, −0.243 095) | 6.004 202 |
| 7 | 6.027 027 | (1, 0.715 247, −0.246 588) | 6.000 855 |
| 8 | 6.013 453 | (1, 0.714 765, −0.248 306) | 6.000 240 |
| 9 | 6.006 711 | (1, 0.714 525, −0.249 157) | 6.000 058 |
| 10 | 6.003 352 | (1, 0.714 405, −0.249 579) | 6.000 017 |
| 11 | 6.001 675 | (1, 0.714 346, −0.249 790) | 6.000 003 |
| 12 | 6.000 837 | (1, 0.714 316, −0.249 895) | 6.000 000 |

可算出$\boldsymbol{A}$的准确特征值为$\lambda_1=6,\lambda_2=3,\lambda_3=2$. 于是由表8.1.1第2列看出，幂法是收敛于$\lambda_1=6$的，经12步计算后近似值准确到小数点后第三位. 然而将所得到的关于$\max(\boldsymbol{v}_k)$的数据作外推，$\lambda_1$的近似值准确到小数点后第六位. 可见Aitken加速是显著的.

## 8.2　反幂法

**反幂法是用来计算绝对值最小的特征值和相应特征向量的方法.**

**1. 算法思想**

设$\boldsymbol{A}$是非奇异矩阵，则零不是特征值. 设全部特征值的相互关系为

$$|\lambda_1|\geqslant|\lambda_2|\geqslant\cdots\geqslant|\lambda_{n-1}|>|\lambda_n|,$$

相应的特征向量为$\boldsymbol{x}_1,\boldsymbol{x}_2,\cdots,\boldsymbol{x}_n$，则有

$$\boldsymbol{A}\boldsymbol{x}_i=\lambda_i\boldsymbol{x}_i,\quad \boldsymbol{A}^{-1}\boldsymbol{A}\boldsymbol{x}_i=\boldsymbol{I}\boldsymbol{x}_i=\lambda_i\boldsymbol{A}^{-1}\boldsymbol{x}_i,\quad \boldsymbol{A}^{-1}\boldsymbol{x}_i=\frac{1}{\lambda_i}\boldsymbol{x}_i.$$

这说明：若$\lambda_i$和$\boldsymbol{x}_i$分别是$\boldsymbol{A}$的特征值和相应的特征向量，则$1/\lambda_i$是**$\boldsymbol{A}^{-1}$的特征值，$\boldsymbol{x}_i$为相应的特征向量. 对$\boldsymbol{A}^{-1}$施行幂法，就可得到$\boldsymbol{A}^{-1}$的主特征值$1/\lambda_n$和相应的特征向量$\boldsymbol{x}_n$，从而可得到$\boldsymbol{A}$的按绝对值最小的特征值$\lambda_n$和相应的特征向量$\boldsymbol{x}_n$.** 所以该方法称为**反幂法**.

类似于幂法，反幂法的迭代格式可表示为

$$\begin{cases} \boldsymbol{v}_k = \boldsymbol{A}^{-1}\boldsymbol{u}_{k-1}, \\ m_k = \max(\boldsymbol{v}_k), \\ \boldsymbol{u}_k = \dfrac{\boldsymbol{v}_k}{m_k}. \end{cases} \tag{8.2.1}$$

参照定理 8.1.1,从式(8.2.1)可总结出反幂法的收敛性定理.

**定理 8.2.1**　若非奇异实矩阵 $\boldsymbol{A}_{n\times n}$ 的特征值满足下述关系:

$$|\lambda_1| \geqslant |\lambda_2| \geqslant \cdots \geqslant |\lambda_{n-1}| > |\lambda_n|,$$

则按式(8.2.1)计算出的序列$\{m_k\}$和$\{\boldsymbol{u}_k\}$满足

$$\lim_{k\to\infty} m_k = \frac{1}{\lambda_n} \quad (\boldsymbol{A}^{-1}\text{ 的按绝对值最大的特征值}),$$

$$\lim_{k\to\infty} \boldsymbol{u}_k = \frac{\boldsymbol{x}_n}{\max(\boldsymbol{x}_n)} \quad (\boldsymbol{A}\text{ 主特征值所对应的规范化特征向量}).$$

反幂法迭代式(8.2.1)中要用到 $\boldsymbol{A}^{-1}$,这给计算带来很大的不方便,为此将其第一式改为线性方程组

$$\boldsymbol{A}\boldsymbol{v}_k = \boldsymbol{u}_{k-1}. \tag{8.2.2}$$

反幂法的每个迭代步中都需要求解线性方程组,这样会出现大量的重复计算,为了节省计算量,可事先把 $\boldsymbol{A}$ 作 LU 分解,从而将式(8.2.2)改写为

$$\begin{cases} \boldsymbol{L}\boldsymbol{y}_k = \boldsymbol{u}_{k-1}, \\ \boldsymbol{U}\boldsymbol{v}_k = \boldsymbol{y}_k. \end{cases}$$

这样,便可将式(8.2.1)总结为实用的算法.

**2. 反幂法的实现过程**

1) 反幂法的算法步骤如下:

(1) 取初始向量 $\boldsymbol{u}_0$,例如,取 $\boldsymbol{u}_0 = (1, 1, \cdots, 1)^{\mathrm{T}}$,取计算精度 $\varepsilon$,置 $k=1$.

(2) 对 $\boldsymbol{A}$ 作 LU 分解.

(3) 分别解线性方程组

$$\boldsymbol{L}\boldsymbol{y}_k = \boldsymbol{u}_{k-1}, \quad \boldsymbol{U}\boldsymbol{v}_k = \boldsymbol{y}_k.$$

(4) 计算　$m_k = \max(\boldsymbol{v}_k), \quad \boldsymbol{u}_k = \dfrac{\boldsymbol{v}_k}{m_k}.$

(5) 若 $|m_k - m_{k-1}| < \varepsilon$,则停止计算,输出 $1/m_k$ 作为 $\lambda_n$ 的近似值,输出 $\boldsymbol{u}_k$ 作为相应的近似的规范特征向量;否则置 $k = k+1$,转步骤(3).

2) 反幂法的算法特点如下:

(1) **反幂法中,对非奇异矩阵 A 的特征值分布是有要求的,**即要求

$$|\lambda_1| \geqslant |\lambda_2| \geqslant \cdots \geqslant |\lambda_{n-1}| > |\lambda_n|.$$

(2) **反幂法一般用来求 A 的绝对值最小的特征值及其相应的特征向量. 当 A 的规模较大时,特征值个数多,特征值相互差距大,反幂法的计算效率高.**

(3) **反幂法也可用来求距数值 $p$ 最近的 A 的特征值及其相应的特征向量,**这

就是所谓带原点平移的反幂法. 具体方法如下:假设 $\lambda_j$ 距 $p$ 值最近,则 $\lambda_j - p$ 就是 $\boldsymbol{A} - p\boldsymbol{I}$ 的最小特征值;用反幂法求得 $\boldsymbol{A} - p\boldsymbol{I}$ 的最小特征值 $\xi$,则由 $|\lambda_j - p| = \xi$ 可推知,$\boldsymbol{A}$ 的特征值中距离 $p$ 最近的特征值为 $p \pm \xi$.

**3. 算例**

**例 8.2.1** 已知 $\boldsymbol{A} = \begin{pmatrix} 4 & -1 & & & \\ -1 & 4 & -1 & & \\ & \ddots & \ddots & \ddots & \\ & & -1 & 4 & -1 \\ & & & -1 & 4 \end{pmatrix}_{8\times 8}$,求 $\boldsymbol{A}$ 的绝对值最小的特征值及其对应的特征向量.

**解** 给定控制精度 $10^{-7}$,则调用反幂法程序可计算出

$$\lambda_8 \approx 2.120\,615.$$

与 $\lambda_8$ 相应的近似的规范化特征向量为

$$\boldsymbol{x}_8 \approx (0.347\,296,\ 0.652\,704,\ 0.879\,385,\ 1.000\,000,\ 1.000\,000,\ 0.879\,385,\ 0.652\,704,\ 0.347\,296)^{\mathrm{T}}.$$

**例 8.2.2** 设 $\boldsymbol{A} = \begin{pmatrix} 2 & 1 & 0 \\ 1 & 3 & 1 \\ 0 & 1 & 4 \end{pmatrix}$,已知其最小特征值为 $\lambda_3 = 3 - \sqrt{3}$,给定靠近 $\lambda_3$ 的近似值 $\tilde{\lambda} = 1.267\,9$,用反幂法计算 $\lambda_3$ 的近似值.

**解** 在已知 $\tilde{\lambda}$ 的情形下求与之最近的特征值 $\lambda_3$,实际上就是求 $\boldsymbol{A} - \tilde{\lambda}\boldsymbol{I}$ 的最小特征值 $\lambda_3 - \tilde{\lambda}$,也就是求 $(\boldsymbol{A} - \tilde{\lambda}\boldsymbol{I})^{-1}$ 的最大特征值 $1/(\lambda_3 - \tilde{\lambda})$.

调用带原点平移的反幂法,平移量 $p = 1.267\,9$,控制精度为 $10^{-6}$,经两步迭代就可满足精度要求,计算结果为

$$\max(\boldsymbol{v}_k) = 20\,409, \quad \boldsymbol{u}_2 = (1,\ -0.732\,03,\ 0.267\,92)^{\mathrm{T}}.$$

于是 $\boldsymbol{A}$ 的最小特征值为

$$\lambda_3 = \tilde{\lambda} + 1/20\,409 = 1.267\,949;$$

与 $\lambda_3$ 相应的规范化特征向量为

$$\boldsymbol{x}_3 \approx (1,\ -0.732\,03,\ 0.267\,92)^{\mathrm{T}}.$$

由此可见,用带原点平移的反幂法求平移量 $p$ 附近的特征值的求解精度和求解速度都是令人满意的.

## 8.3 计算对称矩阵特征值的 Jacobi 方法

在工程技术问题中常常遇到**实对称矩阵 $\boldsymbol{A}$,计算它的全部特征值和对应的特征向量时,采用 Jacobi 方法是实用的.**

**1. 方法原理**

由线性代数的知识可知，如果 $A_{n\times n}$ 是实对称矩阵，则一定存在着一个正交矩阵 $P$，使得

$$PAP^{\mathrm{T}} = D.$$

其中

$$D = \mathrm{diag}(\lambda_1, \lambda_2, \cdots, \lambda_n).$$

因为**正交相似变换 $PAP^{\mathrm{T}}$ 不改变矩阵 $A$ 的特征值**，所以 $D$ 的对角元素就是 $A$ 的全部特征值，$P^{\mathrm{T}}$ 的列向量就是对应的特征向量. 显然，实现这种形式目标的关键是构造正交矩阵 $P$.

Jacobi 方法中采用了实现局部行列变换的正交矩阵

$$P_{ij} = \begin{pmatrix} 1 & & & & & & & & & \\ & \ddots & & & & & & & & \\ & & 1 & & & & & & & \\ & & & \cos\theta & & & \sin\theta & & & \\ & & & & 1 & & & & & \\ & & & & & \ddots & & & & \\ & & & & & & 1 & & & \\ & & & -\sin\theta & & & \cos\theta & & & \\ & & & & & & & 1 & & \\ & & & & & & & & \ddots & \\ & & & & & & & & & 1 \end{pmatrix} \begin{matrix} \\ \\ \\ i\text{行} \\ \\ \\ \\ j\text{行} \\ \\ \\ \\ \end{matrix} .$$

$\qquad\qquad\qquad\qquad i$ 列 $\qquad\qquad\qquad j$ 列

$P_{ij}$ 有如下特点：

1) $P_{ij}$ 左乘 $A$，仅仅改变 $A$ 的第 $i$ 行和第 $j$ 行，用 $P_{ij}^{\mathrm{T}}$ 右乘 $P_{ij}A$，仅仅改变 $P_{ij}A$ 的第 $i$ 列和第 $j$ 列，$P_{ij}AP_{ij}^{\mathrm{T}}$ 仅仅改变 $A$ 的第 $i$ 列、第 $j$ 列、第 $i$ 行、第 $j$ 行.

2) $P_{ij}AP_{ij}^{\mathrm{T}} = A_1$，因为 $A$ 是实对称矩阵，所以 $A_1$ 仍然是实对称矩阵.

3) $P_{ij}$ 是正交矩阵，$P_{ij}AP_{ij}^{\mathrm{T}} = A_1$，$A$ 和 $A_1$ 的特征值相同，正交相似变换不改变矩阵的特征值.

在 Jacobi 方法中，将采用不同下标 $i$ 和 $j$ 的正交矩阵 $P_{ij}$ 不断地作正交相似变换，要把 $A$ 的全部非对角线元素变为零或几乎为零，最后达到将 $A$ 变为对角矩阵的目标.

总之，Jacobi **方法是用一串正交相似变换对 $A$ 的非对角线元素作消元运算的方法**.

**2. Jacobi 方法的特点**

1) **仅适用于实对称矩阵，求全部特征值及其相应的特征向量.**

2) **当 $A$ 的阶数不太高时，该方法的求解速度较快、稳定且精度比较高.**

3) 由于 Jacobi 方法是采用一串正交相似变换对 $\boldsymbol{A}$ 的非对角线元素作消元处理,因此,当 $\boldsymbol{A}$ 的阶数很高时,该方法因花费太大而降低求解速度;同样可以想到,为提高非对角元素的消元效率,Jacobi 方法也有多种相应的实用措施,例如选主元消去等,这里不再作更多的介绍.

**3. 算例**

**例 8.3.1** 设 $\boldsymbol{A}=\begin{pmatrix}2 & -1 & 1\\ -1 & 2 & -1\\ 1 & -1 & 2\end{pmatrix}$,用 Jacobi 方法计算 $\boldsymbol{A}$ 的特征值,并观察正交相似变换的过程.

**解** 第一次正交相似变换,消元对象为 $a_{12}$ 和 $a_{21}$,结果为

$$\boldsymbol{A}_1=\boldsymbol{P}_1\boldsymbol{A}\boldsymbol{P}_1^{\mathrm{T}}=\begin{pmatrix}3 & 0 & 0.707\,107\\ 0 & 1 & -0.707\,107\\ 0.707\,107 & -0.707\,107 & 2\end{pmatrix}.$$

第二次正交相似变换,消元对象为 $\boldsymbol{A}_1$ 的 $a_{13}^{(1)}$ 和 $a_{31}^{(1)}$,结果为

$$\boldsymbol{A}_2=\boldsymbol{P}_2\boldsymbol{A}_1\boldsymbol{P}_2^{\mathrm{T}}=\begin{pmatrix}3.366\,027 & -0.325\,058 & 0\\ -0.325\,058 & 1 & -0.627\,963\\ 0 & -0.627\,963 & 1.633\,975\end{pmatrix},$$

可以看到,$\boldsymbol{A}_1$ 中的零元素经第二次正交相似变换后变为非零元素.

第三次正交相似变换,在 $\boldsymbol{A}_2$ 的非对角元素中选主元素 $a_{23}^{(2)}$ 和 $a_{32}^{(2)}$ 作为消元对象,结果为

$$\boldsymbol{A}_3=\boldsymbol{P}_3\boldsymbol{A}_2\boldsymbol{P}_3^{\mathrm{T}}=\begin{pmatrix}3.366\,027 & -0.276\,837 & 0.170\,364\\ -0.276\,837 & 0.613\,554 & 0\\ 0.170\,364 & 0 & 2.020\,420\end{pmatrix}.$$

第四次正交相似变换,在 $\boldsymbol{A}_3$ 的非对角元素中选主元素 $a_{12}^{(3)}$ 和 $a_{21}^{(3)}$ 作为消元对象,结果为

$$\boldsymbol{A}_4=\boldsymbol{P}_4\boldsymbol{A}_3\boldsymbol{P}_4^{\mathrm{T}}=\begin{pmatrix}3.393\,592 & 0 & 0.169\,525\\ 0 & 0.585\,986 & 0.016\,881\,4\\ 0.169\,525 & 0.016\,881\,4 & 2.020\,420\end{pmatrix},$$

可以看到,虽然 $\boldsymbol{A}_3$ 的非对角零元素在 $\boldsymbol{A}_4$ 中又变为非零元素,但与 $\boldsymbol{A}_3$ 相比,$\boldsymbol{A}_4$ 的非对角元素平均地变小了.

第五次正交相似变换,在 $\boldsymbol{A}_4$ 的非对角元素中选主元素 $a_{13}^{(4)}$ 和 $a_{31}^{(4)}$ 作为消元对象,结果为

$$A_5 = P_5 A_4 P_5^{\mathrm{T}} = \begin{pmatrix} 3.414\,209 & 0.002\,038\,24 & 0 \\ 0.002\,038\,24 & 0.585\,986 & 0.016\,757\,9 \\ 0 & 0.016\,757\,9 & 1.999\,800 \end{pmatrix}.$$

最后,Jacobi 方法用上三角中非对角元素平方和作为控制标准,即

$$\sum_{j>i} | a_{ij}^{(4)} |^2 < 0.000\,3$$

时停止计算,$A_5$ 的对角元素为 $A$ 的特征值近似值,有

$$\lambda_1 \approx 3.414\,209, \quad \lambda_2 \approx 0.585\,986, \quad \lambda_3 \approx 1.999\,800.$$

与相应的准确值

$$\lambda_1 = 3.414\,214, \quad \lambda_2 = 0.585\,786, \quad \lambda_3 = 2.000\,000$$

相比,可知 Jacobi 方法对较大的特征值来说精度较高,对较小的特征值来说精度略低些. 另外,本题中 $P_5^{\mathrm{T}} P_4^{\mathrm{T}} P_3^{\mathrm{T}} P_2^{\mathrm{T}} P_1^{\mathrm{T}}$ 的列向量就是相应的近似特征向量.

## 习　题　8

**【8.1】** 用幂法计算矩阵 $A = \begin{pmatrix} 7 & 3 & -2 \\ 3 & 4 & -1 \\ -2 & -1 & 3 \end{pmatrix}$, $B = \begin{pmatrix} 3 & 7 & 9 \\ 7 & 4 & 4 \\ 9 & 3 & 8 \end{pmatrix}$ 的绝对值最大的特征值及其对应的特征向量,对收敛于主特征值的序列作 Aitken 加速处理.

**【8.2】** 用反幂法计算矩阵 $A = \begin{pmatrix} 2 & 8 & 9 \\ 8 & 3 & 4 \\ 9 & 4 & 7 \end{pmatrix}$, $B = \begin{pmatrix} 2 & 1 & 0 \\ 1 & 3 & 1 \\ 0 & 1 & 4 \end{pmatrix}$ 的绝对值最小的特征值及其对应的特征向量,对计算特征值的收敛序列作 Aitken 加速处理.

**【8.3】** 已知矩阵 $A = \begin{pmatrix} 2 & -1 & & & \\ -1 & 2 & -1 & & \\ & \ddots & \ddots & \ddots & \\ & & -1 & 2 & -1 \\ & & & -1 & 2 \end{pmatrix}_{n\times n}$,分别对 $n = 10$ 和 $n = 20$ 的情形,计算 $A$ 的按绝对值最大的特征值和按绝对值最小的特征值.

**【8.4】** 已知矩阵 $A = \begin{pmatrix} 1 & 2 & 3 \\ 2 & 3 & 4 \\ 3 & 4 & 5 \end{pmatrix}$,求 $A$ 的特征值中与 9.6 最接近的那个特征值.

**【8.5】** 用 Jacobi 方法求矩阵 $A = \begin{pmatrix} 4 & 1 & 0 \\ 1 & 2 & 1 \\ 0 & 1 & 2 \end{pmatrix}$, $B = \begin{pmatrix} 4 & 4 & 2 \\ 4 & 4 & 1 \\ 2 & 1 & 2 \end{pmatrix}$ 的全部特征值及其相应的特征向量.

# 习题解答提示

## 习题 1 解答提示

**【1.1】** 本题是典型的 Lagrange 插值函数的构造问题.三个无关的插值条件可构造一个二次 Lagrange 插值多项式,它可用基函数形式表示为

$$L_2(x) = 4l_1(x) + 2l_2(x) + 5l_3(x),$$

其中

$$l_1(x) = \frac{(x-3)(x-4)}{(2-3)(2-4)},$$

$$l_2(x) = \frac{(x-2)(x-4)}{(3-2)(3-4)},$$

$$l_3(x) = \frac{(x-2)(x-3)}{(4-2)(4-3)}.$$

由此可进一步写出 $L_2(x)$ 的表达式.

**【1.2】** 本题是插值多项式的简单应用问题.

首先由题中所给的三个插值条件构造一个二次 Lagrange 插值多项式

$$L_2(x) = 10l_1(x) + 11l_2(x) + 12l_3(x),$$

其中

$$l_1(x) = \frac{(x-121)(x-144)}{(100-121)(100-144)},$$

$$l_2(x) = \frac{(x-100)(x-144)}{(121-100)(121-144)},$$

$$l_3(x) = \frac{(x-100)(x-121)}{(144-100)(144-121)}.$$

再将 $L_2(x)$ 看做是对 $f(x)=\sqrt{x}, x\in[100,144]$ 的近似,即

$$L_2(115) \approx \sqrt{115},$$

$L_2(115)$ 是内插值.

还可将 $L_2(x)$ 适当向区间外延伸,即

$$L(145) \approx \sqrt{145},$$

$L_2(145)$ 是外插值.

**【1.3】** 在某个应用问题中,仅知道 $P(x)=0$ 在 $x\in[0,1]$ 这个区段中有唯一根,但不知道 $P(x)$ 的具体表达式.为此,测得四个数据 $\{P(x_k)\}$,以此可构造一个三次 Lagrange 插值多项式 $L_3(x)$.记

$$L_3(x^*) = 0,$$

用这个三次插值多项式的根 $x^*$ 作为 $P(x)=0$ 的根的近似值.

本题应先求出 $L_3(x)$ 的具体形式,即

$$L_3(x)=-2l_1(x)-l_2(x)+l_3(x)+2l_4(x),$$

其中

$$l_1(x)=\frac{(x-0)(x-1)(x-2)}{(-1-0)\times(-1-1)\times(-1-2)},$$

$$l_2(x)=\frac{(x+1)(x-1)(x-2)}{(0+1)\times(0-1)\times(0-2)},$$

$$l_3(x)=\frac{(x+1)(x-0)(x-2)}{(1+1)\times(1-0)\times(1-2)},$$

$$l_4(x)=\frac{(x+1)(x-0)(x-1)}{(2+1)\times(2-0)\times(2-1)};$$

再求 $L_3(x)=0$ 的根作为 $P(x)=0$ 根的近似值.

**【1.4】** 从表面上看,用本题数表中的六个插值条件可构造一个五次的 Lagrange 插值多项式

$$L(x)=-5l_1(x)-l_2(x)+l_3(x)+l_4(x)-l_5(x)-5l_6(x).$$

然而,具体合并时,关于 $x^3,x^4,x^5$ 的那些项都被消去了,这个插值多项式的最终表现为

$$L(x)=-x^2+x+1.$$

本题结果重复了 Lagrange 插值的某些基本特性:

(1) 若 $f(x)$ 是定义在$[a,b]$上某个任意的函数,则可用$[a,b]$上的多项式函数逼近 $f(x)$. 当给定 $n+1$ 个无关的插值条件时,由此构造的 Lagrange 插值函数对 $f(x)$ 能准确到 $n$ 次多项式的程度.

(2) 若 $f(x)$ 是定义在$[a,b]$上的某个 $n$ 次多项式函数,则由 $n+1$ 个无关的插值条件所构造的 Lagrange 插值函数对这样的 $f(x)$ 是准确的.

(3) 若 $f(x)$ 是定义在$[a,b]$上的某个 $n$ 次多项式函数,若给定的插值条件有 $n+m+1$ 个,$m\geqslant 1$,则必有 $m$ 个插值条件是相关的,仅有 $n+1$ 个插值条件是无关的.

**【1.5】** 本题所给定的插值条件是应用问题中可能出现的,它不是标准的 Lagrange 插值问题,也不是标准的 Hermite 插值问题. 解答本题需利用插值函数的基本概念和形式特点.

(1) 关于插值基函数 $l_0(x)$ 的构造. 由于 $l_0(x)$ 仅用来表现 $x_0$ 处的函数值这个插值信息,对 $x_0$ 处的其它插值信息和对其它节点处的插值信息都不予表现,所以 $l_0(x)$ 的形式特点为:

① $l_0(x)$ 是一个二次多项式,

② $l_0(x_1)=0$,

③ $l_0(x_0)=1$,

④ $l'_0(x_0)=0$.

由特点①和②完成 $l_0(x)$ 的形式构造,即

$$l_0(x) = (x - x_1)(ax + b),$$

由特点③和④,即由

$$\begin{cases}(x_0 - x_1)(ax_0 + b) = 1, \\ (ax_0 + b) + a(x_0 - x_1) = 0\end{cases}$$

可求得 $a$ 和 $b$,明确构造出 $l_0(x)$.

(2) 关于插值基函数 $l_1(x)$ 的构造.由于 $l_1(x)$ 仅表现 $f_1$ 这一个插值信息,所以 $l_1(x)$ 的形式特点为:

① $l_1(x)$ 是一个二次多项式,

② $l_1(x_0) = 0$,

③ $l_1(x_1) = 1$,

④ $l'_1(x_0) = 0$.

由特点①和②完成 $l_2(x)$ 的形式构造,即

$$l_1(x) = (x - x_0)(cx + d).$$

由特点③和④确定 $c$ 和 $d$.

(3) 关于插值函数 $\beta_0(x)$ 的构造.由于 $\beta_0(x)$ 仅表现 $f'_0$ 这一个插值信息,所以 $\beta_0(x)$ 的形式特点为:

① $\beta_0(x)$ 是一个二次多项式,

② $\beta_0(x_0) = 0$,

③ $\beta_0(x_1) = 0$,

④ $\beta'_0(x_0) = 1$.

由特点①、②、③完成 $\beta_0(x)$ 的形式构造,即

$$\beta_0(x) = e(x - x_0)(x - x_1).$$

由特点④确定 $e$.

(4) 关于插值误差表达式.首先,误差函数

$$R_3(x) = f(x) - P_2(x)$$

应是一个三次多项式;由节点处的误差表现,即

$$R_3(x_0) = 0, \quad R'_3(x_0) = 0, \quad R_3(x_1) = 0,$$

可完成 $R_3(x)$ 的形式构造,即

$$R_3(x) = A(x - x_0)^2(x - x_1).$$

由例1.3.5的分析可知,误差表达式为

$$R_3(x) = \frac{f'''(\xi)}{3!}(x - x_0)^2(x - x_1), \quad \xi \in [x_0, x_1].$$

**【1.6】** 本题中关于插值基函数 $l_0(x)$,$l_2(x)$ 和 $\beta_1(x)$ 的构造,类似于题【1.5】.

本题中的插值误差函数 $R_3(x)$ 的形式特点为：

① $R_3(x)$ 是一个三次多项式，

② $R_3(x_0)=0$，

③ $R_3(x_2)=0$，

④ $R_3'(x_1)=0$.

关于 $R_3(x)$ 的形式构造，首先应注意 $R_3(x_1)\neq 0$，$R_3(x)$ 中不能含有 $(x-x_1)^2$ 的因式，其次应注意此插值误差函数仍含有系数 $f'''(\xi)/3!$，所以由特点 ①、②、③ 可完成 $R_3(x)$ 的形式构造，即

$$R_3(x)=\frac{f'''(\xi)}{3!}(x-x_0)(x-x_2)(x-d),\quad \xi\in[x_0,x_2].$$

由特点 ④ 确定待定系数 $d$.

**【1.7】** 求分段线性插值函数的误差可参见式(1.2.3). 由于在每一个小区段上是用线性插值函数近似 $f(x)$ 的，所以在所有等距分划的小区段上都有

$$|f(x)-L(x)|=O(h^2),$$
$$|f'(x)-L'(x)|=O(h).$$

**【1.8】** 本题虽是借助计算机在计算模拟中完成的，但在插值节点等距分划且分半分划时，插值误差的减小规律是可以事先估计和把握的.

(1) 关于分段线性插值的情形，分段线性插值函数在 $h$ 等距分划时记为 $L_1^h(x)$，其误差阶为

$$|f(x)-L_1^h(x)|=O(h^2).$$

当 $h$ 分半时，其误差阶为

$$|f(x)-L_1^{h/2}(x)|=O\left(\left(\frac{h}{2}\right)^2\right).$$

所以当 $h$ 分半减小时，插值误差减小的规律为

$$|f(x)-L_1^{h/2}(x)|\approx\frac{1}{4}|f(x)-L_1^h(x)|.$$

(2) 关于分段二次插值的情形. 将作 $h$ 等距分划时的分段二次插值函数记为 $L_2^h(x)$，其误差阶为

$$|f(x)-L_2^h(x)|=O(h^3).$$

当 $h$ 分半时，其误差阶为

$$|f(x)-L_2^{h/2}(x)|=O\left(\left(\frac{h}{2}\right)^3\right).$$

所以当 $h$ 分半减小时，插值误差的减小规律为

$$|f(x)-L_2^{h/2}(x)|\approx\frac{1}{8}|f(x)-L_2^h(x)|.$$

(3) 关于分段三次 Hermite 插值的情形. 当 $h$ 等距分划时，其误差阶为

$$|f(x)-H_3^h(x)|=O(h^4).$$

当 $h$ 分半时,其误差阶为

$$|f(x)-H_3^{h/2}(x)|=O\left(\left(\frac{h}{2}\right)^4\right).$$

所以当 $h$ 分半减小时,插值误差的减小规律为

$$|f(x)-H_3^{h/2}(x)|\approx\frac{1}{16}|f(x)-H_3^h(x)|.$$

**【1.9】** 本题(1) 要用到 Lagrange 插值节点基函数的性质:

$$l_k(x_j)=\begin{cases}1, & j=k,\\0, & j\neq k.\end{cases}$$

由此可知 $$\sum_{k=1}^{6}l_k(x_0)=0,\quad \sum_{k=1}^{6}l_k(x_0+h)=1.$$

本题(2) 要用到关于 Lagrange 插值函数对 $f(x)$ 的准确程度的认识. 题中由六个独立的插值条件所决定的 $S_5(x)$ 能对 $f(x)$ 准确到五次多项式的程度. 由此可简单地得到相应的解答,即当 $f(x)=x^0,x^1,\cdots,x^5$ 时,有

$$x^i=f(x)=\sum_{k=1}^{6}x_k^il_k(x)=S_5(x),\quad i=0,1,\cdots,5.$$

利用题(2) 的结论可简单地解答题(3),其中

$$\sum_{k=1}^{6}l_k(x)=\sum_{k=1}^{6}1\cdot l_k(x)=1,$$

$$\sum_{k=1}^{6}x_k^5l_k(x_k)=\sum_{k=1}^{6}x_k^5\times 1=\sum_{k=1}^{6}x_k^5,$$

$$\sum_{k=1}^{6}(x_k^5+x_k^4)l_k(x)=\sum_{k=1}^{6}x_k^5l_k(x)+\sum_{k=1}^{6}x_k^4l_k(x)=x^5+x^4.$$

## 习题 2 解答提示

**【2.1】** 从以下三个方面来观察.

首先,在固定点 $x_k$ 来观察. $|f(x)-S_n(x)|$ 是正的逐点误差值,如果它小于 1,则当 $p$ 增大时,$|f(x)-S_n(x)|^p$ 会变小;如果它大于 1,则当 $p$ 增大时,$|f(x)-S_n(x)|^p$ 会变大. 所以在 $p$ 值变大时,$|f(x)-S_n(x)|^p$ 将起着压制小误差、扩增大误差的作用.

其次,在 $[a,b]$ 上整体观察. $\int_a^b|f(x)-S_n(x)|^p\mathrm{d}x$ 是关于逐点误差 $|f(x)-S_n(x)|^p$ 的积分总量,整体上有平均效果. 尽管如此,$p$ 值越大时,$\left[\int_a^b|f(x)-S_n(x)\mathrm{d}x|\right]^{1/p}$ 突出局部大误差的作用越明显.

最后,比较 $p\to+\infty$ 的情形. 由于 $\max\limits_{a\leqslant x\leqslant b}|f(x)-S_n(x)|$ 突出局部点处大误差的能力最强,所以不难想象

$$\lim_{p\to+\infty}\|f(x)-S_n(x)\|_p=\|f(x)-S_n(x)\|_\infty.$$

事实上,一方面有

$$\begin{aligned}\|f(x)-S_n(x)\|_p&=\lim_{m\to+\infty}\left[\sum_{k=1}^{m}|f(x_k)-S_n(x_k)|^p\cdot\frac{b-a}{m}\right]^{1/p}\\&\leqslant\left[\max_{a\leqslant x\leqslant b}|f(x)-S_n(x)|\cdot(b-a)\right]^{1/p}\\&\xrightarrow{p\to\infty}\|f(x)-S_n(x)\|_\infty,\end{aligned}$$

另一方面又有

$$\begin{aligned}\|f(x)-S_n(x)\|_p&=\lim_{m\to+\infty}\left[\sum_{k=1}^{m}|f(x_k)-S_n(x_k)|^p\cdot\frac{b-a}{n}\right]^{1/p}\\&\geqslant\max_{a\leqslant x\leqslant b}|f(x)-S_n(x)|=\|f(x)-S_n(x)\|_\infty.\end{aligned}$$

**【2.2】** 据题意可知,本题是在四次多项式函数类中寻求 $S_4^*(x)$ 对 $f(x)$ 作最佳平方逼近,因为 $f(x)$ 是一个二次多项式,所以 $f(x)=x^2$ 的这种最佳平方逼近函数只可能是 $f(x)=x^2$ 自身. 故 $c_3^*=c_4^*=0$.

**【2.3】** 据式(2.3.5),本题中用Legendre正交多项式表示的三次最佳平方逼近多项式为

$$\begin{cases}S_3^*=\displaystyle\sum_{k=0}^{3}c_k^*P_k(x),\\c_k^*=\displaystyle\int_{-1}^{1}\mathrm{e}^xP_k(x)\mathrm{d}x\Big/\frac{2}{2k+1},\end{cases}$$

经计算,有

$$\int_{-1}^{1}\mathrm{e}^xP_0(x)\mathrm{d}x=\int_{-1}^{1}\mathrm{e}^x\mathrm{d}x=\mathrm{e}-\frac{1}{\mathrm{e}}\approx2.3504,$$

$$\int_{-1}^{1}\mathrm{e}^xP_1(x)\mathrm{d}x=\int_{-1}^{1}\mathrm{e}^xx\mathrm{d}x=2\mathrm{e}^{-1}\approx0.7358,$$

$$\int_{-1}^{1}\mathrm{e}^xP_2(x)\mathrm{d}x=\int_{-1}^{1}\mathrm{e}^x\left(\frac{3}{2}x^2-\frac{1}{2}\right)\mathrm{d}x=\mathrm{e}-\frac{7}{\mathrm{e}}\approx0.1431,$$

$$\int_{-1}^{1}\mathrm{e}^xP_3(x)\mathrm{d}x=\int_{-1}^{1}\mathrm{e}^x\left(\frac{5}{2}x^3-\frac{3}{2}\right)\mathrm{d}x=\frac{37}{\mathrm{e}}-5\mathrm{e}\approx0.0201,$$

$$c_0^*\approx1.1752,\quad c_1^*\approx1.1036,\quad c_2^*\approx0.3578,\quad c_3^*\approx0.0705.$$

所以有

$$S_3^*(x)=0.9963+0.9979x+0.5367x^2+0.1761x^3.$$

逼近的平方误差为

$$\|f(x)-S_3^*(x)\|_2^2=\|\mathrm{e}^x\|_2^2-\|S_3^*(x)\|_2^2$$

$$= \int_{-1}^{1} e^{2x} dx - \sum_{k=0}^{3} \frac{2}{2k+1}(c_k^*)^2 \approx 0.88 \times 10^{-4}.$$

**【2.4】** 题中$\{g_k(x)\}_{k=0}^{\infty}$是定义在$[0,2\sqrt{3}]$区间的权系数为 1 的正交多项式函数族,题中仅给出$g_2(x) = x^2 + ax + b$,其它的并不知道.本题不需要全部推导出$\{g_k(x)\}$,仅需要确定$g_2(x)$中的$a$和$b$.利用正交多项式的特性:正交多项式$g_n(x)$和$x^k$ $(0 \leqslant k \leqslant n-1)$都正交,有

$$\int_0^{2\sqrt{3}} x^0 g_2(x) dx = 0, \quad \int_0^{2\sqrt{3}} x^1 g_2(x) dx = 0,$$

从而确定$g_2(x)$中的$a$和$b$.

**【2.5】** 本题是二次多项式的拟合问题,可直接套用相应的规化方程组(2.5.6).

**【2.6】** 本题是指数曲线的拟合问题,可直接套用相应的规化方程组(2.5.9).

**【2.7】** 本题是幂函数曲线的拟合问题,可直接套用相应的规化方程组(2.5.10).

**【2.8】** 本题并没有指明采用何种拟合曲线,需先将数据点描绘出来,观察这些数据点的宏观特征,确定某种拟函数的类型,再套用相应的规化方程组求解。

**【2.9】** 本题中方程个数多于未知量个数,可用最小二乘法求解,先计算出$\boldsymbol{A}^{\mathrm{T}}\boldsymbol{A}$和$\boldsymbol{A}^{\mathrm{T}}\boldsymbol{b}$,再求解$\boldsymbol{A}^{\mathrm{T}}\boldsymbol{A}\boldsymbol{x} = \boldsymbol{A}^{\mathrm{T}}\boldsymbol{b}$就得到最小二乘解.

## 习题 3 解答提示

**【3.1】** 本题给定了求积节点和求积公式的系数,需验证此求积公式的代数精度.据代数精度的概念和式(3.2.2),当令$f(x) = 1, x, x^2$时,有

$$\int_0^1 f(x) dx = \frac{3}{4} f\left(\frac{1}{3}\right) + \frac{1}{4} f(1),$$

当令$f(x) = x^3$时,上式不成立,所以本题数值积分公式具有二次代数精度.

**【3.2】**(1) 本题要设计数值积分公式,其中三个求积节点已知,三个求积系数待定.据数值积分公式代数精度的概念和式(3.2.2),令$f(x) = 1, x, x^2$,有

$$\begin{cases} \int_{-h}^{h} 1 dx = 2h = A_0 \times 1 + A_1 \times 1 + A_2 \times 1, \\ \int_{-h}^{h} x dx = 0 = A_0 \times (-h) + A_1 \times 0 + A_2 \times (h), \\ \int_{-h}^{h} x^2 dx = \frac{2}{3}h^3 = A_0 \times (-h)^2 + A_1 \times 0 + A_2 \times h^2. \end{cases}$$

解得$A_0 = A_2 = \frac{1}{3}h, A_1 = \frac{4}{3}h$,数值积分公式为

$$\int_{-h}^{h} f(x) dx \approx \frac{h}{3} f(-h) + \frac{4}{3} f(0) + \frac{h}{3} f(h).$$

该数值积分公式已至少具有二次代数精度.还需进一步验证它是否具有更高次的

代数精度，为此令 $f(x)=x^3$，上式两边仍相等；所以最后确定本题数值积分公式具有三次代数精度.

(2) 本题要设计的数值求积公式中，三个求积节点已知，三个求积系数待定，解题过程类似于题【3.2(1)】.

(3) 本题仅已知一个求积节点和一个求积系数，还有一个求积节点位置和求积系数都待定，共有两个待定值. 据代数精度的概念和式(3.2.2)，可令 $f(x)=1,x$ 时积分公式成立，列出两个方程的方程组，解得 $A_0=3/4$，$x_0=2/3$，于是本题的数值积分公式为

$$\int_0^1 f(x)\mathrm{d}x \approx \frac{1}{4}f(0)+\frac{3}{4}f\left(\frac{2}{3}\right).$$

此公式已具有一次代数精度，还要验证它是否具有二次代数精度. 当 $f(x)=x^2$ 时上式两边相等，由此确定本题数值积分公式具有二次代数精度.

(4) 本题数值积分公式中有四个待定系数. 据代数精度的概念和式(3.2.2)，令 $f(x)=1,x,x^2,x^3$ 时数值积分公式能准确成立，则可列出方程组

$$\begin{cases}\int_{-1}^1 1\mathrm{d}x = 2 = A_0\times 1 + A_1\times 1 + A_2\times 1,\\ \int_{-1}^1 x\mathrm{d}x = 0 = A_0\times(-1) + A_1x_1 + A_2\times 1,\\ \int_{-1}^1 x^2\mathrm{d}x = \frac{2}{3} = A_0\times 1 + A_1x_1^2 + A_2\times 1,\\ \int_{-1}^1 x^3\mathrm{d}x = 0 = A_0\times(-1) + A_1x_1^3 + A_2\times 1.\end{cases}$$

这是一个非线性方程组，求解有一定困难.

然而高精度数值积分公式都具有对称性规律，若求积节点和求积系数不具有对称性，那么相应的数值积分公式是不会具有较高精度的. 据此，可令

$$x_1=0,\quad A_0=A_2,$$

于是由上述方程组可简单地解得

$$A_0=A_2=1/3,\quad A_1=4/3,$$

相应的数值积分公式为

$$\int_{-1}^1 f(x)\mathrm{d}x \approx \frac{1}{3}f(-1)+\frac{4}{3}f(0)+\frac{1}{3}f(1).$$

可进一步验证当 $f(x)=x^4$ 时上式两边不相等，所以上述数值积分公式具有三次代数精度，这是比较满意的结果.

(5) 先令 $x=ht$，将待讨论的问题转化为如下形式简单的情形：

$$\begin{aligned}\int_0^1 f(ht)\mathrm{d}(ht) &\approx h[A_0f(0)+A_1f(1)]+h^2[B_0f'(0)+B_1f'(1)]\\ &= h[a_0f(0)+a_1f(1)+b_0f'(0)+b_1f'(1)].\end{aligned}$$

求积公式中含有导数信息,这并不影响使用式(3.2.2)列出方程组,为此令 $f(x) = 1, x, x^2, x^3$ 时该数值积分公式能准确成立,于是有

$$\begin{cases} a_0 + a_1 = 1, \\ a_1 + b_0 + b_1 = 1/2, \\ a_1 + 2b_1 = 1/3, \\ a_1 + 3b_1 = 1/4, \end{cases}$$

解得 $a_0 = a_1 = 1/2, b_0 = -b_1 = 1/12$,相应的数值积分公式为

$$\int_0^h f(x)\mathrm{d}x \approx \frac{h}{2}[f(0) + f(h)] + \frac{1}{12}[f'(0) - f'(h)].$$

易知,对 $f(x) = x^4$ 的情形此积分公式不能准确成立,所以该数值积分公式具有三次代数精度.

**【3.3】** 设原积分值记为 $I$,分段梯形数值积分值记为 $I_h$,那么误差阶的估计为

$$|I - I_h| = \frac{1}{2}\max_{2\leqslant\xi\leqslant 8}|f''(\xi)|h^2 = O(h^2),$$

其中,被积函数

$$f(x) = \frac{1}{2x}, \quad \max_{2\leqslant x\leqslant 8}|f''(x)| = \frac{1}{8},$$

所以根据题中计算误差的要求,应需要

$$\frac{1}{2}\times\frac{1}{8}h^2 \leqslant \frac{1}{2}\times 10^{-5},$$

由此,可事先估计出计算步长以 $h = 10^{-3}$ 为宜.

**【3.4】** 本题应上机做计算实验,计算中应注意以下几个问题:第一,选用什么数值积分公式和初始的计算节点间距 $h$;第二,$h$ 分半计算时如何减小计算量;第三,$h$ 分半计算结束的控制标准.

**【3.5】** 在题【3.4】计算基础上,边 $h$ 分半计算边采用 Romberg 外推算法,要注意外推值达到计算精度的控制标准.

**【3.6】** 本题应上机做计算实验,需选定分段长度 $h$,选定某个 Gauss 求积公式,确定相应的Gauss点位置,需保证所要求的计算精度.例如,分段长度为$h$,每小段上采用两个 Gauss 点的积分公式,每段计算误差约为 $O(h^4)$;若每小段上采用四个 Gauss 点的积分公式,每小段计算误差约为 $O(h^8)$.

**【3.7】** 先作变换 $x = 2t$,将公式形式简单化,即

$$\int_{-1}^1 f(2t)\mathrm{d}t \approx \frac{A}{2}f\left(-\frac{a}{2}\right) + \frac{B}{2}f(0) + \frac{C}{2}f\left(\frac{a}{2}\right).$$

这个公式中的求积节点是待定而对称分布的,求积系数待定且也可做到对称,处理得当时上述计算公式可达到五次代数精度.将此式与三个 Gauss 点的积分公式

$$\int_{-1}^1 f(x)\mathrm{d}x \approx \frac{5}{9}f\left(-\sqrt{\frac{3}{5}}\right) + \frac{8}{9}f(0) + \frac{5}{9}f\left(\sqrt{\frac{3}{5}}\right)$$

与上式比照可知,本题数值积分公式当

$$A = C = \frac{10}{9},\quad a = 2\sqrt{\frac{3}{5}}$$

时,就是三个 Gauss 点的积分公式,它具有五次代数精度.

**【3.8】** 本题中的数值积分公式是 Gauss 型的,有 $n+1$ 个 Gauss 点 $\{x_k\}_{k=0}^{n}$ 和 $n+1$ 个求积系数 $\{A_k\}_{k=0}^{n}$,此 Gauss 求积公式具有 $2n+1$ 次代数精度,这相当于用某个 $2n+1$ 次插值多项式 $L_{2n+1}(x)$ 去近似被积函数,于是有

$$\begin{aligned}\left|\int_a^b f(x)\mathrm{d}x - \sum_{k=0}^{n} A_k f_k\right| &= \left|\int_a^b f(x)\mathrm{d}x - \int_a^b L_{2n+1}(x)\mathrm{d}x\right| \\ &= \int_a^b \mid f(x) - L_{2n+1}(x) \mid \mathrm{d}x \\ &= (b-a)\cdot O(h^{2n+2}) = O(h^{2n+2}).\end{aligned}$$

**【3.9】** 本题中共有三个 Gauss 点 $\{x_k\}_{k=0}^{2}$,相应的 Gauss 求积公式具有五次代数精度. 换句话说,此题中的 Gauss 求积公式对 $f(x)$ 准确到五次多项式的程度. 本题中设定 $f(x)$ 就是五次多项式,所以

$$\left|\int_a^b f(x)\mathrm{d}x - \sum_{k=0}^{2} A_k f_k\right| = 0.$$

**【3.10】** (1) Taylor 公式是构造数值微分公式的依据之一. 由

$$f(x_0+h) = f(x_0) + f'(x_0)h + \frac{1}{2}f''(x_0)h^2 + \frac{1}{6}f'''(x_0)h^3 + \cdots + O(h^5),$$

$$f(x_0-h) = f(x_0) - f'(x_0)h + \frac{1}{2}f''(x_0)h^2 - \frac{1}{6}f'''(x_0)h^3 + \cdots + O(h^5)$$

推导出截断误差为 $O(h^2)$ 的数值微分公式

$$f'(x_0) = \frac{f(x_0+h) - f(x_0-h)}{2h} + \frac{1}{6}f'''(x_0)h^2 + O(h^4).$$

再由

$$f(x_0+2h) = f(x_0) + f'(x_0)(2h) + \frac{1}{2}f''(x_0)(2h)^2 + \frac{1}{6}f'''(x_0)(2h)^3 + \cdots + O(h^5),$$

$$f(x_0-2h) = f(x_0) - f'(x_0)(2h) + \frac{1}{2}f''(x_0)(2h)^2 - \frac{1}{6}f'''(x_0)(2h)^3 + \cdots + O(h^5)$$

推导出截断误差为 $O(h^2)$ 的数值微分公式

$$f'(x_0) = \frac{f(x_0+2h) - f(x_0-2h)}{4h} + \frac{2}{3}f'''(x_0)h^2 + O(h^4).$$

对上述两个数值微分公式作组合,消去 $f'''(x_0)$ 的有关项,有

$$\begin{aligned}&12f'(x_0) - 3f(x_0) \\ &= \frac{12[f(x_0+h) - f(x_0-h)]}{2h} - \frac{3[f(x_0+2h) - f(x_0-2h)]}{4h} + O(h^4),\end{aligned}$$

合并整理就得到题中的数值微分公式

$$f'(x_0)=\frac{1}{12h}[f(x_0-2h)-8f(x_0-h)+8f(x_0+h)-f(x_0+2h)]+O(h^4).$$

(2)　利用 $f(x_0+h)$ 和 $f(x_0-h)$ 的 Taylor 展式，就可推导出题中关于 $f''(x_0)$ 的数值微分公式.

**【3.11】**　(1) 利用数值积分公式推导相应的数值微分公式是行之有效的. 由于题中采用中矩形积分公式，因此相应的数值微分公式是显然的，有

$$f'(x_k)=\frac{f(x_{k+1})-f(x_{k-1})}{2h}+O(h^2).$$

(2)　由于题中采用 Simpson 积分公式，相应的数值微分公式为

$$f'(x_{k-1})+4f'(x_k)+f'(x_{k+1})=\frac{3}{h}[f(x_{k+1})-f(x_{k-1})]+O(h^5).$$

该数值微分公式不能显式计算，在补充端点导数值 $f'(x_0)$，$f'(x_n)$ 的情形下，用求解线性方程组的办法来计算各节点的导数值，线性方程组的矩阵形式为

$$\begin{pmatrix}4&1&&&\\1&4&1&&\\&\ddots&\ddots&\ddots&\\&&1&4&1\\&&&1&4\end{pmatrix}\begin{pmatrix}f'(x_1)\\f'(x_2)\\\vdots\\f'(x_{n-2})\\f'(x_{n-1})\end{pmatrix}=\begin{pmatrix}\frac{3}{h}[f(x_2)-f(x_0)]-f'(x_0)\\\frac{3}{h}[f(x_3)-f(x_1)]\\\vdots\\\frac{3}{h}[f(x_{n-1})-f(x_{n-3})]\\\frac{3}{h}[f(x_n)-f(x_{n-2})]-f'(x_n)\end{pmatrix}.$$

## 习题4解答提示

**【4.1】**　方程 $1-x-\sin x=0$ 的根可看做曲线 $y=1-x$ 和曲线 $y=\sin x$ 的交点，画图可知，它们的交点在(0,1)内. 若采用二分法求根，每次区间分半算一个迭代步，$n$ 个迭代步可达精度要求，于是有

$$2^{-n}\leqslant 10^{-4},$$

据此可估计迭代步数目 $n$.

**【4.2】**　对于基本迭代法 $x_{k+1}=\varphi(x_k)$ 来说，迭代收敛的范围，即 $|\varphi'(x)|<1$ 的范围就是初值选取的范围.

**【4.3】**　将题中的迭代看做基本迭代，可知 $\varphi(x)=4+\frac{2}{3}\cos x$. 于是很容易看出，对于任意的初值，$x_k$ 都能满足迭代收敛条件 $|\varphi(x_k)|<1$. 此迭代过程收敛，$x^*=\varphi(x^*)$，即

$$x^* = 4 + \frac{2}{3}\cos x^*;$$

可证明 $\varphi'(x^*) \neq 0$,即

$$\sin x^* \neq 0.$$

这就已说明题中迭代过程仅是线性收敛的.

**【4.4】** 将题中迭代过程改写为基本迭代法 $x_{k+1} = \sqrt{2+x_k}$,可知 $\varphi(x) = \sqrt{2+x}$,对$[0, +\infty)$ 中的任意初值,$x$ 都能满足迭代收敛条件 $|\varphi'(x)| < 1$,故迭代收敛.迭代收敛到 $x^*$,即 $x^* = \sqrt{2+x^*}$,$x^* = 2$.

**【4.5】** 将一个已知方程在形式上改写为 $x = \varphi(x)$,并写成迭代过程 $x_{k+1} = \varphi(x_k)$ 是很容易的.不同形式的迭代过程可能会出现不同的敛散效果,可统一用 $|\varphi'(x)| < 1$ 来衡量.

**【4.6】** 对于某个基本迭代法 $x_{k+1} = \varphi(x_k)$,当 $|\varphi(x)| < \eta < 1$ 时才收敛,$\eta$ 越小收敛越快.

**【4.7】** Aitken 加速算法参照式(4.2.11)至式(4.2.13).

**【4.8】** 本题要分两种情形来讨论.

对于 $a \neq 0$ 的情形,求解 $x^3 - a = 0$ 的 Newton 迭代式为

$$x_{k+1} = x_k - \frac{x_k^3 - a}{3x_k^2} = \frac{2}{3}x_k + \frac{a}{3}\frac{1}{x_k^2},$$

它是二阶收敛的.

对于 $a = 0$ 的情形,相应的 Newton 迭代式为

$$x_{k+1} = \frac{2}{3}x_k.$$

由于此时 $x = 0$ 是三重根,所以此 Newton 迭代仅是线性收敛的.

**【4.9】** 已知 $x^*$ 是 $f(x) = 0$ 的 $m$ 重根,那么 $x^*$ 是 $f'(x) = 0$ 的 $m-1$ 重根,是$g(x) = f(x)/f'(x) = 0$ 的单根.关于 $g(x) = 0$ 的 Newton 迭代式为

$$x_{k+1} = x_k - \frac{g(x_k)}{g'(x_k)}, \quad 即 \quad x_{k+1} = x_k - \frac{f(x_k)f'(x_k)}{[f'(x_k)]^2 - f(x_k)f''(x_k)}.$$

此迭代式是二阶收敛的.

**【4.10】** 本题的迭代公式可简记为

$$x_{k+1} = \varphi(x_k),$$

此迭代公式为二阶收敛,按定理 4.2.2,必须满足

$$x^* = \varphi(x^*) \quad 和 \quad \varphi'(x^*) = 0.$$

一方面,因为

$$\varphi(x) = x - \frac{[f(x)]^2}{f(x+f(x)) - f(x)}$$

右边第二项当 $x \to x^*$ 时是趋于零的,所以有 $\varphi(x^*) = x^*$.另一方面,因为

$$\varphi'(x) = 1 - \left[\frac{[f(x)]^2}{f(x+f(x)) - f(x)}\right]'$$

的右边第二项表现为

$$\lim_{x \to x^*}\left[\frac{f(x)}{\dfrac{f(x+f(x)) - f(x)}{x + f(x) - x}}\right]' = \lim_{x \to x^*}\left[\frac{f(x)}{f'(x)}\right]',$$

所以本题中 $\lim\limits_{x \to x^*}\varphi(x)$ 类同于 Newton 迭代的表现，本题中的迭代是二阶收敛的.

本题中所提供的迭代公式不需要计算导数值，且具有二阶收敛性.

## 习题 5 解答提示

**【5.1】** 按各种模量的定义解题.

**【5.2】** 所谓可约矩阵，是通过行交换或列交换可化为形如 $\begin{pmatrix} \boldsymbol{F} & \boldsymbol{G} \\ \boldsymbol{O} & \boldsymbol{H} \end{pmatrix}$ 的矩阵，其中，$\boldsymbol{F}$ 和 $\boldsymbol{H}$ 是方阵，系数矩阵是可约阵的线性方程组

$$\begin{pmatrix} \boldsymbol{F} & \boldsymbol{G} \\ \boldsymbol{O} & \boldsymbol{H} \end{pmatrix}\begin{pmatrix} X_1 \\ X_2 \end{pmatrix} = \begin{pmatrix} B_1 \\ B_2 \end{pmatrix},$$

可化为两个简单的小规模方程组的求解，即

$$\begin{cases} \boldsymbol{HX}_2 = \boldsymbol{B}_2, \\ \boldsymbol{FX}_1 = \boldsymbol{B}_1 - \boldsymbol{GX}_2. \end{cases}$$

不可约系数矩阵的线性方程组的求解问题是普遍存在的较复杂的问题.

据可约矩阵的定义，$\boldsymbol{A}_1$ 是可约矩阵，$\boldsymbol{A}_2$ 是不可约矩阵.

**【5.3】** 由求矩阵特征值的办法可知，$\boldsymbol{A}_1$ 和 $\boldsymbol{A}_2$ 的所有特征值都是正实数，所以 $\boldsymbol{A}_1$ 和 $\boldsymbol{A}_2$ 都是正定矩阵. $\boldsymbol{A}_1$ 或 $\boldsymbol{A}_2$ 的顺序主子式的值都大于零，也可验证 $\boldsymbol{A}_1$ 和 $\boldsymbol{A}_2$ 都是正定矩阵. 另外，$\boldsymbol{A}_2$ 是对称正定矩阵.

**【5.4】** 不用死记 Jacobi 迭代和 Gauss-Seidel 迭代公式，按它们的构造思想，本题的 Jacobi 迭代为

$$\begin{cases} 8x_1^{k+1} - 2x_2^k + 0 = 1, \\ -2x_1^k + 8x_2^{k+1} - 2x_3^k = 2, \\ 0 - 2x_2^k + 8x_3^{k+1} = 1. \end{cases}$$

本题的 Gauss-Seidel 迭代为

$$\begin{cases} 8x_1^{k+1} - 2x_2^k + 0 = 1, \\ -2x_1^{k+1} + 8x_2^{k+1} - 2x_3^k = 2, \\ 0 - 2x_2^{k+1} + 8x_3^{k+1} = 1. \end{cases}$$

**【5.5】** 将题中第一和第二个方程调换，方程组改写为

$$\begin{cases}5x_1-2x_2+x_3=4,\\x_1+5x_2-x_3=2,\\2x_1+x_2+5x_3=11.\end{cases}$$

因其系数矩阵

$$\boldsymbol{A}=\begin{pmatrix}5&-2&1\\1&5&-1\\2&1&5\end{pmatrix}$$

各顺序主子式的值全为正，$\boldsymbol{A}$ 是正定矩阵，所以相应的 Jacobi 迭代和 Gauss-Seidel 迭代都是收敛的.

**【5.6】** 本题要求写出迭代矩阵，为此先将 $\boldsymbol{A}$ 作分解，$\boldsymbol{A}=\boldsymbol{L}+\boldsymbol{D}+\boldsymbol{U}$，其中

$$\boldsymbol{L}=\begin{pmatrix}0&0&0\\1&0&0\\-3&1&0\end{pmatrix},\quad \boldsymbol{D}=\begin{pmatrix}a&0&0\\0&a&0\\0&0&a\end{pmatrix},\quad \boldsymbol{U}=\begin{pmatrix}0&1&3\\0&0&1\\0&0&0\end{pmatrix}.$$

相应的 Jacobi 迭代矩阵为

$$\boldsymbol{B}=-\boldsymbol{D}^{-1}(\boldsymbol{L}+\boldsymbol{U})=\frac{1}{a}\begin{pmatrix}0&-1&-3\\-1&0&-1\\3&-1&0\end{pmatrix}=\frac{1}{a}\boldsymbol{G}.$$

矩阵 $\boldsymbol{G}$ 的特征多项式为

$$\begin{vmatrix}\lambda&1&3\\1&\lambda&1\\-3&1&\lambda\end{vmatrix}=\lambda^3+7\lambda=\lambda(\lambda^2+7)=0,$$

要 Jacobi 迭代收敛，应要求

$$\rho(\boldsymbol{B})=\frac{1}{a}\rho(\boldsymbol{G})=\frac{1}{a}\sqrt{7}<1,\quad a>\sqrt{7}.$$

相应的 Gauss-Seidel 迭代矩阵为

$$\boldsymbol{B}=-(\boldsymbol{D}+\boldsymbol{L})^{-1}\boldsymbol{U}=\begin{pmatrix}\frac{-1}{a}&0&0\\\frac{1}{a^2}&\frac{-1}{a}&0\\\frac{-3a-1}{a^3}&\frac{1}{a^2}&\frac{-1}{a}\end{pmatrix}\begin{pmatrix}0&1&3\\0&0&1\\0&0&0\end{pmatrix}$$

$$=\begin{pmatrix}0&\frac{-1}{a}&\frac{-3}{a}\\0&\frac{1}{a^2}&\frac{3-a}{a^2}\\0&\frac{-3a-1}{a^3}&\frac{-8a-3}{a^3}\end{pmatrix}=\frac{1}{a}\begin{pmatrix}0&-1&-3\\0&\frac{1}{a}&\frac{3-a}{a}\\0&\frac{-3a-1}{a^2}&\frac{-8a-3}{a^2}\end{pmatrix}=\frac{1}{a}\boldsymbol{H}.$$

矩阵 $\boldsymbol{H}$ 的特征多项式为

$$\begin{vmatrix} \lambda & 1 & 3 \\ 0 & \lambda-\dfrac{1}{a} & \dfrac{a-3}{a} \\ 0 & \dfrac{3a+1}{a^2} & \lambda-\dfrac{8a+3}{a^2} \end{vmatrix} = \lambda\left(\lambda^2+\frac{7a+3}{a^2}\lambda-\frac{3}{a}\right)=0.$$

此式求根有麻烦,可估计 $\rho(\boldsymbol{H}) \approx \dfrac{7a+3}{a^2}$,于是由

$$\rho(\boldsymbol{B}) = \frac{1}{a}\rho(\boldsymbol{H}) \approx \frac{7a+3}{a^3} < 1$$

估计出 $a > \sqrt{8}$.

总之,取 $a > \sqrt{8}$ 可保证相应的 Jacobi 迭代和 Gauss-Seidel 迭代都收敛.

**【5.7】** 因为本题中没有严格限制参数 $a$ 的取值界限,仅要求相应的迭代收敛,所以不妨设系数矩阵 $\boldsymbol{A}$ 为正定对称矩阵,再估计 $a$ 的范围.

若 $\boldsymbol{A} = \begin{pmatrix} 10 & a & 0 \\ a & 10 & a \\ 0 & a & 5 \end{pmatrix}$ 为正定对称矩阵,则其各阶主子式都大于零,由此可知当 $a < \sqrt{33}$ 时,系数矩阵 $\boldsymbol{A}$ 所决定的线性方程组用 Jacobi 迭代和 Gauss-Seidel 迭代都收敛.

本题也可分别写出 Jacobi 和 Gauss-Seidel 迭代矩阵,再判断其收敛条件.

## 习题 6 解答提示

**【6.1】** 本题用手算,用以掌握选主元消去法. 要注意在消去下三角元素的过程中,用行交换的办法保证消去过程顺利进行.

**【6.2】** 本题可用顺序主子式都大于零的办法验证矩阵 $\boldsymbol{A}$ 是对称正定矩阵. 由于本题矩阵规模小,矩阵分解的办法可用简单办法手算,不用死记公式.

对于 $\boldsymbol{A} = \boldsymbol{L}\boldsymbol{L}^{\mathrm{T}}$ 分解问题,注意到 $\boldsymbol{L}$ 矩阵的形式特点,可设

$$\begin{pmatrix} a & 0 & 0 \\ b & c & 0 \\ d & e & f \end{pmatrix}\begin{pmatrix} a & b & d \\ 0 & c & e \\ 0 & 0 & f \end{pmatrix} = \begin{pmatrix} 10 & 7 & 8 \\ 7 & 8 & 6 \\ 8 & 6 & 10 \end{pmatrix},$$

用矩阵相乘规则和矩阵相等规则求出 $\boldsymbol{L}$ 矩阵.

对于 $\boldsymbol{A} = \boldsymbol{L}\boldsymbol{U}$ 分解问题,注意到矩阵 $\boldsymbol{L}$ 和矩阵 $\boldsymbol{U}$ 的形式特点,可设

$$\begin{pmatrix} 1 & 0 & 0 \\ a & 1 & 0 \\ b & c & 1 \end{pmatrix}\begin{pmatrix} d & e & f \\ 0 & g & h \\ 0 & 0 & k \end{pmatrix} = \begin{pmatrix} 10 & 7 & 8 \\ 7 & 8 & 6 \\ 8 & 6 & 10 \end{pmatrix},$$

仍用矩阵相乘规则和矩阵相等规则，求出矩阵 $\boldsymbol{L}$ 和 $\boldsymbol{U}$.

**【6.3】** 本题中 $\boldsymbol{A}$ 仅是 $2\times 2$ 矩阵，手算 $\mathrm{cond}(\boldsymbol{A})$. 注意，对于不同的矩阵的模 $\|\boldsymbol{A}\|$，计算出的 $\mathrm{cond}(\boldsymbol{A})$ 可能不相等.

**【6.4】** 手工计算矩阵 $\boldsymbol{A}$ 的逆矩阵的办法如下：先作增广矩阵$(\boldsymbol{A} \mid \boldsymbol{I})$，对此增广矩阵作消去过程，将其变为$(\boldsymbol{I} \mid \boldsymbol{A}^{-1})$ 的形式，即 $\boldsymbol{A}$ 变为单位矩阵 $\boldsymbol{I}$ 的同时，就获得 $\boldsymbol{A}^{-1}$.

**【6.5】** 本题是关于 $\mathrm{cond}(\boldsymbol{A})$ 的几个性质的证明.

(1) 因为

$$\mathrm{cond}(\boldsymbol{A}) = \|\boldsymbol{A}^{-1}\|\,\|\boldsymbol{A}\| \geqslant \|\boldsymbol{A}^{-1}\boldsymbol{A}\| = 1,$$

其中，$\|\cdot\|$ 为 $\boldsymbol{A}$ 的任意一种模. 本性质说明 $\mathrm{cond}(\boldsymbol{A})$ 是比 1 大的数.

(2) 若 $\boldsymbol{A}$ 是正交矩阵，则 $\boldsymbol{A}^{-1} = \boldsymbol{A}^{\mathrm{T}}, \boldsymbol{A}^{\mathrm{T}}\boldsymbol{A} = \boldsymbol{I}$. 因为

$$\rho^2(\boldsymbol{A}) = \rho(\boldsymbol{A}^{\mathrm{T}}\boldsymbol{A}) = \rho(\boldsymbol{I}) = 1,$$

$\boldsymbol{A}$ 是实对称矩阵，$\rho(\boldsymbol{A}) = \|\boldsymbol{A}\|_2 = 1$，所以

$$\|\boldsymbol{A}^{-1}\|_2 = \|\boldsymbol{A}^{\mathrm{T}}\|_2 = \|\boldsymbol{A}\|_2 = 1.$$

故
$$\mathrm{cond}(\boldsymbol{A}) = \|\boldsymbol{A}^{-1}\|_2\,\|\boldsymbol{A}\|_2 = 1.$$

由此可见，系数矩阵为实对称正交矩阵时，方程组消去法求解的误差是最小的.

(3) 设 $\boldsymbol{B} = k\boldsymbol{A}$，$k$ 是实数，则

$$\|\boldsymbol{B}\| = k\|\boldsymbol{A}\|, \quad \|\boldsymbol{B}^{-1}\| = \frac{1}{k}\|\boldsymbol{A}^{-1}\|,$$

所以
$$\mathrm{cond}(k\boldsymbol{A}) = \mathrm{cond}(\boldsymbol{A}).$$

(4) 利用矩阵模的性质，有

$$\begin{aligned}\mathrm{cond}(\boldsymbol{AB}) &= \|(\boldsymbol{AB})^{-1}\|\,\|\boldsymbol{AB}\| \leqslant \|\boldsymbol{A}^{-1}\|\,\|\boldsymbol{B}^{-1}\|\,\|\boldsymbol{A}\|\,\|\boldsymbol{B}\| \\ &= \mathrm{cond}(\boldsymbol{A})\cdot\mathrm{cond}(\boldsymbol{B}).\end{aligned}$$

**【6.6】** 注意，只有 $\boldsymbol{A}$ 是对称正定矩阵时，$\boldsymbol{A}$ 才可以用平方根方法做分解. 为使题中 $\boldsymbol{A}$ 成为正定矩阵，要求各阶顺序主子式大于零，由此可知 $a^2 < 3$.

**【6.7】** 将轨迹点$\{P_k\}_{k=1}^{5}$ 的 $x$ 和 $y$ 坐标代入圆锥曲线方程，得到一个五个未知数的线性代数方程组. 求解此方程组，即可绘制圆锥曲线轨迹.

## 习题 7 解答提示

**【7.1】** 对于一阶常微初值问题，本题是关于构造单步差分格式的一种简单方法，即对于 $y'(x)|_{x_n}$ 用一阶差商来近似，对 $f(x,y)|_{(x_n,y_n)}$ 用函数取值来近似.

(1) 差分格式为

$$\frac{y_{n+1} - y_n}{h} = f(x_n, y_n),$$

或写成便于计算的形式

$$y_{n+1}=y_n+hf(x_n,y_n),\quad n=0,1,2,\cdots,$$

这是一阶显式差分格式,其局部截断误差为 $O(h^2)$.

(2) 差分格式为

$$\frac{y_{n+1}-y_n}{h}=\frac{1}{2}[f(x_n,y_n)+f(x_{n+1},y_{n+1})].$$

这是二阶隐式差分格式,可用迭代法求解,其局部截断误差为 $O(h^3)$.

(3) 差分格式为

$$\frac{y_{n+1}-y_n}{h}=f(x_{n+1},y_{n+1}).$$

这是一阶隐式差分格式,可用迭代法求解,其局部截断误差为 $O(h^2)$.

**【7.2】** 本题是关于一阶常微分方程差分格式的另一种直观构造方法,即先对一阶常微分方程在 $[x_n,x_{n+1}]$ 上积分,有

$$y(x_{n+1})=y(x_n)+\int_{x_n}^{x_{n+1}}f(\xi,y)\mathrm{d}\xi,$$

再在 $[x_n,x_{n+1}]$ 上选用相应的数值积分公式. 本题中关于题(1)、(2) 和(3) 的差分格式,分别等同于题 7.1 中关于题(1)、(2) 和(3) 的差分格式.

本题启发读者思考关于构造差分格式的其它方法. 例如,设想在 $[x_{n-1},x_{n+1}]$ 上对一阶常微分方程积分,即

$$y(x_{n+1})=y(x_{n-1})+\int_{x_{n-1}}^{x_{n+1}}f(\xi,y)\mathrm{d}\xi,$$

再在 $[x_{n-1},x_{n+1}]$ 上采用 Simpson 数值积分公式

$$\int_{x_{n-1}}^{x_{n+1}}f(\xi,y)\mathrm{d}\xi=\frac{2h}{6}[f(x_{n-1},y_{n-1})+4f(x_n,y_n)+f(x_{n+1},y_{n+1})].$$

这样便可获得相应的差分格式.

又例如,设想差分格式具有如下形式:

$$y_{n+1}=\alpha_0y_{n-1}+\alpha_1y_n+\beta_0hy'_{n-1}+\beta_1hy'_n,\tag{$*$}$$

其中,$\alpha_0,\alpha_1,\beta_0,\beta_1$ 是待定系数. 显然,式($*$)是

$$y(x_{n+1})=\alpha_0y(x_{n-1})+\alpha_1y(x_n)+\beta_0hy'(x_{n-1})+\beta_1hy'(x_n)\tag{$**$}$$

的离散近似.

一方面,由于

$$y(x_{n-1})=y(x_n)-hy'(x_n)+\frac{h^2}{2}y''(x_n)-\frac{h^3}{3!}y'''(x_n)+O(h^4),$$

$$y'(x_{n-1})=y'(x_n)-hy''(x_n)+\frac{h^2}{2}y'''(x_n)-\frac{h^3}{3!}y^{(4)}(x_n)+O(h^4),$$

将它们代入式($**$),有

$$y(x_{n+1})=[\alpha_0+\alpha_1]y(x_n)+h[-\alpha_0+\beta_0+\beta_1]y'(x_n)$$

$$+\frac{h^2}{2}[\alpha_0-2\beta_0]y''(x_n)+\frac{h^3}{3!}[-\alpha_0+6\beta_0]y'''(x_n)+O(h^4);$$

另一方面,Taylor 展式的标准形式为

$$y(x_{n+1})=y(x_n)+hy'(x_n)+\frac{h^2}{2}y''(x_n)+\frac{h^3}{3!}y'''(x_n)+O(h^4).$$

所以对比可知,当

$$\begin{cases}\alpha_0+\alpha_1=1,\\-\alpha_0+\beta_0+\beta_1=1,\\\alpha_0-2\beta_0=1,\\-\alpha_0+6\beta_0=1,\end{cases}\quad \text{即}\quad \begin{cases}\alpha_0=2,\\\alpha_1=-1,\\\beta_0=1/2,\\\beta_1=5/2\end{cases}$$

时,式(*)具有局部截断 $O(h^4)$,式(*)是三阶差分格式.

**【7.3】** 二阶、三阶、四阶 Runge-Kutta 方法是实用的,所以了解其算法思想对正确使用这些方法解常微初值问题是重要的. 二阶 Runge-Kutta 方法的局部截断误差是 $O(h^3)$,它用于实际计算时要满足计算稳定性条件

$$h\leqslant\left|\frac{2}{f'_y(x,y)}\right|,\quad a\leqslant x\leqslant b.$$

**【7.4】** 二阶 Runge-Kutta 方法和梯形差分方法都是二阶方法,它们具有相同量级的局部截断误差 $O(h^3)$. 题中的 $y_{n+1}=y_{n+1}^{(0)}$ 已经是具有二阶精度的数值解,将它代入题中的迭代公式,迭代过程几乎接近收敛,题中迭代收敛的结果仍是具有二阶精度的数值解.

**【7.5】** 本题拟上机做数值计算实验. 注意,对于不同局部截断误差阶的差分格式,其外推公式是不相同的.

**【7.6】** 所有的隐格式都是无条件稳定的,所有的显格式都是条件稳定的. 本例中,题(1)是一阶显式差分格式,其稳定性条件为 $h\leqslant|2/f'_y|$,题(2)是二阶隐式差分格式,题(3)是一阶隐式差分格式,它们都是无条件稳定的.

**【7.7】** 根据关于稳定性的分析,一阶显式 Euler 方法和二阶 Runge-Kutta 方法具有相同的稳定性条件,分别由

$$|1+\lambda h|\leqslant 1\quad \text{和}\quad \left|1+\lambda h+\frac{\lambda^2h^2}{2}\right|\leqslant 1,\quad \lambda=f'_y$$

来决定. 在本题给定的常微初值问题中

$$f(x,y)=-yx+3,\quad x\in[0,5],\quad f'_y=-x.$$

这两种差分格式的稳定条件由 $h\leqslant 2/x$ 来决定,所以结论为 $h\leqslant 2/5$.

**【7.8】** 本题给定的差分格式

$$y_{n+1}=\frac{1}{2}(y_n+y_{n-1})+\frac{h}{4}(4y'_{n+1}-y'_n+3y'_{n-1})\qquad (*)$$

可看做下式的离散化形式:

$$y(x_{n+1}) = \frac{1}{2}[y(x_n) + y(x_{n-1})] + \frac{h}{4}[4y'(x_{n+1}) - y'(x_n) + 3y(x_{n-1})]. \qquad (**)$$

将式(＊＊)右边各项都在 $x_n$ 处作 Taylor 展开,合并,还将其与 Taylor 展式

$$y(x_{n+1}) = y(x_n) + hy'(x_n) + \frac{h^2}{2}y''(x_n) + \frac{h^3}{3!}y'''(x_n) + O(h^4)$$

作比较,观察哪些项的系数相等,便可确定式(＊)的局部截断误差和方法阶.

**【7.9】** 本题可用题【7.8】分析中使用 Taylor 展式的办法来验证差分格式的方法阶.

本题所给差分格式可看做对 $y' = f(x,y)$ 积分式

$$y(x_{n+1}) - y(x_{n-1}) = \int_{x_{n-1}}^{x_{n+1}} f(\xi, y)\mathrm{d}\xi$$

使用 Simpson 积分公式的结果. 由于 Simpson 公式具有三阶代数精度,局部截断误差为 $O(h^4)$,所以本题中的差分格式是三阶差分格式.

**【7.10】** 本题已在题【7.2】分析中作过叙述. 这里强调,题中给有四个待定系数,在相应的 Taylor 展式各项系数比较时,有四项系数是可确定的,局部截断误差将是 $O(h^4)$,因此本题所给差分格式至多是三阶差分格式.

**【7.11】** 本题差分格式设计中有 $2r+2$ 个待定系数,用 Taylor 展式比较各项系数的办法,局部截断误差至多是 $O(h^{2r+2})$,本题差分格式至多是 $2r+1$ 阶的差分格式.

## 习题 8 解答提示

本习题中的五道习题都拟在计算机上作数值计算.